Un manuel de cl photographique, y c pratique du procédé au collodion

T. Frederick Hardwich

Writat

Cette édition parue en 2024

ISBN : 9789359942292

Publié par
Writat
email : info@writat.com

Selon les informations que nous détenons, ce livre est dans le domaine public. Ce livre est la reproduction d'un ouvrage historique important. Alpha Editions utilise la meilleure technologie pour reproduire un travail historique de la même manière qu'il a été publié pour la première fois afin de préserver son caractère original. Toute marque ou numéro vu est laissé intentionnellement pour préserver sa vraie forme.

Contenu

PRÉFACE À LA TROISIÈME ÉDITION. ....- 1 -
PRÉFACE À LA QUATRIÈME ÉDITION. ....- 3 -
INTRODUCTION. ....- 4 -
PARTIE I ....- 8 -
CHAPITRE PREMIER. ....- 9 -
CHAPITRE II. ....- 13 -
CHAPITRE III. ....- 23 -
CHAPITRE IV. ....- 36 -
CHAPITRE V. ....- 40 -
CHAPITRE VI. ....- 65 -
CHAPITRE VII. ....- 91 -
CHAPITRE VIII. ....- 102 -
CHAPITRE IX. ....- 144 -
DEUXIEME PARTIE. ....- 154 -
CHAPITRE PREMIER. ....- 155 -
CHAPITRE II. ....- 167 -
CHAPITRE III. ....- 177 -
CHAPITRE IV. ....- 198 -
CHAPITRE V. ....- 227 -
CHAPITRE VI. ....- 237 -
PARTIE III. ....- 250 -
CHAPITRE PREMIER. ....- 251 -
CHAPITRE II. ....- 269 -
ANNEXE. ....- 302 -

PRÉFACE À LA TROISIÈME ÉDITION.

C'EST une source de grande satisfaction pour l'auteur de se voir appelé à préparer une troisième édition de son manuel en moins de quatorze mois à compter de la date de sa première publication. Aucune preuve plus grande n'aurait pu être fournie du progrès rapide que l'art photographique fait actuellement dans ce pays.

En abordant à nouveau la tâche de révision, l'écrivain a été amené à réfléchir de quelle manière l'utilité de l'œuvre peut être favorisée ; et d'après de nombreuses enquêtes, il croit que ce résultat sera mieux atteint en omettant soigneusement tout ce qui n'a pas d'intérêt *pratique* aussi bien que scientifique. La majorité des photographes se tournent vers l'art pour les divertir aussi bien que pour les instruire, et ils sont dissuadés de se lancer dans une étude qui semble impliquer une grande quantité de détails techniques : ces remarques ne visent cependant pas à décourager une habitude de persévérance. et une observation attentive, mais simplement pour distinguer l'essentiel du non essentiel dans la théorie du sujet.

La présente édition diffère sur de nombreux points importants de celles qui l'ont précédée. Il a subi un nouvel agencement partout. Dans certaines parties, il est condensé, dans d'autres élargi. Les chapitres sur l'impression photographique sont entièrement réécrits et incluent l'ensemble des recherches de l'auteur, telles que publiées dans le Journal de la Société. Les instructions minutieuses données dans cette partie de l'ouvrage montreront combien le succès en photographie est censé dépendre d'une attention particulière portée aux détails mineurs.

Un autre point qui a été gardé à l'esprit est de recommander, dans la mesure du possible, l'emploi d'agents chimiques qui sont utilisés en médecine et vendus par tous les pharmaciens du Royaume-Uni . C'est souvent un avantage pour l'amateur de pouvoir acheter son matériel à proximité ; et, si les impuretés courantes des articles commerciaux sont signalées et si des instructions sont données pour leur élimination, la « Pharmacopée de Londres » s'avérera inclure presque tous les produits chimiques nécessaires à la pratique de cet art.

De grands ajouts ont été apportés à l'index de la présente édition, qui est maintenant si complet qu'une référence à celui-ci fera immédiatement ressortir les faits les plus importants relatifs à chaque sujet, et les différentes parties de l'ouvrage où ils sont décrits.

En conclusion, nous espérons que ce « Manuel de chimie photographique » pourra être considéré comme un guide complet et digne de confiance sur tous les points liés à la théorie et à la pratique du procédé au Collodion.

Londres, le 2 juin 1856.

PRÉFACE À LA QUATRIÈME ÉDITION.

L' auteur s'est efforcé de suivre le rythme des progrès qui sont quotidiennement introduits dans la science et l'art de la photographie. Dans la présente édition, des modifications ont été apportées au style et à la disposition générale de l'ouvrage, et des éléments supplémentaires ont été insérés.

Depuis la publication de la troisième édition, une série d'expériences ont été faites sur la fabrication du collodion, dont les résultats ont jeté davantage de lumière sur les conditions affectant la sensibilité du film excité et ont permis à l'auteur d'introduire une substance organique. , " Glycyrrhizine ", qui sera utile pour faire des copies photographiques de gravures et d'œuvres d'art similaires.

Le Dr Norris, de Birmingham, a communiqué ces derniers mois un article sur *le collodion sec*, qui place la théorie de ce sujet sur de meilleures bases qu'auparavant. Le processus de conservation d'Oxymel est désormais également parfaitement compris et peut être considéré comme certain.

En plus de ce qui précède, le "Collodion albuminé" de M. Taupenot, dont l'expérience s'avère être l'un des meilleurs procédés secs actuellement connus, est inclus dans cette édition.

King's College, Londres, 6 avril 1857.

INTRODUCTION.

Lorsqu'il tente de transmettre des connaissances sur un sujet quelconque, il ne suffit pas que l'écrivain soit lui-même au courant de ce qu'il prétend enseigner. Même en supposant que tel soit le cas, une grande partie du succès de son effort doit dépendre de la manière dont l'information est transmise ; car, de même que, d'une part, un système d'une extrême brièveté échoue toujours à atteindre son objectif, de l'autre, une simple compilation de faits imparfaitement expliqués ne tend qu'à confondre le lecteur.

Une solution intermédiaire entre ces extrêmes est peut-être la meilleure solution à adopter ; c'est-à-dire faire une sélection de certains points fondamentaux et les expliquer avec une certaine minutie, laissant d'autres de moindre importance être traités de manière plus sommaire, ou être complètement omis.

Mais indépendamment des observations de ce genre, qui s'appliquent à l'enseignement pédagogique en général, on peut remarquer qu'il y a parfois des difficultés plus redoutables à surmonter. Par exemple, lorsqu'on traite d'une science, comme celle de la photographie, qui peut être considérée comme relativement nouvelle et inexplorée , il y a un grand danger d'attribuer à tort les effets à leurs mauvaises causes ! Peut-être que personne d'autre que celui qui a lui-même travaillé en laboratoire ne peut évaluer ce point sous son vrai jour. Dans une expérience où les quantités de matière sur lesquelles on agit sont infinitésimales et les changements chimiques impliqués d'une description des plus raffinées et des plus subtiles, on découvre bientôt que la moindre variation dans les conditions habituelles suffira à modifier le résultat.

Pourtant la photographie est véritablement *une science* , régie par des lois fixes ; et c'est pourquoi, à mesure que nos connaissances s'accroissent, nous pouvons raisonnablement espérer que l'incertitude cessera et que la même précision sera enfin atteinte que celle avec laquelle les opérations chimiques sont habituellement exécutées.

L'intention de l'auteur en écrivant cet ouvrage est de transmettre une connaissance approfondie de ce que l'on peut appeler les « premiers principes de la photographie », afin que l'amateur puisse s'armer d'une connaissance théorique du sujet avant de procéder à sa pratique. Pour atteindre cet objectif, on prendra soin d'éviter une complexité inutile dans les formules , et tous les ingrédients dont l'utilité n'est pas prouvée seront omis.

Les impuretés des produits chimiques seront signalées dans la mesure du possible et des instructions particulières seront données pour leur élimination.

Parmi la variété des procédés photographiques conçus, seuls seront sélectionnés ceux qui sont corrects sur des bases théoriques et qui se révèlent efficaces dans la pratique.

Comme l'ouvrage s'adresse à quelqu'un censé ne connaître ni la chimie ni la photographie, on prendra soin d'éviter l'emploi de tous termes techniques dont une explication n'a pas été donnée auparavant.

UN ESQUISQUE DES PRINCIPALES DIVISIONS À ADOPTER, AVEC LE PRINCIPAL OBJET DE CHACUNE.

Le titre donné à l'ouvrage est « Manuel de chimie photographique » et il est proposé d'y inclure une explication familière de la nature des divers agents chimiques employés dans l'art de la photographie, ainsi que la justification de la manière dont ils sont utilisés. sont censés agir.

La division adoptée est triple : -

LA PREMIÈRE PARTIE entre minutieusement dans la *théorie* des processus photographiques ; DEUXIEME PARTIE. traite de la *pratique* de la photographie sur Collodion ; PARTIE III. embrasse un simple énoncé des principales lois de la chimie, avec les principales propriétés des diverses substances, élémentaires ou composées, qui sont employées par les photographes.

LA PREMIÈRE PARTIE , ou « la science de la photographie », comprend une description complète de l'action chimique de la lumière sur les sels d'argent, avec son application à des fins artistiques ; toute mention de détails de manipulation et de quantités d'ingrédients étant, en règle générale, omise.

Dans cette division de l'Œuvre se trouveront neuf chapitres dont le contenu est le suivant : -

Le chapitre I. est une esquisse de l'histoire de la photographie, destinée à transmettre une notion générale de l'origine et des progrès de l'art, sans s'attarder sur des détails minutieux.

Chapitre II. décrit la chimie des sels d'argent employés par les photographes ; leur préparation et leurs propriétés ; les phénomènes de l'action de la Lumière sur eux, avec des expériences l'illustrant.

Chapitre III. nous conduit à la formation d' *une image invisible* sur une surface sensible, avec développement ou mise en évidence de celle-ci au moyen de réactifs chimiques. Ce point, étant d'importance élémentaire, est décrit avec soin ; la réduction des oxydes métalliques, les propriétés des corps employés pour réduire, et les hypothèses qui ont été formulées sur la nature de l'action de la Lumière, sont toutes minutieusement expliquées.

Chapitre IV. traite de la fixation des impressions photographiques, afin de les rendre indestructibles par la lumière diffuse.

Le chapitre V. contient un aperçu de l' *optique* de la photographie - la décomposition de la lumière blanche en ses rayons élémentaires, les propriétés photographiques des différentes couleurs , la réfraction de la lumière et la construction des lentilles. Dans la dernière section du même chapitre, on trouvera un bref aperçu de l'histoire et de l'utilisation du stéréoscope.

Chapitre VI. embrasse une description plus minutieuse des processus photographiques sensibles sur Collodion. On y explique la chimie de la Pyroxyline , avec sa solution dans l'Ether Alcoolisé , ou *Collodion* ; aussi les propriétés photographiques de l'iodure d'argent sur le collodion, avec les causes qui affectent sa sensibilité à la lumière, et l'action des solutions révélatrices dans la mise en valeur de l'image.

Chapitre VII. continue le même sujet, décrivant la classification des photographies au collodion en positives et en négatives, avec les particularités distinctives de chacune.

Chapitre VIII. contient la théorie de la production de photographies positives sur papier. Dans ce chapitre, nous trouverons une explication des changements chimiques quelque peu complexes impliqués dans l'impression des positifs, avec les précautions nécessaires pour assurer la permanence des épreuves.

Chapitre IX. est complémentaire aux autres, et un bref rappel suffira. Il explique la théorie des procédés photographiques de Daguerre et Talbot ; en remarquant particulièrement les points sur lesquels ils peuvent être comparés à la Photographie sur Collodion, mais en omettant toute description des détails de manipulation qui, s'ils étaient inclus, étendraient l'œuvre au-delà de ses limites proposées.

Le titre de la deuxième division principale de l'Œuvre, à savoir. « La pratique de la Photographie sur Collodion », s'explique. On peut cependant attirer l'attention sur le cinquième chapitre, dans lequel une classification est donnée des principales imperfections des photographies, avec de brèves instructions pour leur élimination ; et au chapitre VI, qui décrit la conservation de la sensibilité des plaques de collodion et le mode d'opérer sur les films de collodion albuminé.

Dans la troisième partie. on trouvera, en plus d'un exposé des lois de combinaison chimique, etc., une liste de produits chimiques photographiques, classés par ordre alphabétique, y compris leur préparation et leurs propriétés dans la mesure où cela est requis pour leur emploi dans l'art.

Le lecteur comprendra immédiatement de cette esquisse du contenu du volume devant lui que, bien que la théorie générale de chaque procédé photographique soit décrite, avec la préparation et les propriétés des produits chimiques employés, des instructions minutieuses dans les points mineurs de manipulation sont restreintes. à la photographie sur Collodion, cette branche de l'art étant celle à laquelle le temps et l'attention de l'auteur ont été spécialement dirigés. Il est reconnu par tous que le collodion est le meilleur véhicule pour les sels d'argent sensibles actuellement connus, et des résultats satisfaisants peuvent être obtenus avec une dépense de temps et de peine très minime, si les solutions utilisées dans le procédé sont préparées dans un état de pureté.

PARTIE I

LA SCIENCE DE LA PHOTOGRAPHIE

CHAPITRE I.

CROQUIS HISTORIQUE DE LA PHOTOGRAPHIE.

L' art de la photographie, qui a maintenant atteint une telle perfection et est devenu si populaire parmi toutes les classes, est un art d'introduction relativement récent.

Le mot Photographie signifie littéralement « écrire au moyen de la Lumière » ; et cela inclut tous les processus par lesquels n'importe quelle sorte d'image peut être obtenue par l'agent chimique de la Lumière, sans référence à la nature de la surface sensible sur laquelle elle agit.

Les philosophes de l'Antiquité, bien que les changements chimiques dus à l'influence de la Lumière se déroulent continuellement sous leurs yeux, ne semblent pas y avoir porté leur attention. Certains *alchimistes* remarquèrent en effet le fait qu'une substance qu'ils appelaient « Corne d'argent », qui était probablement un chlorure d'argent ayant subi une fusion, devenait *noircie* par l'exposition à la lumière ; mais leurs idées sur ces sujets étant de la nature la plus erronée, il ne résulta rien de cette découverte.

Le premier examen philosophique de l'action décomposante de la Lumière sur les composés contenant de l'Argent a été fait par l'illustre Scheele, il y a à peine trois quarts de siècle, à savoir. en 1777. Il a également remarqué que certains des rayons colorés de Lumière étaient particulièrement actifs dans la promotion du changement.

La première application de ces faits aux fins de l'art. — Les premières tentatives pour rendre le noircissement des sels d'argent par la lumière disponibles à des fins artistiques furent faites par Wedgwood et Davy vers 1802 APRÈS JC . Une feuille de papier blanc ou de cuir blanc était saturée d'une solution de nitrate d'argent, et l' *ombre* de la figure destinée à être copiée est projetée dessus. Dans ces circonstances, la partie sur laquelle tombait l'ombre restait blanche, tandis que les parties exposées environnantes s'assombrissaient progressivement sous l'influence des rayons du soleil.

Malheureusement, ces expériences et d'autres similaires, qui semblaient au début prometteuses, furent contrecarrées par le fait que les expérimentateurs ne purent découvrir aucun moyen de fixer les images, de manière à les rendre indestructibles par la lumière diffuse. Le sel d'argent inchangé étant laissé dans les parties blanches du papier, il faisait naturellement noircir les épreuves dans toutes leurs parties, à moins qu'elles ne soient soigneusement conservées dans l'obscurité.

Introduction de la Camera Obscura et autres améliorations de la photographie. — La « Camera Obscura », ou chambre obscure, au moyen de laquelle on peut former l'image lumineuse d'un objet, a été inventée par Baptista Porta, de Padoue ; mais les préparations employées par Wedgwood n'étaient pas assez sensibles pour être facilement affectées par la lumière tamisée de cet instrument.

Cependant, en 1814, douze ans après la publication de l'article de Wedgwood, M. Niépce , de Châlons , après avoir porté son attention sur le sujet, réussit à mettre au point un procédé dans lequel l'appareil photo pouvait être employé, bien que la sensibilité soit encore limitée. si faible qu'une exposition de quelques heures était nécessaire pour produire l'effet.

Dans le procédé de M. Niépce , appelé « héliographie » ou « dessin au soleil », l'utilisation des sels d'argent fut abandonnée et remplacée par une substance résineuse connue sous le nom de « bitume de Judée ». Cette résine a été étalée sur la surface d'une plaque métallique et exposée à l'image lumineuse. La lumière, en agissant sur elle, modifia tellement ses propriétés qu'elle devint *insoluble* dans certaines huiles essentielles. Ainsi, lors d'un traitement ultérieur avec le solvant oléagineux , les ombres se sont dissoutes et les *lumières* ont été représentées par la résine inchangée restant sur la plaque.

Les Découvertes de M. Daguerre. — MM. Niépce et Daguerre semblent s'être associés autrefois en tant que partenaires, dans le but de poursuivre mutuellement leurs recherches ; mais ce n'est qu'après la mort du premier, à savoir. en 1839, que le procédé nommé Daguerréotype fut donné au monde. Daguerre n'était pas satisfait de la lenteur d'action de la surface sensible au bitume, et dirigea principalement son attention vers l'emploi des sels d'argent, qui sont ainsi de nouveau portés à notre connaissance.

Même les spécimens les plus anciens du Daguerréotype, bien que bien inférieurs à ceux produits ultérieurement, possédaient une beauté qu'aucune photographie n'avait atteinte avant cette époque.

Les plaques sensibles de Daguerre étaient préparées en exposant une tablette d'argent à l'action de la vapeur d'*iode* , de manière à former à la surface une couche d'iodure d'argent. Par une courte exposition dans l'appareil photo, un effet était produit, non visible à l'œil nu, mais apparaissant lorsque la plaque était soumise à la vapeur de Mercure. Cette fonctionnalité, à savoir. la production d'une image *latente* sur l'iodure d'argent, avec son développement ultérieur par un réactif chimique, est de la première importance. Sa découverte a immédiatement réduit le temps de prise de vue de plusieurs heures à quelques minutes et a favorisé l'utilité de cet art.

Daguerre réussit également à fixer ses épreuves, en retirant de l'ombre l'iodure d'argent non altéré. Les procédés employés étaient cependant imparfaits, et l'affaire ne fut réglée qu'après la publication d'un article de Sir

John Herschel sur la propriété que possèdent les « hyposulfites » de dissoudre les sels d'argent insolubles dans l'eau.

Sur un moyen de multiplier les impressions photographiques et autres découvertes de M. Fox Talbot. — La première communication faite à la Royal Society par M. Fox Talbot, en janvier 1839, ne comprenait que la préparation d'un papier sensible pour copier des objets par application. Il a été ordonné que le papier soit trempé d'abord dans une solution de chlorure de sodium, puis dans du nitrate d'argent. Il se forme ainsi une substance blanche appelée chlorure d'argent, plus sensible à la lumière que le nitrate d'argent initialement employé par Wedgwood et Davy. L'objet est mis en contact avec le papier préparé, et, étant exposé à la lumière, on obtient une copie qui est négative, *c'est-à-dire avec* la lumière et l'ombre inversées. Une deuxième feuille de papier est ensuite préparée et la première impression, ou impression négative, est posée dessus, de manière à permettre à la lumière du soleil de traverser les parties transparentes. Dans ces circonstances, lorsque le Négatif est élevé, on retrouve en dessous une représentation naturelle de l'objet ; les teintes ayant été à nouveau inversées par la seconde opération.

Cette production d'une photographie négative, à partir de laquelle un nombre illimité de copies positives peut être obtenue, est un point cardinal dans l'invention de M. Talbot et d'une grande importance.

Le brevet délivré pour le procédé nommé Talbotype ou Calotype date de février 1841. Une feuille de papier est d'abord enduite d'iodure d'argent en la trempant alternativement dans de l'iodure de potassium et du nitrate d'argent ; on la lave ensuite avec une solution d'acide gallique contenant du nitrate d'argent (parfois appelé gallo-nitrate d'argent), par laquelle la sensibilité à la lumière est grandement augmentée. Une exposition dans l'appareil photo de quelques secondes ou minutes, selon l'éclat de la lumière, imprime une image invisible, qui se fait ressortir en traitant la plaque avec une nouvelle portion du mélange d'acide gallique et de nitrate d'argent employé pour l'excitation.

Sur l'emploi des plaques de verre pour retenir les films sensibles . — Les principaux défauts du procédé du calotype sont attribuables à la structure grossière et irrégulière de la fibre du papier, même lorsqu'il est fabriqué avec le plus grand soin et expressément pour des fins photographiques. En conséquence , il est impossible d'obtenir la même définition exquise et la même netteté des contours que celles résultant de l'utilisation de plaques métalliques.

Nous sommes redevables à Sir John Herschel pour le premier emploi de plaques de verre pour recevoir des films photographiques sensibles.

L'iodure d'argent peut être retenu sur le verre au moyen d'une couche d'albumine ou de blanc d'œuf, comme le propose M. Niépce de Saint-Victor, neveu du découvreur original du même nom.

Une amélioration encore plus importante est l'emploi du "Collodion" dans un but similaire.

Le collodion est une solution éthérée d'une substance presque identique au Gun-Cotton. À l'évaporation, il laisse une couche transparente, ressemblant à une peau de batteur d'or, qui adhère au verre avec une certaine ténacité. M. Le Gray, de Paris, avait initialement suggéré que cette substance pourrait éventuellement être rendue disponible dans la photographie, mais notre compatriote, M. Archer, fut le premier à mettre cette idée en pratique. Dans une communication au « Chemist » à l'automne 1851, ce monsieur a donné une description du procédé au Collodion tel qu'il se présente aujourd'hui ; proposant en même temps de substituer l' acide *pyro* -gallique à l'acide gallique précédemment employé pour développer l'image.

A cette époque, on ne pouvait avoir aucune idée du stimulant que cette découverte donnerait au progrès de l'art ; mais l'expérience a maintenant abondamment démontré que, en ce qui concerne toutes les qualités les plus désirables dans un procédé photographique, aucune actuellement connue ne peut surpasser, ou peut-être égaler, le procédé au collodion.

CHAPITRE II.

LES SELS D'ARGENT EMPLOYÉS EN PHOTOGRAPHIE.

PAR le terme Sel d'Argent, nous entendons que le composé en question contient de l'Argent, mais pas sous sa forme élémentaire ; le métal est en effet dans un état d'union chimique avec d'autres éléments qui masquent ses propriétés physiques, de sorte que le Sel ne possède aucun des caractères extérieurs de l'Argent à partir duquel il a été produit.

L'argent n'est pas le seul métal qui forme des sels ; il existe des sels de plomb, de cuivre, de fer, etc. Le sucre de plomb est un exemple familier de sel de plomb. C'est un corps cristallin blanc, facilement soluble dans l'eau, la solution possédant un goût intensément sucré ; des tests chimiques prouvent qu'il contient du plomb, bien qu'aucun soupçon d'un tel fait ne puisse être suscité par l'examen de ses propriétés générales.

Le sel commun, ou chlorure de sodium, qui est le type des sels en général, est constitué de la même manière ; c'est-à-dire qu'il contient une substance métallique dont les caractères sont masqués et cachés dans le composé.

Le contenu de ce chapitre peut être organisé en trois sections : la première décrivant la chimie des sels d'argent ; la seconde, l'action de la Lumière sur eux ; la troisième, la préparation d'une surface sensible, avec des expériences illustrant la formation de l'image photographique.

SECTION I.
Chimie des sels d'argent.

Les principaux sels d'argent employés dans les procédés photographiques sont au nombre de quatre, à savoir. Nitrate d'argent, chlorure d'argent, iodure d'argent et bromure d'argent. En plus de ceux-ci, il faudra décrire les Oxydes d'Argent.

LA PRÉPARATION ET LES PROPRIÉTÉS DU NITRATE D'ARGENT.

Le nitrate d'argent est préparé en dissolvant de l'argent métallique dans de l'acide nitrique. L'acide nitrique est une substance puissamment acide et corrosive, contenant deux corps élémentaires unis dans des proportions définies. Ce sont l'azote et l'oxygène ; cette dernière étant présente en plus grande quantité.

L'acide nitrique est un puissant solvant pour les corps métalliques en général. Pour illustrer son action en ce point, par opposition à d'autres acides, placez des morceaux de feuille d'argent dans deux tubes à essai, l'un contenant de l'acide sulfurique dilué , l'autre de l'acide nitrique dilué ; lors de l'application de chaleur, une action violente commence bientôt dans ce dernier, mais le premier n'est pas affecté. Pour comprendre cela, il faut garder à l'esprit que lorsqu'une substance métallique se dissout dans un acide, la nature de la solution est différente de celle d'une solution aqueuse de sel ou de sucre. Si l'on fait bouillir l'eau salée jusqu'à ce que toute l'eau soit évaporée, le sel est récupéré avec les mêmes propriétés qu'au début ; mais si une expérience semblable est faite avec une solution d'argent dans l'acide nitrique, le résultat est différent : dans ce cas, l'argent métallique n'est pas obtenu par évaporation, mais de l'argent combiné avec de l'oxygène et de l'acide nitrique, qui tous deux sont fortement retenus, étant dans fait en état de combinaison chimique avec le métal.

Si nous examinons de près les effets produits en traitant l'argent avec de l'acide nitrique, nous trouvons qu'ils sont de la nature suivante : premièrement, une certaine quantité d'oxygène est communiquée au métal, de manière à former un *oxyde* , lequel oxyde se dissout dans un autre. partie de l'acide nitrique, produisant *du nitrate* d'oxyde, ou, comme on l'appelle brièvement, du nitrate d'argent. [1]

[1] La préparation du nitrate d'argent à partir de la pièce de monnaie standard du royaume est décrite dans la partie III., Art. "Argent."

C'est donc l'instabilité de l'acide nitrique – sa tendance à se séparer de l'oxygène – qui le rend supérieur à l' acide sulfurique et à la plupart des acides pour dissoudre l'argent et diverses autres substances, tant organiques qu'inorganiques.

Propriétés du nitrate d' argent. — Lors de la préparation du nitrate d'argent, lorsque le métal est dissous, la solution est bouillie et mise de côté pour cristalliser. Cependant, le sel ainsi obtenu est toujours acide pour le papier test et nécessite soit une recristallisation, soit un chauffage soigneux à environ 300° Fahrenheit. C'est cette rétention de petites quantités d'acide nitrique, et parfois probablement d'acide nitreux, qui rend une grande partie du nitrate d'argent commercial inutile pour la photographie, jusqu'à ce qu'elle soit rendue neutre par fusion et une seconde cristallisation.

Le nitrate d'argent pur se présente sous forme de plaques cristallines blanches, très lourdes et se dissolvant facilement dans un poids égal d'eau froide. La solubilité est considérablement diminuée par la présence d'acide nitrique libre, et dans l' acide nitrique *concentré*, les cristaux sont presque insolubles. L'alcool bouillant absorbe environ un quart de son poids de nitrate cristallisé, mais dépose la presque totalité en refroidissant. Le nitrate d'argent a un goût intensément amer et nauséabond ; agissant comme un caustique et corrodant la peau par une application prolongée. Sa solution aqueuse ne rougit pas le papier tournesol bleu.

Chauffé dans un creuset, le sel fond et, versé dans un moule et solidifié, forme la *caustique lunaire blanche* du commerce. À une température encore plus élevée, il se décompose et des bulles d'oxygène gazeux se dégagent : la masse fondue refroidit et se dissout dans l'eau, laissant derrière elle une poudre noire et donnant une solution légèrement alcaline pour le papier test, en raison de la présence de minuscules particules. quantités de Nitrite ou Nitrite d'Argent basique. [2]

[2] Le nitrite d'argent diffère du nitrate en ce qu'il contient moins d'oxygène, et en est formé par l'abstraction de deux atomes de cet élément ; il est décrit dans le vocabulaire, partie III.

LA CHIMIE DES CHLORURES D'ARGENT.

Préparation du protochlorure d'argent. — Le chlorure d'argent blanc ordinaire peut être préparé de deux manières : par action directe du chlore sur l'argent métallique, et par double décomposition entre deux sels.

Si une plaque d'argent poli est exposée à un courant de chlore gazeux, elle se recouvre après un court laps de temps d'une pellicule superficielle de poudre blanche. Cette poudre est du chlorure d'argent, contenant les deux éléments chlore et argent réunis en équivalents simples.

[3] Pour les propriétés de l'élément « Chlore », voir la troisième division de l'Œuvre.

Préparation du chlorure d'argent par double décomposition. — Pour illustrer ceci, prenez une solution dans l'eau de chlorure de sodium ou « sel commun », et mélangez-la avec une solution contenant du nitrate d'argent ; il tombe immédiatement un précipité blanc, caillé et dense, qui est la substance en question.

Dans cette réaction, les éléments changent de place ; le chlore quitte le sodium avec lequel il était auparavant combiné et passe à l'argent ; l'Oxygène et l'Acide Nitrique sont libérés de l'Argent et s'unissent au Sodium ; ainsi

Chlorure de sodium *plus* Nitrate d'argent

équivaut à Chlorure d'argent   *plus* Nitrate de soude.

Cet échange d'éléments est appelé par les chimistes double décomposition ; d'autres illustrations de celui-ci, avec les conditions nécessaires à la bonne mise en place du procédé, en sont données dans le premier chapitre de la partie III.

Les exigences essentielles de deux sels destinés à la préparation du chlorure d'argent, sont simplement que le premier contienne du chlore, le second de l'argent, et que tous deux soient solubles dans l'eau ; c'est pourquoi le chlorure de potassium ou d'ammonium peut être substitué au chlorure de sodium, et le sulfate ou l'acétate au nitrate d'argent.

En préparant le chlorure d'argent par double décomposition, les masses cailloteuses blanches qui se forment d'abord doivent être lavées à plusieurs reprises avec de l'eau, afin de les débarrasser du nitrate de soude soluble, l'autre produit du changement. Lorsque cela est fait, le sel est à l'état pur et peut être séché, etc., de la manière habituelle.

Propriétés du chlorure d'argent. — Le chlorure d'argent diffère en apparence du nitrate d'argent. Il n'est généralement pas cristallin, mais forme une poudre blanche et molle ressemblant à de la craie ou du merlan. Il est insipide et insoluble dans l'eau ; non affecté par l'ébullition avec l'acide nitrique le plus fort, mais dissous avec parcimonie par l'acide chlorhydrique concentré.

L'ammoniaque dissout librement le chlorure d'argent, ainsi que les solutions d'hyposulfite de soude et de cyanure de potassium. Les solutions concentrées de chlorures, d'iodures et de bromures alcalins sont également des solvants du chlorure d'argent, mais dans une mesure limitée, ainsi qu'on le montrera plus complètement au chapitre IV, en traitant des modes de fixation des épreuves photographiques.

Le chlorure d'argent sec soigneusement chauffé jusqu'à ce qu'il fonde en rougeur et se concrétise en refroidissant en une substance dure et semi-transparente, appelée *corne d'argent* ou *luna cornée*.

Mis en contact avec du zinc ou du fer métallique acidifié avec de l'acide sulfurique dilué, le chlorure d'argent est réduit à l'état métallique, le chlore passant à l'autre métal sous l'influence décomposante du courant galvanique qui s'établit.

Préparation et propriétés du sous-chlorure d'argent. — Si l'on plonge une plaque d'argent poli dans une solution de perchlorure de fer ou de bichlorure de mercure, il se produit une *tache noire*, le sel de fer ou de mercure perdant une portion de chlore, qui passe à l'argent et le convertit superficiellement en sous-chlorure. d'Argent. Ce composé diffère du chlorure d'argent blanc en ce qu'il contient moins de chlore ; la composition de ce dernier étant représentée par la formule $AgCl$, celle du premier peut peut-être s'écrire $Ag_2Cl(?)$.

Le sous-chlorure d'argent est intéressant pour le photographe car il correspond, par ses propriétés et sa composition, au chlorure d'argent ordinaire noirci par la lumière. C'est une substance pulvérulente d'une couleur noir bleuâtre, peu affectée par l'acide nitrique, mais décomposée par des agents fixateurs tels que l'ammoniaque, l'hyposulfite de soude ou le cyanure de potassium, en chlorure d'argent qui se dissout et en argent métallique insoluble.

LA CHIMIE DE L'IODURE D'ARGENT.

Les propriétés de *l'iode* sont décrites dans la troisième division de l'ouvrage : elles sont analogues à celles du chlore et du brome, les sels d'argent formés par ces éléments ayant aussi entre eux une forte ressemblance.

Préparation et propriétés de l'iodure d'argent. — L'iodure d'argent peut être formé d'une manière analogue au chlorure, à savoir. par l'action directe de la vapeur d'iode sur l'argent métallique, ou par double décomposition entre les solutions d'iodure de potassium et de nitrate d'argent.

Préparé par ce dernier mode, il forme une poudre impalpable dont la couleur varie légèrement selon le mode de précipitation. Si l'iodure de potassium est en excès, l'iodure d'argent tombe au fond du vase presque blanc ; mais avec un excès de nitrate d'argent, il est d'une teinte jaune paille. Ce point peut être remarqué, car le sel jaune est celui adapté à l'usage photographique, l'autre étant insensible à l'influence de la lumière.

L'iodure d'argent est insipide et inodore ; insoluble dans l'eau et dans l'acide nitrique dilué. Il est à peine dissous par l'ammoniaque, ce qui sert à le distinguer du chlorure d'argent, librement soluble dans ce liquide. L'hyposulfite de soude et le cyanure de potassium dissolvent tous deux l'iodure d'argent ; il est également soluble dans les solutions de bromures et d'iodures alcalins, comme cela sera expliqué plus en détail au chapitre IV.

L'iodure d'argent est réduit par le zinc métallique de la même manière que le chlorure d'argent, formant de l'iodure de zinc soluble et laissant une poudre noire.

LA PRÉPARATION ET LES PROPRIÉTÉS DU BROMURE D'ARGENT.

Cette substance ressemble si étroitement aux sels correspondants contenant du chlore et de l'iode, qu'un bref aperçu suffira.

Le bromure d'argent se prépare en exposant une plaque argentée à la vapeur de brome, ou en ajoutant une solution de bromure de potassium au nitrate d'argent. C'est une substance insoluble, de couleur légèrement jaune, qui se distingue de l'iodure d'argent par sa dissolution dans l'ammoniaque forte et dans le chlorure d'ammonium. Il est librement soluble dans l'hyposulfite de soude et dans le cyanure de potassium.

Les propriétés de l'élément Brome sont décrites dans la partie III.

CHIMIE DES OXYDES D'ARGENT.

Le protoxyde d'argent (Ag O). — Si l'on ajoute un peu de potasse ou d'ammoniaque à la solution de nitrate d'argent, il se forme une substance brun olive qui, au repos, s'accumule au fond du récipient. Il s'agit de l'oxyde d'argent, déplacé de son état précédent de combinaison avec l'acide nitrique par l'oxyde plus fort. Potasse. L'oxyde d'argent est soluble dans une mesure très infime dans l'eau pure, la solution possédant une réaction alcaline avec le tournesol ; il est facilement dissous par l'acide nitrique ou acétique, formant un nitrate ou un acétate neutre ; également soluble dans l'ammoniaque (ammoniaque -nitrate d'argent), et dans le nitrate d'ammoniaque, l'hyposulfite de soude et le cyanure de potassium. Une longue exposition à la lumière le convertit en une substance noire, qui est probablement un sous-oxyde.

Le sous-oxyde d'argent (Ag_2O ?) — Cette substance a été obtenue par Faraday en exposant une solution d' ammonio -nitrate d'argent à l'action de l'air. Il a une relation avec le protoxyde d'argent brun ordinaire, semblable à celle que le sous-chlorure a avec le protochlorure d'argent.

Le sous-oxyde d'argent est une poudre noire ou grise, qui prend un éclat métallique en frottant, et lorsqu'elle est traitée avec des acides dilués, elle se dissout en protoxyde d'argent qui se dissout et en argent métallique.

SECTION II.

Sur les propriétés photographiques des sels d'argent.

Outre les sels d'argent décrits dans la première section de ce chapitre, il en existe beaucoup d'autres bien connus des chimistes, comme l'acétate d'argent, le sulfate, le citrate d'argent, etc. Certains se présentent sous forme de cristaux solubles dans l'eau. tandis que d'autres sont pulvérulentes et insolubles.

Les sels d'argent formés par les acides incolores sont blancs lorsqu'on les prépare d'abord, et le restent s'ils sont conservés dans un endroit obscur ; mais ils possèdent la particularité remarquable d'être de couleur plus foncée par l'exposition à la lumière.

Action de la lumière sur le nitrate d' argent. — Le nitrate d'argent est un des sels d'argent les plus permanents. Il peut être conservé inchangé sous forme cristalline ou en solution dans de l'eau distillée pendant une durée indéfinie, même lorsqu'il est constamment exposé à la lumière diffuse du jour. Ceci s'explique en partie par la nature de l'acide avec lequel l'oxyde d'argent est associé dans le sel ; L'acide nitrique, possédant de fortes propriétés oxydantes, s'oppose à l'influence assombrissante de la lumière sur les composés d'argent.

Le nitrate d'argent peut cependant être rendu sensible à l'influence de la lumière, en ajoutant à sa solution *des matières organiques* , végétales ou animales.

Les phénomènes produits dans ce cas sont bien illustrés en trempant un tampon de coton ou une feuille de papier blanc dans une solution de nitrate d'argent, et en l'exposant aux rayons directs du soleil ; il s'assombrit lentement, jusqu'à devenir presque noir. Les taches sur la peau produites par la manipulation du nitrate d'argent sont causées de la même manière et se voient plus évidemment lorsque la pièce a été exposée à la lumière.

Les variétés de matières organiques qui facilitent particulièrement le noircissement du nitrate d'argent sont celles qui tendent *à absorber l'oxygène* ; c'est pourquoi les fibres végétales pures, exemptes de chlorures, comme par exemple le papier filtre suédois, ne sont pas rendues très sensibles par un simple badigeonnage avec une solution de nitrate, mais un peu de sucre de raisin ajouté détermine bientôt la décomposition.

Décomposition du chlorure, du bromure et de l'iodure d'argent par la lumière. — Le chlorure d'argent pur et humide [4] passe lentement du blanc au violet lors de l'exposition à la lumière. Le bromure d'argent devient gris, mais est moins affecté que le chlorure. L'iodure d'argent (s'il est exempt d'excès de nitrate d'argent) ne change pas d'apparence même par exposition aux rayons du soleil, mais conserve sa teinte jaune inchangée. De ces trois composés, *le chlorure* d'argent est donc le plus facilement sensible à la lumière, et les papiers préparés avec ce sel deviendront beaucoup plus foncés à l'exposition que d'autres enduits de bromure ou d'iodure d'argent.

[4] Le chlorure dont il est ici question est le composé préparé en ajoutant un chlorure soluble à une solution de nitrate d'argent : le produit de l'action directe du chlore sur l'argent métallique est quelquefois insensible à la lumière.

Il existe certaines conditions qui accélèrent l'action de la lumière sur le chlorure d'argent. Il s'agit, d'une part, *d'un excès de nitrate d'argent*, et d'autre part, *de la présence de matière organique*. Le chlorure d'argent pur serait inutile comme agent photographique, mais un chlorure avec un excès de nitrate est très sensible. Même l'iodure d'argent, habituellement inaltéré, est noirci par la lumière lorsqu'on l'humidifie avec une solution de nitrate d'argent. [5]

[5] Le lecteur comprendra que l'acétate, le sulfate ou tout autre sel d'argent soluble pourrait remplacer le nitrate dans cette expérience.

La matière organique combinée au chlorure et au nitrate d'argent donne un degré de sensibilité encore plus élevé, et c'est de cette manière que l'on prépare les papiers photographiques.

du noircissement du chlorure d'argent par la lumière. — On peut l'étudier en mettant en suspension du chlorure d'argent pur dans de l'eau distillée et en l'exposant aux rayons du soleil pendant plusieurs jours. Lorsque le processus de noircissement a progressé dans une certaine mesure, le liquide surnageant contient *du chlore libre*, ou à sa place. *Acide Chlorhydrique* (H Cl), résultat d'une action ultérieure du chlore sur l'eau.

Les rayons lumineux semblent relâcher l'affinité des éléments Chlore et Argent l'un pour l'autre ; par conséquent une partie du chlore est séparée, et le protochlorure blanc est converti en *sous-* chlorure violet d'argent. S'il y a un atome de nitrate d'argent, le chlore libéré s'unit à lui, déplaçant l'acide nitrique, et formant de nouveau du chlorure d'argent, qui se décompose à son tour. L'excès de nitrate d'argent exerce ainsi une influence accélératrice sur le noircissement du chlorure d'argent, en rendant plus complète la chaîne des affinités chimiques et en empêchant une accumulation de chlore dans le liquide, qui serait un obstacle à la continuation de l'action. .

Action de la Lumière sur les Sels Organiques d'Argent. — En ajoutant de l'albumine diluée ou du blanc d'œuf à une solution de nitrate d'argent, il se forme un dépôt floculent qui est un composé de matière animale avec du protoxyde d'argent et est connu sous le nom d'« albuminate d'argent ». Cette substance est au début assez blanche, mais lorsqu'elle est exposée à la lumière, elle prend une couleur rouge brique . Le changement qui s'opère est celui d'une *désoxydation*, le protoxyde d'argent perdant une partie de son oxygène, et un sous-oxyde d'argent, produit de la réduction, restant en union avec l'albumine oxydé. Le composé rouge peut donc être vaguement désigné comme un albuminate de sous-oxyde d'argent.

La gélatine ne précipite pas le nitrate d'argent de la même manière que l'albumine : mais si on laisse une feuille de gélatine transparente s'imprégner d'une solution de nitrate, elle prend une teinte rouge rubis clair lorsqu'elle est exposée à la lumière et un véritable composé chimique. de gélatine , ou un produit de son oxydation, avec une faible teneur en oxyde d'argent, est produit.

La caséine , principe animal du lait, est coagulée par le nitrate d'argent, et la substance rouge formée en exposant le caillé à la lumière peut être considérée comme analogue en composition aux composés correspondants de l'albumine et de la gélatine .

De nombreux autres sels organiques d'argent sont assombris par la lumière. Le citrate blanc de protoxyde d'argent se transforme en une substance rouge, réagissant avec les tests chimiques de la même manière que le citrate de sous-oxyde d'argent de Wöhler , qu'il a obtenu en réduisant le citrate ordinaire dans du gaz hydrogène. La Glycyrrhizine, le Sucre de Réglisse , forme également avec l'Oxyde d'Argent un composé blanc qui devient brun ou rouge sous les rayons du soleil. [6]

[6] Pour plus de détails sur l'action de la lumière sur les sels d'argent associés à la matière organique, voir l'article de l'auteur sur la composition de l'image photographique, au huitième chapitre.

EXPÉRIENCES SIMPLES ILLUSTRANT L'ACTION DE LA LUMIÈRE SUR UNE COUCHE SENSIBLE DE CHLORURE D'ARGENT SUR PAPIER.

Dans l'exécution des expériences les plus simples sur la décomposition des sels d'argent par la lumière, l'étudiant pourra employer des tubes à essai ordinaires, dans lesquels de petites quantités des deux liquides nécessaires à la double décomposition pourront être mélangées.

Cependant, lorsqu'on utilise ainsi des solutions concentrées, le sel d'argent insoluble tombe en masses denses et coagulées, qui, exposées aux rayons du soleil, noircissent rapidement à l'extérieur, mais l'intérieur est protégé et reste blanc. Il est donc important en photographie que la matière sensible existe sous la forme d'*une surface*, afin que les diverses particules qui la composent puissent chacune individuellement être mises en relation avec la force perturbatrice.

Des instructions complètes pour la préparation du papier photographique sensible sont données dans la deuxième division de ce travail. Voici la théorie du procédé : Une feuille de papier est traitée avec une solution de chlorure de sodium ou d'ammonium, puis avec du nitrate d'argent ; de là il résulte une formation de chlorure d'argent en fin état de division, avec un excès de nitrate d'argent, le bain d'argent ayant été rendu volontairement plus fort en proportion que la solution salée.

Expérience illustrative n° I. — Placez un carré de papier sensible (préparé selon les instructions données dans la deuxième partie de l'ouvrage) sous les rayons directs du soleil, et observez le processus graduel d'assombrissement qui se produit ; la surface passe par une variété de changements de couleur jusqu'à ce qu'elle devienne d'un brun chocolat profond. Si la Lumière est assez intense, les nuances brunes sont probablement atteintes en trois à cinq minutes ; mais la sensibilité du papier, ainsi que la nature des teintes, varieront beaucoup avec le caractère de la matière organique présente.

Expérience n° II. — Posez un appareil découpé dans du papier noir sur une feuille de papier sensible, et comprimez les deux ensemble au moyen d'une feuille de verre. Après une durée d'exposition appropriée, la figure sera exactement copiée, la teinte étant cependant inversée : le papier noir protégeant le chlorure sensible en dessous produit une figure *blanche sur un fond sombre*.

Expérience n° III. — Répétez la dernière expérience en remplaçant l'appareil en papier par un morceau de dentelle ou de fil de gaze. Ceci a pour but de montrer la minutie avec laquelle les objets peuvent être copiés, puisque le plus petit filament sera distinctement représenté.

Expérience n° IV. — Prenez une gravure dans laquelle le contraste de la lumière et de l'ombre est assez bien marqué, et après l'avoir mise en contact étroit avec le papier sensible, exposez comme précédemment. Cette expérience montre que la surface s'assombrit selon des degrés proportionnés à l'intensité de la lumière, de sorte que les *demi-* ombres de la gravure soient exactement maintenues et qu'une agréable gradation de ton soit produite.

Dans l'assombrissement des papiers photographiques, l'action de la lumière est tout à fait superficielle, et bien que la couleur noire puisse être intense, la quantité d'argent réduit qui la forme est si petite qu'elle ne peut être facilement estimée par des réactifs chimiques. Ceci est bien démontré par les résultats d'une analyse effectuée par l'auteur, dans laquelle le poids total d'argent obtenu à partir d'une feuille noircie mesurant près de 24 pouces sur 18 pouces s'élevait à moins d' *un demi-grain*. Il devient donc d'une grande importance, lors de la préparation du papier sensible, de s'occuper de l'état de la couche superficielle de particules, l'action s'étendant rarement à celles situées en dessous. L'emploi de l'albumine, de la gélatine , etc., qui sera expliqué dans le huitième chapitre, fait référence à cela entre autres avantages et assure une impression meilleure et plus nettement définie.

CHAPITRE III.

SUR LE DEVELOPPEMENT D'UNE IMAGE INVISIBLE AU MOYEN D'UN AGENT RÉDUCTEUR.

Il a été démontré dans le chapitre précédent que la majorité des sels d'argent, tant organiques qu'inorganiques, prennent une couleur plus foncée lors de l'exposition à la lumière et, par la perte d'oxygène, de chlore, etc., deviennent réduits à l'état de *Sous*-sels.

Beaucoup de ces mêmes composés sont également susceptibles de changer sous l'influence de la lumière, ce qui est encore plus remarquable. Ce changement a lieu après une exposition relativement courte, et comme il n'affecte pas l'apparence de la couche sensible, il a échappé pendant quelque temps à l'attention : mais on a découvert ensuite qu'une impression, auparavant invisible, pouvait être mise en évidence en traitant la plaque. avec certains agents chimiques qui sont sans effet sur le sel originel inchangé, mais le noircissent rapidement après exposition.

C'est un fait remarquable que les composés d'argent les plus facilement affectés par la lumière seule ne sont pas les plus sensibles à la réception de l'image invisible. Ainsi, parmi les papiers photographiques préparés avec du chlorure, du bromure ou de l'iodure d'argent, les premiers prennent la teinte la plus profonde sous l'influence des rayons du soleil, mais si tous sont exposés *momentanément*, puis retirés, le plus grand effet sera développé sur le papier Iodure. L'iodure d'argent est donc le sel couramment utilisé lorsque la sensibilité est un objet, mais il convient de noter que des images presque ou tout à fait latentes peuvent être imprimées sur beaucoup d'autres composés de l'argent, y compris ceux appartenant aux règnes animal et végétal.

Expériences illustrant la formation d'une image invisible. — Prenez une feuille de papier sensible, préparée avec de l'iodure d'argent par la méthode donnée au quatrième chapitre de la partie II, et après l'avoir divisée en deux parties, exposez l'une d'elles aux rayons lumineux pendant quelques secondes. Aucune décomposition visible n'a lieu, mais en transportant les morceaux dans une pièce faiblement éclairée et en les brossant avec une solution d'*acide gallique*, on observera une différence manifeste ; l'un n'étant pas affecté, tandis que l'autre s'assombrit progressivement jusqu'à devenir noir.

Expérience II. — Une feuille préparée est protégée en certaines parties par une substance opaque, puis après l'exposition requise, qui se constate facilement par quelques essais, traitée avec l'acide gallique comme auparavant ; dans ce cas, la partie protégée reste blanche, tandis que l'autre s'assombrit plus ou moins.

De la même manière, on peut faire des copies de feuilles, gravures, etc., très correctes dans les nuances et ressemblant beaucoup à celles produites par l'action prolongée de la lumière seule sur le chlorure d'argent.

L'objectif de l'emploi d'une substance comme l'acide gallique pour *développer* ou faire apparaître une image invisible, plutôt que de former l'image par l'action directe de la lumière, sans l'aide d'un révélateur, est l' *économie de temps* ainsi réalisée. Ceci est bien montré dans les résultats de quelques expériences conduites par M. Claudet dans le procédé du Daguerréotype : il a constaté qu'avec une couche sensible de Bromo-Iodure d'Argent, il fallait une intensité lumineuse trois mille fois plus grande si l'on employait un révélateur. a été omis et l'exposition a continué jusqu'à ce que l'image devienne visible sur la plaque.

Augmenter la sensibilité des préparations photographiques est un point de grande importance ; et en effet, lorsque l'on utilise la caméra, à cause de la faible intensité de l'image lumineuse formée dans cet instrument, aucun autre plan que celui décrit ci-dessus ne serait praticable. C'est pourquoi l'avancement, et même l'origine même de l'art photographique, peuvent être datés de la première découverte d'un procédé permettant de faire apparaître une image invisible au moyen d'un agent réducteur.

Le présent chapitre est divisé en trois sections : — premièrement, les propriétés chimiques des substances habituellement employées comme révélateurs ; — deuxièmement, leur mode d'action dans la réduction des sels d'argent ; — troisièmement, les hypothèses sur l'action de la lumière pour imprimer une lumière latente. image.

SECTION I.

Chimie des différentes substances employées comme révélateurs.

Le développement est essentiellement un processus de *réduction* ou, en d'autres termes, de *désoxydation* . Si nous prenons un certain métal, nous pouvons, au moyen de l'acide nitrique, lui communiquer de l'oxygène, de sorte qu'il devient d'abord un oxyde, et ensuite, par dissolution de l'oxyde dans l'excès d'acide, *un sel*. Lorsque ce sel se forme, par une série d'opérations chimiques inverses de la première, il peut être privé de tout son oxygène, et l'élément métallique de nouveau isolé.

Le degré de facilité avec lequel l'oxydation ainsi que la réduction sont effectuées dépend de l'affinité pour l'oxygène que possède le métal particulier soumis au traitement. A cet égard, il existe une différence considérable, comme le montre la référence aux deux métaux bien connus, le fer et l'or. Avec quelle rapidité le premier se ternit et se couvre de rouille, tandis que l'autre reste brillant même dans le feu ! Il est en effet possible, par un procédé minutieux, de former de l'oxyde d'or ; mais il retient si peu son oxygène que la simple application de chaleur suffit à le chasser et à laisser le métal à l'état pur.

L'argent, l'or et le platine appartiennent tous à la classe des métaux *nobles* ayant la moins d'affinité pour l'oxygène : aussi leurs oxydes sont-ils instables, et tout corps tendant fortement à absorber l'oxygène les réduira à l'état métallique.

Observez donc que les substances employées par le photographe pour assister l'action de la lumière et développer l'image, agissent en éliminant l'oxygène. Le Sel sensible d'Argent est ainsi *réduit* , plus ou moins complètement, dans les parties touchées par la lumière, et il en résulte un dépôt opaque qui forme l'image. [7]

[7] Ces remarques ne s'appliquent pas à la vapeur de Mercure employée comme agent révélateur dans le Daguerréotype. La chimie de ce processus sera expliquée dans un chapitre séparé.

Les plus importants des révélateurs sont les suivants : — l'acide gallique, l'acide pyrogallique et les *protosels de* fer .

CHIMIE DES ACIDES GALLIQUE ET PYROGALLIQUE.

un. *De l'acide gallique.* — L'acide gallique est obtenu à partir *des noix biliaires* , qui sont des excroissances particulières formées sur les branches et les pousses du *Quercus infectoria* par la piqûre d'une espèce d'insecte. La meilleure espèce est importée de Turquie et vendue dans le commerce sous le nom de Galles d'Alep. Les noix de galle ne contiennent pas d'acide gallique prêt à l'emploi, mais un principe chimique analogue appelé *acide tannique* , bien connu pour ses propriétés astringentes et son utilisation dans le processus de tannage des peaux brutes.

L'acide gallique est produit par la *décomposition et l'oxydation* de l'acide tannique lorsque les galles en poudre sont exposées pendant une longue période à l'état humide à l'action de l'air. En faisant bouillir la masse avec de l'eau et en la filtrant à chaud, l'acide est extrait et cristallise en refroidissant, à cause de sa solubilité modérée dans l'eau froide.

L'acide gallique se présente sous forme de longues aiguilles soyeuses, solubles dans 100 parties d'eau froide et 3 d'eau bouillante ; ils sont également facilement solubles dans l'alcool, mais avec parcimonie dans l'éther. La solution aqueuse moisit en la gardant, pour éviter cela, il est recommandé d'ajouter de l'acide acétique ou une ou deux gouttes d'huile de clou de girofle.

L'acide gallique est un acide faible, qui rougit à peine ; il forme des sels avec les bases alcalines et terreuses, telles que la potasse, la chaux, etc., mais non avec les oxydes des métaux nobles. Lorsqu'il est ajouté à l'oxyde d'argent, l'élément métallique est séparé et l'oxygène absorbé.

b. Acide *pyrogallique*. — Le terme *pyro* préfixé à l'acide gallique implique que la nouvelle substance est obtenue par l' *action de la chaleur* sur ce corps. À une température d'environ 410° Fahr., l'acide gallique est décomposé et un sublimé blanc se forme, qui se condense en cristaux lamellaires ; c'est l'acide pyrogallique.

L'acide pyrogallique est très soluble dans l'eau froide, ainsi que dans l'alcool et l'éther ; la solution se décompose et devient brune par exposition à l'air. Il donne une couleur bleu indigo avec le protosulfate de fer, qui vire au vert foncé s'il y a du persulfate.

Bien qu'appelée acide, cette substance est strictement *neutre* ; il ne rougit pas le papier de tournesol et ne forme pas de sels. L'ajout de potasse ou de soude décompose l'acide pyrogallique, augmentant en même temps l'attraction pour l'oxygène ; ce mélange peut donc être commodément utilisé pour absorber l'oxygène contenu dans l'air atmosphérique. Les composés d'argent et d'or sont réduits par l'acide pyrogallique encore plus rapidement que par l'acide gallique, l'agent réducteur absorbant l'oxygène, et se transformant en acide carbonique et en matière brune insoluble dans l'eau.

L'acide pyrogallique commercial est souvent contaminé par de l'huile empyreumatique, ainsi que par une substance noire insoluble connue sous le nom d' *acide métagallique*, qui se forme lorsque la chaleur est élevée au-dessus de la température appropriée au cours du processus de fabrication.

CHIMIE DES PROTOSELS DU FER.

Les combinaisons du Fer avec l'Oxygène sont assez nombreuses. Il existe deux oxydes distincts qui forment des sels, à savoir. le protoxyde de fer, contenant un atome d'oxygène pour un atome de métal ; et le peroxyde, avec un atome et demi d'oxygène pour un de métal. Comme cependant *les demi-atomes* ne sont pas admis dans le langage chimique, il est d'usage de dire que le Peroxyde de Fer contient trois équivalents d'Oxygène pour deux de Fer métallique.

Exprimée en symboles, la composition est la suivante :—

Protoxyde de fer, FeO.
Peroxyde de fer, Fe_2O_3.

Les proto- et persels de fer ne se ressemblent pas dans leurs propriétés physiques et chimiques. Les premiers sont généralement de couleur vert pomme et les solutions aqueuses presque incolores, sinon très concentrées.

Ces derniers, par contre, sont foncés et donnent une solution jaune, voire rouge sang.

Les Protosels de Fer sont seuls utiles en Photographie ; mais l'expérience suivante servira à illustrer les propriétés des deux classes de sels : Prenez un cristal de protosulfate de fer, et l'ayant réduit en poudre, versez dessus un peu d'acide nitrique dans une éprouvette. Lors de l'application de chaleur, une abondance de fumées sera dégagée et une solution rouge sera obtenue. L'acide nitrique dans cette réaction donne de l'oxygène et convertit entièrement le protosulfate en *persulfate de* fer. C'est cette fonctionnalité, à savoir. la tendance à absorber l'Oxygène, et à passer à l'état de Persels, ce qui rend les Protosels de Fer utiles comme révélateurs.

Il existe deux protosels de fer couramment employés par les photographes : le Protosulfate et protonitrate de fer.

un. *Protosulfate de fer.* — Ce sel, souvent appelé *Copperas* ou *Green Vitriol*, est une substance abondante et utilisée à diverses fins dans les arts. Cependant, le sulfate de fer commercial, étant préparé à grande échelle, nécessite une recristallisation pour le rendre suffisamment pur à des fins photographiques.

Le sulfate de fer pur se présente sous forme de gros cristaux prismatiques transparents, d'une délicate couleur verte : par exposition à l' air , ils absorbent progressivement l'oxygène et rouillent en surface. La solution de sulfate de fer, incolore d'abord, prend ensuite une teinte rouge et dépose une poudre brune ; cette poudre est un persulfate *basique* de fer, c'est-à-dire un persulfate contenant un excès d'oxyde ou *de base* . En ajoutant de l' acide sulfurique ou acétique à la solution, on évite la formation d'un dépôt, la poudre brune étant soluble dans les liquides acides.

Les cristaux de sulfate de fer renferment une grande quantité d'eau de cristallisation, dont ils perdent une partie par exposition à l'air sec. Par une température plus élevée, le sel peut être rendu parfaitement *anhydre* , et dans cet état il forme une poudre blanche.

b. *Protonitrate de fer.* — Ce sel se prépare par double décomposition entre le nitrate de baryte ou de plomb et le protosulfate de fer. C'est une substance instable et cristallise très difficilement ; sa solution aqueuse est vert pâle au début, mais très sujette à la décomposition, plus encore que le sulfate de fer correspondant.

SECTION II.

La réduction des sels d'argent par des agents de développement.

La théorie générale de la réduction des oxydes métalliques ayant été expliquée, il peut être désirable d'entrer plus minutieusement dans la nature exacte du procédé appliqué aux composés de l'argent.

Premièrement, la réduction de l'oxyde d'argent sera prise comme l'illustration la plus simple ; puis celle des sels d'argent formés par les acides oxygénés ; et enfin du chlorure, de l'iodure et du bromure d'argent ne contenant pas d'oxygène.

Réduction de l'oxyde d'argent. — Pour illustrer ceci commodément, l'oxyde d'argent doit être à l'état de solution ; l'eau dissout l'oxyde d'argent avec parcimonie, mais elle est librement soluble dans l'ammoniac, formant le liquide connu sous le nom d'ammonio-nitrate d'argent. Si donc on place un peu d'ammonio-nitrate d'argent dans un tube à essai, et qu'on y ajoute une solution de sulfate de fer, aussitôt il se décolore et un dépôt se dépose au fond.

Ce dépôt est de l'Argent métallique, produit par l'agent réducteur s'appropriant l'Oxygène préalablement combiné au métal. Comme l'argent métallique ne se dissout pas dans l'ammoniac, le liquide devient trouble et le métal disparaît sous la forme d'un précipité volumineux.

Réduction des sels oxyacides d'argent. — Le terme *Oxyacide* comprend les sels qui contiennent de l'oxyde d'argent intimement combiné avec des acides oxygénés ; comme par *exemple* le nitrate d'argent, le sulfate, l'acétate d'argent, etc.

Ces sels, solubles dans l'eau, sont réduits par les agents révélateurs de la même manière que l'oxyde d'argent, mais plus lentement. La présence d'un acide uni à la base est un frein au procédé et tend à maintenir l'oxyde en solution, surtout lorsque cet acide est puissant dans ses affinités. Pour illustrer l'effet du constituant acide du sel sur le retardement de la réduction, prenez deux tubes à essai, l'un contenant du nitrate d'ammonium et l'autre du nitrate d'argent ordinaire. Une seule goutte de solution de sulfate de fer ajoutée à chacun indiquera une différence évidente dans la rapidité du dépôt.

Le précipité d'argent métallique obtenu par l'action d'agents réducteurs sur le nitrate varie beaucoup en couleur et en aspect général. Si l'on emploie l'acide gaulois ou pyrogallique, c'est une poudre noire ; [8] tandis que les sels de fer, et spécialement les mêmes avec de l'acide nitrique libre ajouté, produisent un précipité étincelant, ressemblant à ce qu'on appelle *de l'argent dépoli*. Le sucre de raisin et de nombreuses huiles essentielles, telles que l'huile de clou de girofle, etc., séparent le métal de l'ammonio-nitrate d'argent sous la forme d'un film miroir brillant et sont souvent employés dans l'argenture du verre.

[8] L'argent précipité par l'acide gaulois ou pyrogallique ne semble pas être exempt de matière organique, et contient probablement aussi une petite proportion d'oxygène.

En remarquant ces particularités de l'état moléculaire de l'argent précipité, il convient d'observer que l'apparence d'un métal en masse n'est pas une indication de sa couleur à l'état de poudre fine. Le platine et le fer, tous deux métaux brillants et susceptibles d'être polis, sont ternes et intensément noirs lorsqu'ils sont dans un état de division fine ; L'or est d'un brun pourpre ou jaunâtre ; Mercure un gris sale.

Réduction des sels hydracides d' argent. — Par le terme *Hydraacide*, on entend les sels d'argent qui ne contiennent ni oxygène ni acides oxygénés, mais simplement des éléments comme le chlore ou l'iode combinés avec de l'argent. Ces éléments se caractérisent par la formation d'acides avec l'hydrogène, lesquels acides sont donc appelés acides *Hydr*. L'acide chlorhydrique (HCl) en est un exemple ; il en va de même pour l'acide iodhydrique (HI).

La réduction des sels d'hydracide doit être discutée séparément, parce qu'elle est évidemment différente de celle déjà décrite ; l'agent réducteur tendant uniquement à absorber *l'oxygène*, qui n'est pas présent dans ces sels. L'explication est la suivante : Lorsqu'un chlorure d'un métal noble est réduit par un révélateur, *un atome d'eau*, composé d'oxygène et d'hydrogène, participe à la réaction. L'oxygène de l'eau passe au révélateur, l'hydrogène au chlore.

Pour illustrer cela, prenez une solution de chlorure d'or et ajoutez-y un peu de sulfate de fer. Un dépôt jaune d'or métallique se forme bientôt et le liquide surnageant s'avère, par test, être un acide provenant d'acide chlorhydrique libre. Le diagramme simple suivant, dans lequel le *nombre* d'atomes concernés est toutefois omis, peut aider à la compréhension du changement.

Atome composé de	Atome composé	Atome de
chlorure d'or.	d'eau.	sulfate de fer.

Le symbole Au représente l'or, le chlore Cl, l'hydrogène H et l'oxygène O. Observez que les molécules H et O se séparent l'une de l'autre et passent en sens opposés : cette dernière s'unit au Sulfate de Fer ; le premier rencontre Cl et produit de l'acide chlorhydrique (HCl), tandis que l'atome d'or reste seul.

Il n'y a donc aucune difficulté théorique à supposer une réduction de l'iodure d'argent par un révélateur, si l'on associe à l'iodure un atome d'eau pour fournir l'oxygène. Toutefois, à moins que la plaque sensible n'ait été exposée à la lumière, la réduction ne se produit pas facilement ; il ne peut pas non plus être produit en aucune circonstance, avec ou sans lumière, lorsque la totalité du nitrate d'argent libre a été emportée par lessivage de la plaque. L'iodure d'argent pur n'est donc pas affecté par un révélateur, et le composé qui noircit lors de l'application du sulfate de fer ou de l'acide pyrogallique est un iodure avec un excès de nitrate d'argent.

Atome composé d'	Atome composé de	Atome de
iodure d'argent.	nitrate d'argent.	sulfate de fer.

La manière par laquelle un sel d'argent, tel que le nitrate, soluble dans l'eau, peut agir pour faciliter la réduction de l'iodure d'argent, est montrée dans le diagramme précédent, qui correspond étroitement au dernier.

Notez que l'atome composé de nitrate d'argent contient une molécule d'oxygène pour le révélateur, une d'argent (Ag) pour l'iode séparé et un atome d'acide nitrique (NO$_5$), qui est libéré et ne participe plus à le changement.

La chaîne des affinités chimiques est plus complète dans ce diagramme que dans le dernier, où seul un atome d'eau était présent, l'affinité de l'iode pour l'argent étant plus grande que celle de l'iode pour l'hydrogène. Il est donc possible qu'un excès de nitrate d'argent puisse, en fournissant une base élémentaire pour laquelle l'iode a une attraction, aider à extraire cet élément, pour ainsi dire, de la particule originale d'iodure d'argent touchée par la lumière. [9]

[9] Le lecteur ne doit pas supposer, d'après les remarques qui ont été faites dans cette section, que les images obtenues par développement sont invariablement constituées d'argent métallique pur. On peut démontrer que tel n'est pas le cas, que le processus de réduction est dans de nombreux cas suspendu lorsqu'une partie seulement de l'oxygène a été éliminée ; et il en résulte un *sous-sel* semblable à celui produit par l'action directe de la lumière sur les composés organiques de l'argent, et différant par ses propriétés de l'argent métallique. Pour plus de détails, voir les recherches photographiques de l'auteur au huitième chapitre.

SECTION III.

La formation et le développement de l'image latente.

Il a été démontré dans le deuxième chapitre que l'action continue de la lumière blanche sur certains sels d'argent aboutissait à la séparation d'éléments comme le chlore et l'oxygène et à la réduction partielle du composé. Nous avons vu aussi que les corps possédant une affinité pour l'oxygène, tels que le sulfate de fer et l'acide pyrogallique, tendent à produire un effet similaire ; agissant dans certains cas avec une grande énergie et précipitant l'Argent métallique à l'état pur.

En formant une théorie improvisée sur la production de l'image latente dans la Caméra, il serait donc naturel de supposer que le processus consistait à établir une action réductrice sur la surface sensible au moyen de la lumière, qui serait ensuite poursuivie par l'application de la solution en développement. Cette idée est dans une certaine mesure correcte, mais elle nécessite quelques explications. Les effets produits par la lumière et le révélateur ne sont pas si exactement semblables que l'un puisse toujours se substituer à l'autre : on ne peut remédier à une exposition insuffisante dans l'appareil photo en prolongeant le développement de l'image. Dans les procédés photographiques sur papier , on constate en effet qu'une certaine latitude peut être laissée ; mais, en règle générale, il faut dire qu'un temps déterminé est pris dans la formation de l'image invisible, qui ne peut être impunément raccourcie ou étendue au-delà de ses limites propres. Il existe un point maximum au-delà duquel aucune avancée n'est réalisée ; par conséquent, si la plaque n'est pas ensuite retirée de l'appareil photo, les parties de l'image formées par les lumières les plus brillantes sont rapidement dépassées par les « demi-tons », de sorte qu'au développement, une image apparaît sans ce contraste entre les lumières et les ombres qui est essentiel à l'effet artistique. Par contre, en cas d'exposition insuffisante, les faibles rayons lumineux n'ayant pas eu le temps d'imprimer la plaque, les demi-ombres ne peuvent pas être mises en évidence lors du traitement ultérieur avec le révélateur.

Une étude minutieuse des phénomènes impliqués dans cette partie du processus ne peut manquer de montrer que le rayon de Lumière détermine un changement *moléculaire* d'une certaine sorte dans les particules d'Iodure d'Argent formant la surface sensible. Ce changement n'est pas de nature à altérer la composition ou les propriétés chimiques du sel. L'Iode ne quitte pas la surface, sinon il y aurait une différence dans l'aspect de la pellicule, ou dans sa solubilité dans l'Hyposulfite de Soude.

Les diagrammes suivants peuvent peut-être être utiles pour illustrer mécaniquement ce que l'on entend par changement moléculaire.

La figure 1 représente une molécule composée d'iodure d'argent, dont les atomes constitutifs sont étroitement associés.

Fig. 2. De même après l'action d'une force perturbatrice. Les molécules simples ne se sont pas complètement séparées, mais elles sont prêtes à le faire, en ne se touchant qu'en un seul point.

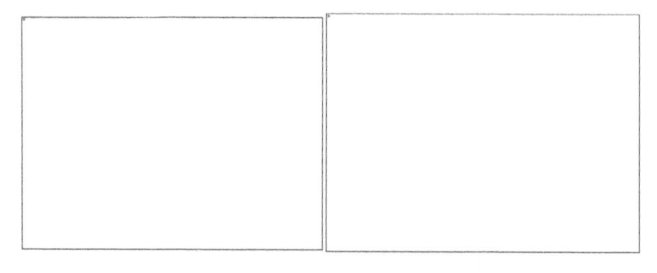

Fig. 1.   Figure 2.

Or l'effet produit sur cette combinaison par un révélateur est compris, si l'on suppose que dans le premier cas l'affinité de l'Iode pour l'Argent est trop grande pour permettre sa séparation ; mais dans le second, cette affinité s'étant relâchée, la structure cède, et il en résulte de l'argent métallique.

Cette hypothèse a le mérite de la simplicité et ne s'oppose pas aux faits connus ; elle peut donc être reçue pour le moment. Le point cependant sur lequel un doute doit reposer est celui de savoir si la perturbation moléculaire produite par la lumière sur l'iodure d'argent conduit à une réduction de ce sel par le révélateur. Aucune image ne peut être produite lors de l'application d'acide pyrogallique *à moins que les particules d'iodure ne soient en contact avec le nitrate d'argent ;* et par conséquent, ce peut être le nitrate et non l'iodure qui est réduit, c'est-à-dire que la molécule d'iodure impressionnée peut déterminer la décomposition d'une particule contiguë de nitrate, elle-même restant inchangée. Ce point de vue est corroboré dans une certaine mesure par les expériences de Moser, que nous citerons bientôt ; et aussi par le fait que l'image délicate formée d'abord peut être *intensifiée* en la traitant avec un mélange de solution de développement et de nitrate d'argent, même après que l'iodure ait été éliminé par un agent fixateur. L'expérience suivante servira à illustrer cela.

Prenez une plaque sensible au collodion, et après y avoir imprimé une image invisible par une exposition appropriée dans l'appareil photo, retirez-la dans la chambre noire et versez dessus la solution d'acide pyrogallique. Lorsque l'image est entièrement apparue, arrêtez l'action en lavant la plaque avec de l'eau et enlevez l'iodure d'argent non altéré par le cyanure de potassium. Un examen de l'image à ce stade montrera qu'elle est parfaite dans les détails, mais pâle et translucide. La plaque doit ensuite être ramenée à la chambre noire et traitée avec de l'acide pyrogallique frais, *auquel a* été ajouté du nitrate d'argent ; immédiatement, l'image devient beaucoup plus noire et continue de s'assombrir, jusqu'à devenir complètement opaque, si l'apport de nitrate est maintenu.

Or, dans cette expérience, il est évident que le dépôt supplémentaire sur l'image est produit à partir du nitrate d'argent, la totalité de l'iodure ayant été préalablement éliminée. Observez aussi *qu'il ne se forme que sur l'image, et non sur les parties transparentes de la plaque* . Même si l'on laisse subsister l'iodure, intact par la lumière, la même règle s'applique : l'acide pyrogallique et le nitrate d'argent réagissent l'un sur l'autre et produisent un dépôt métallique ; ce dépôt n'a cependant aucune affinité pour l'iodure non altéré sur la partie de la plaque correspondant aux ombres du tableau, mais s'attache de préférence à l'iodure déjà noirci par la lumière.

Cette deuxième étape du développement, par laquelle une image faible peut être renforcée et rendue plus opaque , est parfois appelée « développement par précipitation » et doit être correctement comprise par l'opérateur pratique.

Recherches de M. Moser. — Les articles de M. Ludwig Moser « Sur la formation et le développement des images invisibles », publiés en 1842, expliquent si clairement de nombreux phénomènes remarquables qui se produisent occasionnellement dans les procédés au collodion et sur papier, qu'il n'est pas nécessaire de s'excuser de s'y référer quelque peu. longuement.

Sa première proposition peut s'énoncer ainsi : « Si une surface polie a été touchée dans des parties particulières par quelqu'un, elle acquiert la propriété de précipiter certaines vapeurs sur ces points différemment de ce qu'elle fait sur les autres parties intactes. Pour illustrer cela, prenons une fine plaque de métal sur laquelle sont *excisés des caractères* ; réchauffez-le doucement et posez-le sur la surface d'un miroir propre pendant quelques minutes : puis retirez-le, laissez-le refroidir et *respirez* sur le verre, lorsque les contours de l'appareil seront distinctement visibles. Une plaque d'argent poli peut être substituée au verre, et au lieu de développer l'image par le souffle, elle peut être mise en évidence par la vapeur mercurielle.

La seconde proposition de M. Moser est la suivante : « *La lumière* agit sur les corps, et son influence peut être éprouvée par les vapeurs qui adhèrent à la substance. » Une plaque de verre miroir est exposée dans la Chambre à une lumière vive et intense. ; elle est ensuite retirée et insufflée, lorsqu'une image auparavant invisible se développe, le souffle s'installant le plus fortement sur les parties où la lumière a agi. Une plaque d'argent poli peut être utilisée comme auparavant à la place du verre, la vapeur de mercure ou d'eau étant employée pour développer l'image. Une *plaque d'Argent iodée* est encore plus sensible à l'influence de la lumière, et reçoit une impression très nette et parfaite sous l'action du Mercure.

Il semble donc, d'après ces expériences et d'autres non citées, que les surfaces des divers corps sont susceptibles d'être modifiées par contact les unes avec les autres, ou par contact avec un rayon de lumière, de manière à leur communiquer une affinité pour une vapeur ; et de plus, que plusieurs des sels d'argent sont dans la liste des substances admettant une telle modification. Mais il est également évident que le même état de surface qui provoque le dépôt d'une vapeur d'une manière particulière affecte également le comportement du sel d'argent lorsqu'il est traité avec un agent réducteur. Ainsi, si une plaque de verre propre est touchée en certains endroits par le doigt chaud, l'impression disparaît bientôt, mais se voit de nouveau en respirant sur le verre ; et si cette même plaque est enduite d'une couche très délicate de collodion iodé et passée dans le bain de nitrate, la solution d'acide pyrogallique produira communément un contour bien défini de la figure avant même que la plaque ait été exposée à la lumière. Cette expérience, même si elle ne réussit pas toujours, est néanmoins instructive et montre la nécessité de nettoyer avec soin les plaques utilisées en photographie. S'il y a une irrégularité dans la manière dont le souffle se dépose sur le verre lorsqu'on le respire, il existe à ce point un état de surface qui modifiera probablement tellement la couche d'iodure d'argent que l'action du fluide en développement le fera. être perturbé d'une manière ou d'une autre.

On peut citer encore un fait remarquable observé par M. Moser. Il constate que l'action de la lumière sur la plaque du daguerréotype est de type *alterné* : elle donne d'abord une affinité pour Mercure, puis la supprime. « Si la lumière agit sur l'iodure d'argent, dit-il, elle lui confère le pouvoir de condenser les vapeurs mercurielles ; mais si elle agit au-delà d'un certain temps, elle diminue alors ce pouvoir et enfin le lui ôte tout à fait. Ceci est précisément conforme aux phénomènes observés également dans le procédé au Collodion, où le dépôt d'argent métallique est parfois moins marqué que d'habitude si la plaque a été exposée dans l'appareil photo au-delà du temps approprié.

On rencontre parfois une curieuse perversion du processus de développement, dans laquelle, lors de l'application de l'acide pyrogallique, le dépôt de l'argent a lieu sur les *ombres* du tableau, et non sur les lumières ; ainsi, lors de la visualisation de l'image en lumière transmise, l'aspect habituel est inversé. Cela peut peut-être s'expliquer par une action alternative de la lumière, comme suggéré ci-dessus.

Un phénomène à première vue encore plus remarquable s'est produit, dans lequel, lors du développement de la plaque, *deux* images naissent au lieu d'une. L'image secondaire dans un tel cas est probablement le reste d'une empreinte antérieure qui, bien que apparemment enlevée par le lavage, avait néanmoins modifié la surface du verre de manière à affecter la couche d'iodure d'argent ; et si l'on *respirait* sur le verre avant de le recouvrir de nouveau de collodion, il y a tout lieu de supposer que les contours de l'image accidentelle seraient visibles. [dix]

[10] Depuis la rédaction de ce qui précède, l'auteur a parcouru avec plaisir un article de M. Grove sur la production d'images latentes par l'électricité, avec un mode de fixation. Dans les expériences décrites, une plaque de verre, électrisée dans certaines parties seulement, était respirée ou exposée aux vapeurs d'acide fluorhydrique. Dans les deux cas, la vapeur se dépose exclusivement sur la partie non électrique du verre, développant ainsi une image latente. Lorsque la plaque fut d'abord soumise à l'électrisation, puis enduite d'iodure d'argent sur du collodion et exposée à la lumière, la solution d'acide pyrogallique produisit une réduction d'argent seulement sur les parties du verre correspondant à celles sur lesquelles le souffle s'installait. l'expérience précédente ; indiquant ainsi que l'électricité neutralisait l'effet de la lumière sur l'iodure sensible d'argent.

CHAPITRE IV.

SUR LA FIXATION DE L'IMAGE PHOTOGRAPHIQUE.

UNE COUCHE SENSIBLE de chlorure ou d'iodure d'argent sur laquelle une image a été formée, soit avec ou sans l'aide d'un agent révélateur, doit subir un traitement ultérieur afin de la rendre indestructible par la lumière diffuse.

Il est vrai que l'image elle-même est suffisamment permanente et qu'on ne peut pas dire, dans un langage correct, qu'elle a besoin d'être *réparée* ; mais le sel d'argent inchangé qui l'entoure, étant encore sensible à la lumière, tend à se décomposer à son tour, et ainsi le tableau se perd. Il faut donc éliminer ce sel en appliquant un agent chimique capable de le dissoudre. La liste des dissolvants du chlorure et de l'iodure d'argent a été donnée au chapitre II, mais certains sont mieux adaptés que d'autres à la fixation. Pour qu'un corps quelconque puisse être employé avec succès comme agent fixateur, il faut non seulement qu'il dissolve le chlorure ou l'iodure d'argent inchangé, mais qu'il ne produise aucun effet nuisible sur les mêmes sels réduits par la lumière.

Cette *action dissolvante sur l'image*, ainsi que sur les parties qui l'entourent, est plus susceptible de se produire lorsque l'agent de la lumière seule, sans révélateur, a été employé. Dans ce cas, la surface noircie, n'étant pas parfaitement réduite à l'état métallique, reste dans une certaine mesure soluble dans le liquide fixateur.

CHIMIE DES DIFFÉRENTS AGENTS DE FIXATION.

On mentionnera : Ammoniac. Chlorures alcalins. Iodures alcalins. Hyposulfite alcalin. Cyanures alcalins.

AMMONIAC.

Les propriétés du liquide alcalin « Ammoniac » sont données dans la partie III. L'ammoniaque dissout facilement le chlorure d'argent, mais non l'iodure d'argent : c'est pourquoi son emploi est nécessairement limité aux épreuves sur papier sur le chlorure d'argent. Cependant, même ceux-ci ne peuvent pas être avantageusement fixés dans l'ammoniac à moins qu'un dépôt d'or n'ait été préalablement produit sur la surface par un processus de "tonification", qui sera expliqué maintenant : une teinte rouge particulière et désagréable est toujours provoquée par l'action de l'ammoniac sur le matériau noirci. d'une image solaire telle qu'elle sort du cadre d'impression : mais ceci est évité par l'emploi de l'or.

CHLORURES, IODURES ET BROMURES ALCALINS.

Les chlorures de potassium, d'ammonium et de sodium possèdent la propriété de dissoudre une petite partie du chlorure d'argent. Lors de la dissolution, un sel double se forme ; c'est-à-dire un composé de chlorure de sodium avec du chlorure d'argent, qui peut être cristallisé en permettant au liquide de s'évaporer spontanément.

Les premiers photographes utilisaient une solution saturée de sel commun pour fixer les impressions sur papier ; mais l'action fixatrice des chlorures alcalins est lente et imparfaite, et leur emploi peut maintenant être considéré comme obsolète.

L'iodure et le bromure de potassium ont tous deux été utilisés comme agents fixateurs. Ils dissolvent l'iodure d'argent, formant avec lui un sel double de la manière décrite ci-dessus.

Il est important de remarquer dans la solution des sels d'argent insolubles par les chlorures alcalins, les iodures, etc., que la quantité dissoute n'est pas proportionnelle à la *quantité* du solvant, mais au degré de concentration de sa solution aqueuse. Ceci n'est pas habituel avec les solvants qui agissent en entrant en combinaison chimique avec la substance dissoute. Généralement, un poids donné d'un sel dissout un poids donné de l'autre, indépendamment de la quantité d'eau présente. La particularité du cas qui nous occupe tient à ce que le sel double formé est *décomposé* par une grande quantité d'eau. C'est donc une solution *saturée* de chlorure de sodium qui possède le plus grand pouvoir de fixation des épreuves sur papier ; et avec le bromure ou l'iodure de potassium, la même règle s'applique : plus la solution est forte, plus l'iodure d'argent sera absorbé. L'ajout d'eau produit un laitage et un dépôt de sel d'argent préalablement dissous.

HYPOSULFITES ALCALINS.

hyposulfureux est l'un des oxydes de soufre. Il est, comme son nom l'indique, de nature acide et prend sa place dans la liste immédiatement en dessous de l'acide sulfureux (« υϱο », ci-dessous).

L' hyposulfite de soude couramment employé par les photographes est une combinaison neutre d' acide hyposulfureux et de soude alcaline. Il est choisi comme étant plus économique en préparation que tout autre Hyposulfite adapté à la fixation.

L'hyposulfite de soude se présente sous la forme de grands groupes de cristaux translucides comprenant cinq atomes d'eau. Ces cristaux sont solubles dans l'eau à presque tous les degrés, la dissolution s'accompagnant de production de froid ; ils ont un goût nauséabond et amer.

Dans la solution des composés d'argent par l'hyposulfite de soude, une *double décomposition* a toujours lieu ; ainsi:-

Hyposulfite de Soude + Chlorure d'argent

= Hyposulfite d'Argent + Chlorure de sodium.

L' hyposulfite d'argent avec un excès d' hyposulfite de soude forme un sel double soluble, qui peut être cristallisé par évaporation de la solution. Il possède un goût intensément sucré et contient un atome d' hyposulfite d'argent, chimiquement combiné avec deux atomes d' hyposulfite de soude. Il existe en outre un deuxième sel double, qui diffère du premier par le fait qu'il est *très peu* soluble dans l'eau. On le forme en agissant sur le chlorure d'argent avec une solution d' hyposulfite de soude déjà saturée ou à peu près de sels d'argent ; et contient des atomes uniques de chaque constituant.

Il faut tenir compte du fait que l'argent contenu dans un bain fixateur ordinaire est présent à l'état d' *hyposulfite, parce que ce sel est susceptible de subir des transformations chimiques particulières, comme on le montrera mieux au chapitre VIII.*

L'iodure d'argent est dissous par l'hyposulfite de soude plus lentement que le chlorure d'argent, et la quantité finalement absorbée est moindre. Ceci s'explique ainsi : Pendant la dissolution de l'iodure d'argent, il se forme *de l'iodure de sodium*, et cet iodure alcalin a un effet préjudiciable sur la suite du procédé. *Le chlorure* de sodium n'a pas la même action, le bromure de sodium non plus, par conséquent les sels d'argent correspondants se dissolvent plus que l'iodure.

CYANURES ALCALINS.

La chimie du cyanogène est décrite dans la partie III.

Le cyanure de *potassium* est le sel le plus fréquemment employé en fixation. On le trouve dans le commerce sous forme de morceaux fondus de taille considérable. Dans cet état, il est généralement contaminé par un pourcentage élevé de carbonate de potasse, s'élevant dans certains cas à plus de la moitié de son poids. En faisant bouillir dans de l'Esprit Preuve, le Cyanure peut être extrait et cristallisé, mais cette opération n'est guère nécessaire en ce qui concerne son emploi en Photographie.

Le cyanure de potassium absorbe l'humidité lorsqu'il est exposé à l'air. Il est très soluble dans l'eau, mais la solution se décompose en la gardant ; changeant de couleur et dégageant l' odeur de *l'acide prussique*, qui est un cyanure d'hydrogène. Le cyanure de potassium est très toxique et doit être utilisé avec prudence.

La solution de cyanure de potassium est un agent très énergique pour dissoudre les sels d'argent insolubles : bien plus, en proportion de la quantité utilisée, que l' hyposulfite de soude. Les sels sont dans tous les cas transformés en cyanures, et existent dans la solution sous forme de sels doubles solubles, qui, contrairement aux iodures doubles, ne sont pas affectés par la dilution avec l'eau. Le cyanure de potassium est inadapté pour fixer des preuves positives sur le chlorure d'argent ; et même lorsqu'un révélateur a été utilisé, à moins que la solution ne soit assez diluée, elle est susceptible d'attaquer l'image et de la dissoudre.

CHAPITRE V.

SUR LA NATURE ET LES PROPRIÉTÉS DE LA LUMIÈRE.

LE présent chapitre est consacré à une discussion des propriétés les plus remarquables de la Lumière ; le but étant de sélectionner certains points saillants et de les énoncer aussi clairement que possible, en se référant, pour des renseignements plus complets, à des ouvrages reconnus au sujet de l'optique.

Le chapitre sera divisé en cinq sections : — premièrement, la nature composée de la Lumière ; deuxièmement, les lois de la réfraction de la Lumière ; troisièmement, la construction des objectifs et de la caméra ; quatrièmement, l'action photographique de la lumière colorée ; cinquièmement, sur la vision binoculaire et le stéréoscope.

SECTION I.

La nature composée de la lumière.

Les idées entretenues au sujet de la Lumière, avant l'époque de Sir Isaac Newton, étaient vagues et insatisfaisantes. Cet éminent philosophe a montré qu'un rayon de soleil n'était pas *homogène*, comme on le croyait, mais consistait en plusieurs rayons de couleurs vives, unis et entremêlés.

Ce fait peut être démontré en jetant un crayon de lumière solaire sur un angle d'un *prisme* et en recevant l'image oblongue ainsi formée sur un écran blanc.

L'espace éclairé et coloré par un crayon de rayons ainsi analysé est appelé « le spectre solaire ». L'action d'un prisme dans la décomposition de la lumière blanche sera expliquée plus en détail dans la section suivante. À l'heure actuelle, nous remarquons seulement que sept couleurs principales peuvent être distinguées dans le spectre solaire, à savoir. rouge, orange, jaune, vert, bleu, indigo et violet. Sir David Brewster a fait des observations qui l'amènent à supposer que le *principal* les couleurs ne sont en réalité qu'au nombre de trois, à savoir. le rouge, le jaune et le bleu, et que les autres sont *composés*, étant produits par deux ou plusieurs d'entre eux se chevauchant ; ainsi les espaces rouges et jaunes entremêlés constituent *l'orange* ; les espaces jaunes et bleus, *verts*.

La composition de la lumière blanche provenant des sept couleurs prismatiques peut être grossièrement prouvée en les peignant sur la face d'une roue et en la faisant tourner rapidement ; cela les mélange, et il en résulte une sorte de blanc grisâtre. Le blanc est imparfait, parce que les couleurs employées ne peuvent pas être obtenues dans les teintes appropriées ni appliquées dans les proportions exactes.

La décomposition de la lumière s'effectue d'autres manières que celles déjà indiquées :

Premièrement, par *réflexion*, ils forment les surfaces des corps colorés. Toutes les substances émettent des rayons de lumière qui frappent la rétine de l'œil et produisent les phénomènes de vision. La couleur est causée par une *partie seulement*, et non la totalité, des rayons élémentaires projetés de cette manière. Les surfaces dites *blanches* réfléchissent tous les rayons ; les surfaces colorées en absorbent les unes et en réfléchissent les autres : ainsi les substances *rouges* ne réfléchissent que des rayons rouges, des substances *jaunes*, des rayons jaunes, etc., le rayon qui est réfléchi dans tous les cas déterminant la couleur de la substance.

Deuxièmement, la lumière peut être décomposée par *transmission* à travers des milieux transparents à certains rayons, mais opaques à d'autres.

Le verre transparent ordinaire laisse passer tous les rayons constituant la lumière blanche ; mais par l'addition de certains oxydes métalliques, à l'état de fusion, ses propriétés se modifient et il se *colore*. Le verre teinté à l'oxyde de cobalt n'est perméable qu'aux rayons bleus. L'oxyde d'argent confère une teinte jaune pure ; Oxyde d'or ou sous-oxyde de cuivre un rouge rubis, etc.

DIVISION DES RAYONS ÉLÉMENTAIRES DE LUMIÈRE BLANCHE EN LUMINEUX, CHALEUREUX ET CHIMIQUES. DES RAYONS.

L'action de la Lumière produit une variété d'effets distincts sur les corps qui nous entourent. Celles-ci peuvent être classées ensemble sous le nom de propriétés de la lumière. Ils sont de trois sortes : les phénomènes de couleur et de vision, de chaleur et d'action chimique.

En résolvant la lumière blanche en ses rayons constitutifs, on constate que ces propriétés sont associées chacune à certaines des couleurs élémentaires.

Le *jaune* est décidément le rayon le plus lumineux. En examinant le spectre solaire, on voit que la partie la plus brillante est celle occupée par le jaune, et que la lumière diminue rapidement de part et d'autre. Ainsi encore, les pièces vitrées avec du verre jaune semblent toujours abondamment éclairées, tandis que l'effet du verre rouge ou bleu est sombre et sombre. La couleur jaune constitue donc cette portion de lumière blanche par laquelle les objets environnants sont rendus visibles ; c'est essentiellement le rayon *visuel*.

Les *propriétés chauffantes* de la lumière solaire résident principalement dans le rayon rouge, comme le montre l'expansion d'un thermomètre à mercure placé dans cette partie du spectre.

L'action chimique de la lumière correspond davantage aux rayons indigo et violets, et manque, quant à son influence sur l'iodure d'argent, tant dans le rouge que dans le jaune. Cependant, à strictement parler, il ne peut être localisé dans aucun des espaces colorés, comme cela sera démontré plus en détail dans la quatrième section de ce chapitre, à laquelle le lecteur est renvoyé.

SECTION II.

La réfraction de la lumière.

Un rayon de lumière, lors de son passage à travers tout milieu transparent, se déplace en ligne droite tant que la densité du milieu reste inchangée. Mais si la densité varie, devenant soit plus grande, soit moins grande, alors le rayon est *réfracté* ou dévié de la direction qu'il suivait à l'origine. Le degré avec lequel se produit la réfraction ou la courbure dépend de la nature du nouveau milieu, et en particulier de sa *densité* comparée à celle du milieu que le rayon avait précédemment traversé. Par conséquent, l'eau réfracte la lumière plus puissamment que l'air, et le verre plus que l'eau.

Le diagramme suivant illustre la réfraction d'un rayon de lumière.

La ligne pointillée est tracée perpendiculairement à la surface, et on voit que le rayon lumineux en entrant est courbé vers cette ligne. En émergeant, en revanche, il est courbé dans une égale mesure en *s'éloignant de la perpendiculaire*, de sorte qu'il se déplace dans une direction parallèle, mais non coïncidente avec, sa direction originale. Si nous supposons que le nouveau milieu, au lieu d'être plus dense que l'ancien, est *moins dense*, alors les conditions sont exactement inverses : le rayon est courbé loin de la perpendiculaire en entrant, et vers elle en sortant.

Il faut remarquer que les lois de la réfraction ne s'appliquent qu'aux rayons lumineux qui tombent sur le milieu *sous un angle* : s'ils entrent perpendiculairement, dans la direction des pointillés de la dernière figure, ils traversent droit sans subir de réfraction.

Remarquez aussi que c'est *à la surface des corps* qu'agit la puissance de déviation. Le rayon est courbé en entrant, et courbé de nouveau en sortant ; mais dans le milieu, elle continue en ligne droite. Il est donc évident qu'en modifiant diversement les surfaces des milieux réfractifs, les rayons lumineux peuvent être détournés presque à volonté. Cela sera rendu clair par quelques schémas simples.

Dans les figures données ci-dessous et dans la page suivante, les lignes pointillées représentent des perpendiculaires à la surface au point où tombe le rayon, et on voit que la loi habituelle de se pencher *vers* la perpendiculaire en entrant et de s'en éloigner en sortant le milieu dense, est dans chaque cas correctement observé.

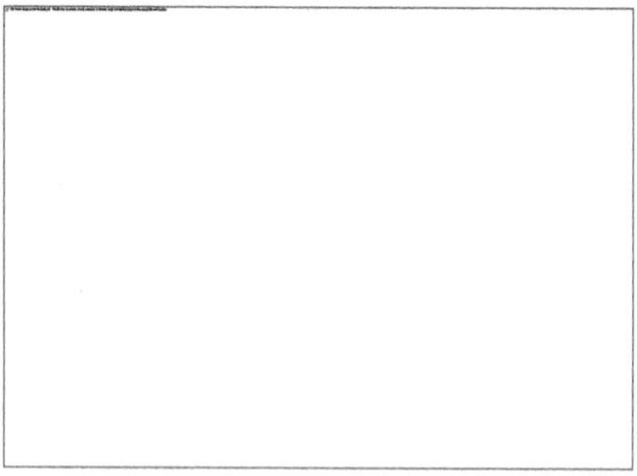

Fig. 1.   Figure 2.

La figure 2, appelée prisme, courbe le rayon en permanence d'un côté ; figue. 3, composé de deux prismes placés base à base, fait se rencontrer en un point les rayons avant parallèles ; et inversement, fig. 4, ayant des prismes placés bord à bord, les détourne davantage.

Figure 3.   Figure 4.

Les différentes formes de lentilles. — Les phénomènes de réfraction de la lumière se voient dans le cas des surfaces courbes de la même manière que dans le cas des surfaces planes.

Les lunettes à fond de forme curviligne sont appelées *Lentilles*. Voici des exemples.

Fig. 1.   Figure 2.   Figure 3.

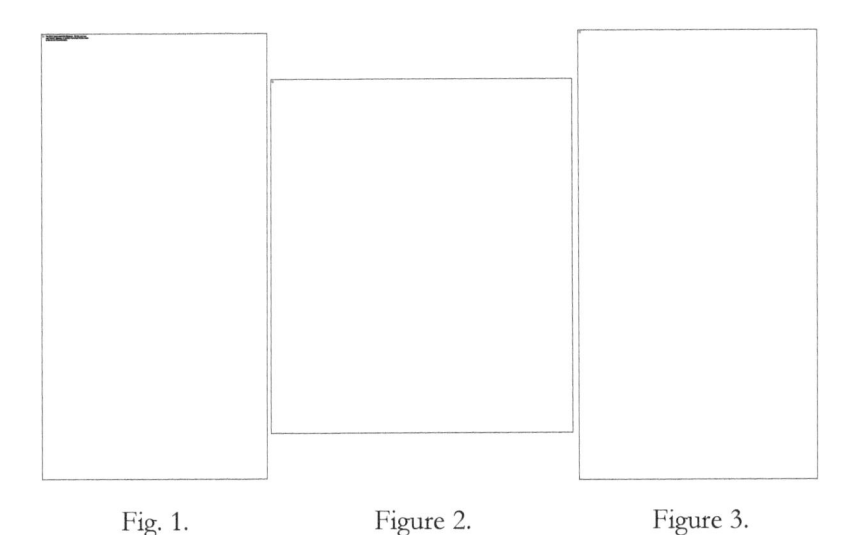

La figure 1 est une lentille biconvexe ; figue. 2, une lentille biconcave ; et fig. 3, une lentille *ménisque*.

En ce qui concerne leurs pouvoirs réfractifs, de telles figures peuvent être représentées à peu près par d'autres liées par des lignes droites, et il devient ainsi évident qu'une lentille biconvexe tend à condenser les rayons lumineux en un point, et une lentille biconcave à les disperser. Un ménisque combine les deux actions, mais les rayons finissent par se courber ensemble, la courbe convexe d'une lentille ménisque étant toujours plus grande que la courbe concave.

Les foyers des lentilles. — Il a été démontré que les lentilles convexes ont tendance à condenser les rayons lumineux et à les rassembler en un point. Ce point est appelé « le foyer » de l'objectif.

Les lois suivantes concernant l'orientation peuvent être édictées : -

Les rayons de lumière qui suivent une trajectoire parallèle au moment où ils entrent dans la lentille sont focalisés en un point plus proche de la lentille que les rayons divergents. Les rayons provenant d'objets très éloignés sont parallèles ; ceux des objets proches divergent. Les rayons du soleil sont toujours parallèles, et la divergence des autres devient d'autant plus grande que l'on s'éloigne de la lentille.

Le foyer d'une lentille pour rayons parallèles est appelé « foyer principal » et n'est pas sujet à variation ; c'est le point auquel on fait référence lorsqu'on parle de la *distance focale d'un objectif.* Lorsque les rayons ne sont pas parallèles mais divergent à partir d'un point, ce point est associé au foyer et les deux sont appelés « foyers conjugués ».

Dans le diagramme ci-dessus, A est le foyer principal, et B et C sont des foyers conjugués. Tout objet placé en B a son focus en G, et inversement lorsqu'il est placé en C il est focalisé en B.

Par conséquent, bien que le foyer principal d'une lentille (tel que déterminé par le degré de sa convexité) soit toujours le même, le foyer des objets proches varie, étant plus long à mesure qu'ils se rapprochent de la lentille.

Formation d'une image lumineuse par une lentille. — De même que les rayons lumineux provenant d'un point sont amenés à un foyer au moyen d'une lentille, il en est de même lorsqu'ils proviennent d'un objet, et dans ce cas il en résulte *une image de l'objet*.

La figure ci-dessus illustre cela. La taille de l'image varie en fonction de la distance entre la flèche et le verre : elle est plus grande et se forme à un point plus éloigné de l'objectif à mesure que l'objet se rapproche. Le pouvoir réfringent de la lentille influence également le résultat : lentilles de courte distance focale, *c'est-à-dire*. *e.* plus convexe, donnant une image plus petite.

Afin de pouvoir tracer facilement la course suivie par les crayons de rayons provenant d'un objet, les lignes partant de l'ardillon de la flèche de la dernière figure sont *en pointillés*. Observez que l'objet est nécessairement *inversé*, et aussi que les rayons qui traversent le point central de la lentille, ou le centre de l'*axe*, comme on l'appelle, ne sont pas courbés, mais poursuivent une course soit coïncidante, soit parallèle à, l'original, comme dans le cas des milieux réfringents à surfaces parallèles.

SECTION III.

L'appareil photographique.

L'appareil photo est par nature un instrument extrêmement simple. Il s'agit simplement d'une *chambre noire*, ayant une ouverture devant laquelle est insérée une lentille. La figure ci-jointe montre la forme la plus simple de caméra.

Le corps est représenté comme étant constitué de deux parties qui coulissent l'une dans l'autre ; mais le même objectif d'allongement ou de raccourcissement de la distance focale peut être atteint en rendant la lentille elle-même mobile. Une image lumineuse de tout objet placé devant la caméra est formée au moyen de la lentille et reçue sur une surface de verre dépoli à l'arrière de l'instrument. Lorsque l'appareil photo est nécessaire, l'objet est *mis au point* sur le verre dépoli, qui est ensuite retiré, et une diapositive contenant la couche sensible est insérée à sa place.

L'image lumineuse, telle qu'elle se forme sur le verre dépoli, est appelée le « champ » de la caméra ; on en parle comme étant plat ou courbé, pointu ou indistinct, etc. Ces particularités et d'autres qui dépendent de la construction de la lentille vont maintenant être expliquées.

Aberration chromatique des lentilles. — L'extérieur d'une lentille biconvexe est strictement comparable au bord vif d'un *prisme* , et produit donc nécessairement une décomposition dans la lumière blanche qui le traverse.

L'action d'un prisme dans la séparation de la lumière blanche en ses rayons constitutifs peut s'expliquer simplement : tous les rayons colorés sont réfrangibles, mais pas dans la même mesure. L'indigo et le violet le sont plus que le jaune et le rouge, et par conséquent ils en sont séparés et occupent une position plus élevée dans le spectre. (Voir le schéma à la p. 47.)

Un peu de réflexion montrera qu'en conséquence de cette réfrangibilité inégale des rayons colorés , la lumière blanche doit invariablement se décomposer en entrant dans un milieu dense. C'est en effet le cas; mais si les surfaces du milieu *sont parallèles entre elles* , l'effet ne se voit pas, parce que les rayons se recombinent à leur émergence, étant courbés d'autant dans la direction opposée. Ainsi la lumière est transmise de manière incolore à travers une vitre ordinaire, mais donne les teintes du Spectre lorsqu'elle passe à travers un prisme ou une lentille, où les deux surfaces sont inclinées l'une par rapport à l'autre selon un angle aigu.

L'aberration chromatique est corrigée en combinant deux lentilles taillées dans des variétés de verre qui diffèrent par leur pouvoir de séparation des rayons colorés . Ce sont le verre silex dense contenant de l'oxyde de plomb et le verre couronne léger. Des deux lentilles, l'une est *biconvexe* et l'autre *biconcave* ; de sorte que lorsqu'ils sont assemblés, ils produisent une lentille achromatique composée en forme de ménisque, ainsi :

La première lentille de cette figure est le silex et la seconde la couronne de verre. Des deux, le biconvexe est le plus puissant, de manière à vaincre l'autre et à produire une réfraction totale dans la mesure requise. Chacune des lentilles produit un spectre d'une longueur différente ; et l'effet du passage des rayons à travers les deux, est, en superposant les espaces colorés , d'unir les teintes complémentaires et de former de nouveau la lumière blanche.

Aberration sphérique des objectifs. — Le champ d'un appareil photo n'est pas souvent également net et distinct en chaque partie. Si le centre est rendu clair et bien défini, l'extérieur est brumeux ; tandis qu'en modifiant légèrement la position du verre dépoli, de manière à définir nettement la partie extérieure, le centre est flou. Les opticiens expriment cela en disant qu'il y a un manque de planéité du champ ; deux causes peuvent être citées comme concourant à le produire.

La première est « l'aberration sphérique », par laquelle on entend la propriété que possèdent les lentilles, qui sont des segments de sphères, de réfracter inégalement les rayons lumineux en différentes parties de leurs surfaces. Le diagramme suivant le montre : -

Observez que les lignes pointillées qui tombent sur la circonférence de la lentille sont focalisées en un point plus près de la lentille que celles passant par le centre ; en d'autres termes, l'extérieur de la lentille réfracte la lumière le plus puissamment. Cela provoque un certain degré de confusion et d'indistinction dans l'image, à cause de divers rayons qui se croisent et interfèrent les uns avec les autres.

L'aberration sphérique peut être évitée en augmentant la convexité de la partie centrale de la lentille, de manière à augmenter son pouvoir réfringent en ce point particulier. La surface n'est alors plus un segment de sphère, mais d'ellipse, et réfracte la lumière de manière plus égale. La difficulté de broyer les lentilles pour obtenir une forme elliptique est cependant si grande que la lentille sphérique est toujours utilisée, l'aberration étant corrigée par d'autres moyens.

Une deuxième cause qui interfère avec la distinction des parties extérieures de l'image dans la caméra est l'obliquité de certains rayons provenant de l'objet ; en conséquence de quoi l'image a une forme courbe, avec la concavité vers l'intérieur, comme on peut le voir en se référant à la figure donnée à la page 53 . Le diagramme suivant est destiné à expliquer la courbure de l'image.

La ligne centrale perpendiculaire à la direction générale de la lentille est l'axe ; une ligne imaginaire sur laquelle on peut dire que la lentille tourne lorsqu'une roue tourne sur son axe. Les lignes A A représentent des rayons de lumière tombant parallèlement à l'axe ; et les lignes pointillées, d'autres qui ont une direction oblique ; B et C montrent les points de formation des deux foyers. Observez que ces points, bien qu'équidistants du centre de l'objectif, ne tombent pas dans le même plan vertical, et par conséquent ils ne peuvent pas être reçus tous deux distincts sur le verre dépoli de l'appareil photo, qui occuperait la position de la double ligne perpendiculaire dans Le diagramme. C'est pourquoi, avec la plupart des objectifs, lorsque le centre du champ a été mis au point , le verre doit être légèrement décalé vers l'avant pour définir nettement l'extérieur.

L'utilisation des arrêts dans les lentilles. — La courbure de l'image et l'indistinction des contours due à l'aberration sphérique sont toutes deux corrigées dans une large mesure en fixant devant l'objectif un diaphragme ayant une petite ouverture centrale. Le diagramme donne une vue en coupe d'un objectif avec une « butée » fixée ; la position exacte qu'il doit occuper par rapport à l'objectif est un point important, et influence la planéité du champ.

En utilisant un diaphragme, la quantité de lumière admise dans l'appareil photo est diminuée proportionnellement à la taille de l'ouverture. L'image est donc moins brillante et nécessite une exposition plus longue de la plaque sensible. Cependant , à d'autres égards , le résultat est amélioré ; l'aberration sphérique est atténuée en coupant l'extérieur de la lentille, et une partie des rayons obliques étant interceptée, le foyer du reste est allongé, et l'image est rendue plus plate et améliorée en netteté. De là aussi, lorsqu'un petit stop est apposé sur une lentille, une variété d'objets, situés à des distances différentes, sont tous mis au point à la fois ; tandis que, avec la pleine ouverture de la lentille, les objets proches ne peuvent pas être rendus distincts sur le verre dépoli en même temps que les objets éloignés, ou *vice versa*.

La combinaison double ou portrait de lentilles achromatiques. — L'éclat de l'éclairage d'une image formée par une lentille est proportionnel au diamètre de la lentille, c'est-à-dire à la grandeur de l'ouverture par laquelle la lumière est admise. La *netteté ou la netteté du contour* est cependant indépendante de cela, étant améliorée par l'utilisation d'une butée qui diminue le diamètre.

La combinaison d'objectifs Portrait est conçue pour assurer une rapidité d'action en admettant un grand volume de lumière. Le diagramme suivant donne une vue en coupe.

Dans cette combinaison, la lentille avant est une lentille plan-convexe achromatique, avec le côté convexe tourné vers l'objet ; et la seconde, qui capte les rayons et les réfracte davantage, est une lentille biconvexe composée ; il y a donc en tout quatre verres distincts impliqués dans la formation de l'image, ce qui peut paraître à première vue comme une disposition inutilement complexe. On constate cependant qu'un bon résultat ne peut pas être obtenu en utilisant une seule lentille, lorsqu'un "stop" est inadmissible. En combinant deux verres de courbes différentes, les aberrations de l'un corrigent dans une large mesure celles de l'autre, et le champ est à la fois plus plat et plus distinct que dans le cas d'un ménisque achromatique employé sans diaphragme.

La fabrication des Objectifs Portrait est un point de grande difficulté, les verres nécessitant d'être meulés avec un soin extrême, afin d'éviter toute *distorsion* de l'image : ainsi les Objectifs Portrait les plus rapides, ayant une grande ouverture et une mise au point courte, sont souvent inutiles à moins d'être achetés. d'un bon créateur.

La variation entre les foyers visuels et actiniques dans les lentilles. — Les mêmes causes qui produisent l'aberration chromatique dans une lentille tendent également à séparer le produit chimique du foyer visuel.

Les rayons violets et indigo sont plus fortement courbés que le jaune, et plus encore que le rouge ; par conséquent, le focus de chacune de ces couleurs se situe à un point différent. Le diagramme suivant le montre.

V représente le foyer du rayon violet, Y le jaune et E le rouge.

Ainsi, comme l'action chimique correspond davantage au violet, l'effet actinique le plus marqué se produirait en V. La partie lumineuse du spectre est cependant *le jaune*, par conséquent le foyer visuel est en Y.

Les photographes ont reconnu ce point depuis longtemps ; et par conséquent, avec des lentilles ordinaires, non corrigées pour la couleur, des règles sont établies quant à la distance exacte à laquelle la plaque sensible doit être éloignée du foyer visuel afin d'obtenir la plus grande netteté de contour dans l'image imprimée par un produit chimique. action.

Ces règles ne s'appliquent pas aux lentilles achromatiques récemment décrites. Les rayons colorés étant alors repliés et réunis, les deux foyers se correspondent aussi à peu près. En effectuant une légère correction supplémentaire vers un point plus élevé dans le spectre, ils sont amenés à le faire parfaitement.

SECTION IV.

Sur l'action photographique de la lumière colorée.

Il a déjà été mentionné dans la première section de ce chapitre que certaines des couleurs élémentaires de la lumière blanche, à savoir. le violet et l'indigo sont particulièrement actifs dans la décomposition des sels photographiques d'argent ; mais il y a quelques points importants relatifs au même sujet qui nécessitent un complément d'information.

Le terme « actinisme » (Gr. ἀ κτ ἱ ς, un rayon ou un éclair) a été proposé comme étant pratique pour désigner la propriété qu'a la lumière de produire un changement chimique ; les rayons auxquels l'effet est particulièrement dû sont appelés rayons actiniques.

Si le spectre solaire pur formé par analyse prismatique de la manière représentée à la page 47 peut heurter une surface sensible préparée d'iodure d'argent, l'image latente étant ensuite développée par un agent réducteur, l'effet produit sera quelque chose de similaire à celui représenté dans le schéma suivant : -

Fig. 1.   Figure 2.

La figure 1 montre le spectre visible tel qu'il apparaît à l'œil ; la partie la plus brillante se trouve dans l'espace jaune, et la lumière s'estompe progressivement jusqu'à ce qu'elle cesse d'être vue. La figure 2 représente l'effet chimique produit en jetant le spectre sur l'iodure d'argent. Observez que la caractéristique d'assombrissement de l'action chimique est plus évidente dans les espaces supérieurs, où la lumière est faible, et qu'elle est totalement absente au point correspondant à la tache jaune vif du spectre visible. Les spectres actinique et lumineux sont donc totalement distincts l'un de l'autre, et le mot « photographie », qui désigne le processus de prise de vue par la lumière, est en réalité inexact.

Pour ceux qui n'ont pas l'occasion de travailler avec le spectre solaire, les expériences suivantes seront utiles pour illustrer la valeur photographique de la lumière colorée .

Expérience I. — Prenez une feuille de papier sensible préparée avec du chlorure d'argent et posez dessus des bandes de verre bleu, jaune et rouge. Après quelques minutes d'exposition aux rayons du soleil, la partie située sous le verre bleu s'assombrit rapidement, tandis que celle recouverte par le verre rouge et jaune est parfaitement protégée. Ce résultat est d'autant plus frappant que l'extrême *transparence* du verre jaune donne à penser que le chlorure serait certainement noirci en premier à ce moment-là. En revanche, le verre bleu apparaît très sombre et cache efficacement le tissu du papier à la vue.

Expérience II. — Choisissez un vase de fleurs de différentes nuances d'écarlate, de bleu et de jaune, et faites-en une copie photographique, par développement, sur de l'iodure d'argent. Les teintes bleues agissent le plus violemment sur le composé sensible, tandis que les rouges et les jaunes sont à peine visibles ; s'il n'était pas difficile de se procurer dans la nature des teintes pures et homogènes, sans mélange avec d'autres couleurs, elles ne feraient aucune impression sur la plaque.

En illustrant davantage l'importance de distinguer les rayons de lumière visuels et actiniques, nous pouvons observer que si les deux étaient identiques à tous égards. La photographie doit cesser d'exister en tant qu'art. Il serait impossible d'utiliser des préparations chimiques plus sensibles à cause des difficultés qui accompagneraient la préparation préalable et le développement ultérieur des plaques. Ces opérations se déroulent désormais dans ce qu'on appelle une chambre noire ; mais il n'est sombre qu'au sens *photographique*, étant éclairé au moyen d'une lumière jaune qui, tout en permettant à l'opérateur de suivre facilement la progression du travail, ne produit aucun effet nuisible sur les surfaces sensibles. Si les fenêtres de la pièce étaient vitrées en *bleu* au lieu de verre jaune, alors ce serait strictement une « pièce sombre », mais totalement inadaptée à l'usage prévu.

Un autre point lié au même sujet et digne de mention est la mesure dans laquelle la sensibilité des composés photographiques est influencée par les conditions atmosphériques qui n'interfèrent pas visiblement avec l'*éclat* de la lumière. Il est naturel de supposer que les jours où les rayons du soleil sont les plus puissants seraient les meilleurs pour une impression rapide, mais ce n'est en aucun cas le cas. Si la lumière est de couleur jaune, aussi brillante soit-elle, son pouvoir actinique sera faible.

On observera aussi souvent, en travaillant vers le soir, qu'une diminution soudaine de la sensibilité des plaques commence à être perceptible à une époque où l'on ne peut déceler que peu de différence dans l'éclat de la lumière ; le soleil couchant s'est couché derrière un nuage doré, et toute action chimique est bientôt terminée.

De la même manière s'explique la difficulté d'obtenir des photographies dans la lumière éclatante des climats tropicaux ; la supériorité des premiers mois du printemps sur ceux du milieu de l'été ; du soleil du matin à celui de l'après-midi, etc. Avril et mai sont généralement considérés comme les meilleurs mois pour une impression rapide dans ce pays ; mais la lumière reste bonne jusqu'à fin juillet. En août et septembre une exposition plus longue des plaques sera nécessaire.

LA SENSIBILITÉ SUPÉRIEURE DU BROMURE D'ARGENT À LA LUMIÈRE COLORÉE.

En copiant alternativement le spectre solaire sur une surface d'iodure et de bromure d'argent, on remarque une différence dans les propriétés photographiques de ces deux sels. Cette dernière est affectée plus largement, jusqu'à un point plus bas dans le spectre, que la première. Dans le cas de l'Iodure d'Argent, l'action cesse dans l' espace Bleu ; mais avec le Bromure, il atteint le Vert. Ceci est montré dans les diagrammes suivants, qui sont tirés des observations de M. Crookes (« Photographic Journal », vol. I . p. 100) :
-

1.Fig. 2. Figure 3.

La figure 1 représente le spectre chimique du bromure d'argent ; figue. 2, le même sur l'iodure d'argent ; et fig. 3, le spectre visible.

On pourrait peut-être supposer que la sensibilité supérieure du bromure d'argent aux rayons verts de la lumière rendrait ce sel utile au photographe pour copier des paysages ; et en effet , c'est l'opinion de beaucoup que, dans le procédé du papier *Calotype* , *la* couleur sombre du feuillage est mieux rendue par un mélange de bromure et d'iodure d'argent que par ce dernier sel seul. Ceci ne peut cependant pas dépendre de la plus grande sensibilité du bromure à la lumière colorée , comme on peut facilement le prouver .

Les diagrammes donnés ci-dessus sont ombrés pour représenter de manière approximative l'intensité relative de l'action chimique exercée par les rayons en différents points du spectre ; et en s'y référant, on voit que le point maximum de noirceur est dans l'espace indigo et violet, l'action étant plus faible dans l'espace bleu plus bas ; il existe aussi des rayons hautement réfrangibles qui s'étendent vers le haut bien au-delà des couleurs visibles , et ces rayons invisibles participent activement à la formation de l'image.

Il est donc évident que la quantité d'effet produit par une teinte verte pure, ou même une teinte bleu clair, sur une surface de bromure d'argent, est très petite comparée à celle d'un indigo ou d'un violet ; et par conséquent, comme dans la copie d'objets naturels des radiations de toutes sortes sont présentes en même temps, les teintes vertes n'ont pas le temps d'agir avant que l'image ne soit imprimée par les rayons les plus réfrangibles.

Sir John Herschel a proposé de rendre la lumière colorée plus disponible en photographie en séparant les rayons actiniques de haute réfrangibilité et en travaillant uniquement avec ceux qui correspondent aux espaces bleus et verts du spectre. Cela peut être fait en plaçant devant la caméra une auge verticale en verre contenant une solution de sulfate de quinine. Le professeur Stokes a montré que ce liquide possède de curieuses propriétés. En transmettant des rayons de lumière, il les *modifie* de telle sorte qu'ils émergent avec *une réfrangibilité inférieure* et incapables de produire le même effet actinique. Le sulfate de quinine est, si l'on peut employer ce terme, *opaque* à tous les rayons actiniques supérieurs à l' espace coloré en bleu . La proposition de Sir John Herschel mentionnée ci-dessus était donc d'employer un bain de sulfate de quinine, et après avoir éliminé les rayons actiniques de haute réfrangibilité , de travailler le bromure d'argent avec ceux correspondant aux espaces de couleur inférieure. Il pensait ainsi pouvoir obtenir un effet plus naturel.

Si l'on découvre des composés photographiques d'une plus grande sensibilité que tous ceux que nous possédons actuellement, l'usage du bain à la Quinine sera peut-être adopté ; mais à l'heure actuelle, nous comptons sur l'intensité supérieure des rayons invisibles pour la formation de l'image, et c'est pourquoi l'emploi du bromure d'argent est moins fortement indiqué.

Ces remarques s'appliquent aux photographies prises au soleil. M. Crookes déclare qu'en travaillant avec de la lumière artificielle, comme le gaz ou la camphine , le cas est différent. Les rayons actiniques de haute réfrangibilité manquent relativement dans la lumière du gaz, la grande majorité des rayons photographiques se trouvant dans les limites du spectre visible et agissant par conséquent plus énergiquement sur le bromure que sur l'iodure d'argent.

Explication de la manière dont les Objets Colorés impressionnent le Film Sensible. — Le fait dont nous avons parlé, à savoir. que les couleurs naturelles ne sont pas toujours correctement représentées en photographie, est souvent invoqué pour déprécier cet art : « lorsque les lumières sont représentées par des ombres, dit-on, comment peut-on s'attendre à une image véridique ? L'insensibilité de l'iodure d'argent aux couleurs occupant la partie inférieure du spectre présenterait en effet une difficulté insurmontable *si les teintes de la nature étaient pures et homogènes :* tel n'est cependant pas le cas. Même les plus sombres les couleurs sont accompagnées de rayons diffusés de lumière blanche en quantité largement suffisante pour affecter le film sensible.

Ceci se voit particulièrement lorsque le corps coloré *possède une bonne surface réfléchissante ;* c'est pourquoi certaines variétés de feuillage, comme par exemple le lierre, avec sa feuille lisse et polie, sont plus faciles à photographier que d'autres. De même, en ce qui concerne les draperies dans le département des portraits, il faut s'occuper non seulement de la couleur , mais aussi du matériau dont elles sont composées. Les soies et les satins sont favorables , car ils réfléchissent beaucoup de lumière, tandis que les velours et les étoffes grossières de toutes sortes, même s'ils sont foncés, produisent très peu d'effet sur la pellicule sensible.

SECTION V.

Sur la vision binoculaire et le stéréoscope.

Un objet est dit « stéréoscopique » (στρεο ς solid, et σκο πεω, je vois) lorsqu'il se détache en relief et donne à l'œil l'impression de solidité.

Ce sujet a été expliqué pour la première fois par le professeur Wheatstone dans un mémoire sur la vision binoculaire, publié dans les « Philosophical Transactions » en 1838 ; dans lequel il montre que les corps solides projettent des figures de perspective différentes sur chaque rétine, et que l'illusion de solidité peut être artificiellement produite au moyen du « stéréoscope ».

Les phénomènes de la vision binoculaire peuvent être simplement esquissés comme suit :—Si un cube, ou une petite boîte de forme oblongue, est placé à une courte distance devant l'observateur, et regardé attentivement avec l'œil droit et gauche séparément et dans succession, on constatera que la figure perçue dans les deux cas est différente ; que chaque œil voit davantage un côté de la boîte et moins l'autre ; et que dans aucun des deux cas l'effet n'est exactement le même que celui donné par les deux yeux employés conjointement.

Un étui à crayons en argent ou un porte-plume peuvent être utilisés pour illustrer le même fait. Il doit être tenu à environ six ou huit pouces de la racine du nez, et tout à fait perpendiculairement au visage, de manière à ce que la longueur du crayon soit cachée par la pointe. Puis, pendant qu'il reste fixe dans cette position, l'œil gauche et l'œil droit seront alternativement fermés : dans chaque cas une partie du côté opposé du crayon sera rendue visible.

Figure 1. Figure 2.

Les schémas précédents présentent l'aspect d'un buste vu successivement par chaque œil.

Observez que la deuxième figure, qui représente l'impression reçue par l'œil droit, est plutôt un visage plein que la fig. 1, qui, vu d'un point éloigné un peu vers la gauche, participe du caractère d'un profil.

Les yeux humains sont placés à environ 2½ pouces, ou de là à 2 $^{5/8}$ pouces, les uns des autres ; il s'ensuit donc que, les points de vue étant séparés, une image *dissemblable* d'un objet solide est formée par chaque œil. On ne voit cependant pas deux images, mais une seule, qui est stéréoscopique.

En regardant un tableau peint sur une surface plane, le cas est différent : les yeux, comme auparavant, forment deux images, mais ces images sont en tous points semblables ; par conséquent l'impression de solidité fait défaut. Une seule image ne peut donc pas paraître stéréoscopique. Pour transmettre l'illusion, *deux* images doivent être utilisées, l'une étant une projection en perspective droite et l'autre une projection en perspective gauche de l'objet. Les images doivent également être disposées de telle sorte que chacune se présente à son propre œil et que les deux semblent provenir du même endroit.

Le stéréoscope à réflexion, employé à cet effet, forme *des images lumineuses* des images binoculaires et rassemble ces images, de sorte qu'en regardant dans l'instrument, on ne voit qu'une seule image, dans une position centrale. Il faut cependant comprendre qu'aucun dispositif optique d'aucune sorte n'est indispensable, puisqu'il est tout à fait possible, avec un peu d'effort, de combiner les deux images par les organes de vision sans aide. Le diagramme suivant rendra cela évident : -

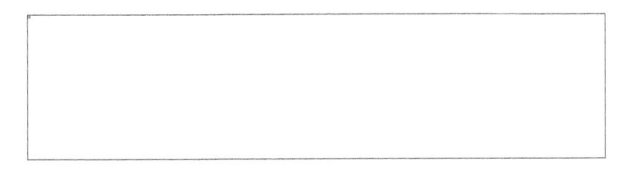

Les cercles A et B représentent deux plaquettes collées sur du papier à une distance d'environ trois pouces l'une de l'autre. Ils sont ensuite observés en *plissant* fortement les yeux ou en tournant les yeux vers l'intérieur vers le nez, jusqu'à ce que l'œil droit regarde la plaquette gauche et l'œil gauche la plaquette droite. Chaque plaquette apparaîtra alors comme devenue double, quatre images étant visibles dont les deux centrales se rapprocheront progressivement jusqu'à fusionner. Les images stéréoscopiques, convenablement disposées, peuvent être examinées de la même manière ; et l'on constatera que l'image solide résultante se forme à mi-chemin, à un point où deux lignes, tracées depuis les yeux jusqu'aux images, se coupent. L'expérience mentionnée ici est parfois pénible et ne peut pas être facilement réalisée si les yeux ne sont pas d'égale force ; mais cela servira à montrer que le principe essentiel réside dans la représentation binoculaire de l'objet, et non dans l'instrument employé pour le voir.

Dans le stéréoscope réfléchissant de M. Wheatstone, *des miroirs* sont utilisés. Le principe de l'instrument est le suivant : les objets placés devant un miroir ont leurs images réfléchies apparemment *derrière* le miroir. En disposant deux miroirs selon une certaine inclinaison l'un par rapport à l'autre, on peut faire rapprocher les images du tableau double jusqu'à ce qu'elles se confondent, et que l'œil n'en perçoive qu'une seule. Le diagramme suivant expliquera cela.

Les rayons provenant de l'étoile de chaque côté passent dans la direction des flèches, sont rejetés du miroir (représenté par la ligne noire épaisse) et pénètrent dans les yeux en R et L. Les images réfléchies apparaissent derrière le miroir, s'unissant en le point A.

Le stéréoscope réfléchissant est principalement adapté à la visualisation de grandes images. C'est un instrument très parfait, et admet une variété de réglages, par lesquels la taille apparente et la distance de l'image stéréoscopique peuvent varier presque à volonté.

Le stéréoscope « lenticulaire » de Sir David Brewster est un appareil plus portable. Une vue en coupe est donnée dans le schéma.

Les tubes de laiton sur lesquels sont appliqués les yeux de l'observateur contiennent chacun une demi-lentille, formée en divisant une lentille commune par le centre et en découpant chaque moitié en forme circulaire (fig. 1 de la page suivante). La demi-lentille vue en coupe (fig. 2) est donc de forme prismatique, et lorsqu'elle est placée avec son arête vive comme dans le schéma ci-dessus, elle modifie la direction des rayons lumineux issus de l'image, les courbant vers l'extérieur ou les éloignant. du centre , de sorte que, conformément aux lois optiques bien connues, elles semblent venir dans la direction des lignes pointillées du diagramme (en dernière page), et les deux images fusionnent à leur point de jonction. Dans l'instrument tel qu'on le vend souvent, une des lentilles est rendue mobile, et en la tournant autour du doigt et du pouce, on voit que les positions des images peuvent être déplacées à volonté.

Fig. 1.

Figure 2.

Règles pour prendre des photographies aux jumelles. — En regardant avec les yeux des objets très éloignés, les images formées sur la rétine ne sont pas assez dissemblables pour produire un effet très stéréoscopique ; c'est pourquoi il est souvent nécessaire, en prenant des photos binoculaires, d'écarter les caméras plus largement que ne le sont les deux yeux, afin de donner une apparence de relief suffisante. Les instructions originales de M. Wheatstone étaient de permettre environ un pied de séparation pour chaque vingt-cinq pieds de distance, mais une latitude considérable peut être autorisée.

Si les caméras ne sont pas suffisamment éloignées les unes des autres, les dimensions de l'image stéréoscopique d'avant en arrière seront trop petites : les statues ressembleront à des bas-reliefs et les troncs d'arbres circulaires apparaîtront ovales, le grand diamètre étant transversal. Au contraire, lorsque la séparation est trop grande, c'est l'inverse qui se produit, par exemple des objets carrés prenant une forme oblongue dirigée vers l'observateur.

Pour en comprendre la cause, il faut étudier la loi suivante en optique : « La distance des objets est estimée par la mesure dans laquelle les axes des yeux doivent converger pour les voir. » Si nous devons tourner fortement nos yeux vers l'intérieur, nous jugeons que l'objet est proche ; mais si les yeux restent presque parallèles, nous le supposons éloigné.

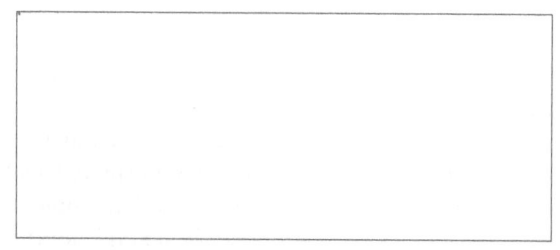

Les figures ci-dessus représentent des pyramides tronquées à six côtés, chacune avec son sommet vers l'observateur, les centres des deux plus petits hexagones intérieurs étant plus largement séparés que ceux des plus grands hexagones extérieurs. En faisant converger les yeux sur eux de manière à unir les images centrales de la manière représentée page 68 , il faudra une plus grande convergence pour rapprocher les deux sommets que les bases, et donc les sommets paraîtront les plus proches de l'œil ; c'est-à-dire que la figure centrale résultante acquerra la dimension supplémentaire de *hauteur* et apparaîtra comme un cône solide, debout perpendiculairement sur sa base : de plus, plus les sommets sont éloignés des bases, plus le cône sera grand. être, même si un effort plus important sera nécessaire pour fusionner les chiffres.

Les photographies binoculaires prises avec une trop grande distance entre les caméras sont déformées pour une cause similaire, une convergence si forte étant nécessaire pour les unir, que certaines parties de l'image semblent se rapprocher de l'œil ; et la profondeur de l'image solide est augmentée.

Cet effet est particulièrement observable lorsque l'image englobe une variété d'objets situés dans des plans différents. Dans le cas de vues très éloignées, aucun objet proche n'étant admis, les caméras peuvent être placées en référence particulière à eux, même à une distance de douze pieds l'une de l'autre, sans produire de distorsion.

On observe parfois, en regardant des images stéréoscopiques, qu'elles donnent une impression erronée de la taille et de la distance réelles de l'objet. Par exemple, en utilisant le grand stéréoscope à réflexion, si, une fois les réglages effectués et les images bien réunies, les deux images s'avancent lentement, les yeux restant fixés sur les miroirs, l'image stéréoscopique changera graduellement de caractère, la divers objets qu'il embrasse paraissent diminuer de taille et se rapprocher de l'observateur : tandis que si les images sont repoussées *en arrière*, l'image s'agrandit et s'éloigne. Ainsi, encore une fois, si une diapositive ordinaire pour le stéréoscope lenticulaire est divisée au centre et, en regardant dans l'instrument jusqu'à ce que les images fusionnent, les deux moitiés se séparent lentement l'une de l'autre, l'image solide semblera devenir plus grande et s'éloigner. de l'oeil.

Il est facile d'en comprendre la cause. Lorsque les images du stéréoscope réflecteur sont *avancées*, la convergence des axes optiques est augmentée : l'image apparaît donc *plus proche*, conformément à cette dernière loi. Mais donner l'impression de proximité équivaut à une diminution apparente de la taille, car on juge les dimensions d'un corps beaucoup par rapport à sa distance supposée. Par exemple, de deux personnages paraissant de même hauteur, l'un, connu pour être à une centaine de mètres, pourrait être considéré comme colossal, tandis que l'autre, visiblement proche, serait considéré comme une statuette.

Ces faits, ainsi que d'autres non mentionnés, sont d'un grand intérêt et d'une grande importance, mais leur examen ultérieur n'entre pas dans les limites qui nous étaient initialement prescrites. Les détails pratiques de la photographie stéréoscopique ont été organisés dans une section distincte et se trouveront inclus dans la deuxième partie de l'ouvrage. [11]

[11] Pour une explication plus complète et détaillée des phénomènes stéréoscopiques, voir un résumé des conférences du professeur Tyndall dans le troisième volume du « Photographic Journal ».

CHAPITRE VI.

LES PROPRIÉTÉS PHOTOGRAPHIQUES DE L'IODURE D'ARGENT SUR LE COLLODION.

Dans la partie précédente de cet ouvrage, les propriétés physiques et chimiques du chlorure et de l'iodure d'argent ont été décrites, avec les changements qu'ils éprouvent par l'action de la lumière. Rien cependant n'a été dit de la surface utilisée pour supporter l'iodure d'argent et pour l'exposer à l'état finement divisé à l'influence des radiations actiniques. Cette omission sera maintenant comblée, et l'emploi du Collodion retiendra notre attention.

La sensibilité de l'iodure d'argent sur le collodion est de beaucoup supérieure à celle du même sel employé en conjonction avec tout autre véhicule actuellement connu. Ainsi, le film Collodio-Iodure remplacera les procédés papier et albumine dans tous les cas où des objets susceptibles de bouger doivent être copiés. Les causes de cette sensibilité supérieure, dans la mesure où elles sont établies, peuvent être rapportées à l'état de *coagulation lâche* d'un film de Collodion et à d'autres particularités actuellement à remarquer. Il faut cependant admettre qu'il existe encore quelques points affectant la sensibilité de l'iodure d'argent, tant mécaniques que chimiques, dont nous ignorons la nature exacte.

Le présent chapitre peut être divisé en quatre sections : — la nature du Collodion ; la chimie du bain de nitrate ; les causes affectant la formation et le développement de l'Image sur Collodion ; les diverses irrégularités dans le développement de l'Image.

SECTION I.
Collodion.

Le collodion (ainsi nommé du mot grec κολλάω, *coller*) est un fluide gluant et transparent, obtenu, comme on le dit généralement, en dissolvant du Gun-Cotton dans de l'éther. À l'origine, il était utilisé uniquement à des fins chirurgicales, étant appliqué sur les plaies et les surfaces brutes, pour les préserver du contact avec l'air grâce au film résistant qu'il laisse lors de l'évaporation. Les photographes l'utilisent pour déposer un délicat film d'iodure d'argent sur la surface d'une plaque de verre lisse.

Deux éléments entrent dans la composition du Collodion : d'abord, le Gun-Cotton ; deuxièmement, les fluides utilisés pour le dissoudre. Chacun d'eux sera traité successivement.

CHIMIE DE LA PYROXYLINE.

Gun-Cotton ou *Pyroxyline* est du coton ou du papier dont la composition et les propriétés ont été modifiées par un traitement avec des acides forts.

Le coton et le papier sont chimiquement identiques. Ils sont constitués de fibres qui se révèlent à l'analyse avoir une composition constante, contenant trois corps élémentaires, le carbone, l'hydrogène et l'oxygène, réunis entre eux dans des proportions fixes. À cette combinaison, le terme *Lignine* ou *Cellulose* [12] a été appliqué.

[12] La lignine et la cellulose ne sont pas des substances exactement identiques. Ce dernier est le matériau composant la paroi cellulaire ; le premier, la matière contenue dans la cellule.

La cellulose est un composé chimique défini, au même sens que l'amidon ou le sucre, et par conséquent, lorsqu'elle est traitée avec divers réactifs, elle présente des propriétés qui lui sont particulières. Il est insoluble dans la plupart des liquides, tels que l'eau, l'alcool, l'éther, etc., ainsi que dans les acides dilués ; mais lorsqu'il est soumis à l'action d'un acide nitrique d'une certaine force, il se liquéfie et se dissout.

Il a déjà été démontré (p. 12) que lorsqu'un corps se dissout dans l'acide nitrique, la solution n'est généralement pas de même nature qu'une solution aqueuse ; et ainsi dans ce cas, l'acide nitrique donne d'abord de l'oxygène au coton, et le dissout ensuite.

Préparation de Pyroxyline . — Si, au lieu de traiter le coton avec l'acide nitrique, on emploie un mélange d'acides nitrique et sulfurique dans certaines proportions, l'effet est particulier. Les fibres se contractent légèrement, mais ne subissent aucune autre altération visible. C'est pourquoi nous sommes d'abord disposés à croire que les acides mélangés sont inefficaces. Cette idée n'est cependant pas correcte, car en faisant l'expérience, on constate que les propriétés du coton sont modifiées. Son poids a augmenté de plus de moitié ; il est devenu soluble dans divers liquides, tels que l'éther acétique, l'éther et l'alcool, etc., et, ce qui est plus remarquable, il ne brûle plus tranquillement dans l'air, mais explose à l'application de la flamme avec plus ou moins de violence.

Ce changement de propriétés montre clairement que, bien que la structure fibreuse du matériau ne soit pas affectée, il ne s'agit plus de la même substance, et par conséquent les chimistes lui ont attribué un nom différent, à savoir. Pyroxyline .

Pour produire le changement particulier par lequel le coton est converti en pyroxyline , les acides nitrique et sulfurique sont, en règle générale, nécessaires ; mais des deux, le premier est le plus important. En analysant la Pyroxyline , on détecte de l'acide nitrique, ou un corps analogue, en quantité considérable, mais non de l'acide sulfurique . Ce dernier acide, en fait, ne sert qu'à un but temporaire, à savoir. pour empêcher l'acide nitrique de dissoudre la pyroxyline, ce qu'il serait susceptible de faire s'il était employé seul. L' acide sulfurique empêche la dissolution en éliminant l'eau de l'acide nitrique, produisant ainsi un degré de concentration plus élevé ; La pyroxyline, quoique soluble dans un dilué, ne l'est pas dans l'acide fort, et par conséquent elle se conserve.

La propriété que possède l'huile de vitriol d'éliminer l'eau des autres corps est une propriété qu'il est bon de connaître. Une expérience simple servira à l'illustrer. Qu'un petit récipient de n'importe quelle sorte soit rempli aux deux tiers environ d'huile de vitriol et mis de côté pendant quelques jours ; au bout de ce temps, et surtout si l'atmosphère est humide, elle aura absorbé suffisamment d'humidité pour la faire couler par-dessus le bord.

Or, même les réactifs les plus puissants employés en chimie contiennent presque invariablement de l'eau en plus ou moins grande quantité. L'acide nitrique anhydre pur est une substance blanche et solide ; L'acide chlorhydrique est un gaz : et les liquides vendus sous ces noms ne sont que des solutions. L'effet alors du mélange de l'huile forte de vitriol avec de l'acide nitrique aqueux est d'enlever l'eau en proportion de la quantité employée, et de produire un liquide contenant de l'acide nitrique à un état de concentration élevé et de l' acide sulfurique plus ou moins dilué. Ce liquide est l'acide nitro-sulfurique employé dans la préparation de la Pyroxyline.

Diverses formes de Pyroxyline. — Très peu de temps après la première annonce de la découverte de la Pyroxyline, des discussions très animées s'élevèrent parmi les chimistes au sujet de sa solubilité et de ses propriétés générales. Certains parlaient d'une « solution de Gun-Cotton dans Ether » ; tandis que d'autres niaient sa solubilité dans ce menstruum ; une troisième classe, en suivant le procédé décrit, obtint une substance qui n'était pas explosive et pouvait donc difficilement être appelée Gun-Cotton.

Après des recherches plus approfondies, certaines de ces anomalies furent éclaircies, et l'on découvrit qu'il existait des variétés de Pyroxyline, dépendant principalement du degré de force de l'acide nitro- sulfurique employé dans la préparation. Pourtant le sujet restait obscur jusqu'à la publication des recherches de MEA Hadow. Ces recherches, menées au laboratoire du King's College de Londres, ont été publiées dans le Journal of the Chemical Society. Il y sera constamment fait référence dans les remarques suivantes.

On remarque d'abord la constitution chimique de la Pyroxyline ; deuxièmement, ses variétés ; et troisièmement, les moyens adoptés pour se procurer un acide nitro- sulfurique de la force appropriée.

un. *Constitution de la Pyroxyline* . — On a parfois parlé de la pyroxyline comme d'un sel d'acide nitrique, d'un nitrate de lignine . Cette opinion est cependant erronée, car on peut démontrer que la substance présente n'est pas l'acide nitrique, bien qu'elle lui soit analogue. Il s'agit du peroxyde d'azote, dont la composition est intermédiaire entre l'acide nitreux (NO_3) et l'acide nitrique (NO_5). Le peroxyde d'azote (NO_4) est un corps gazeux de couleur rouge foncé ; il ne possède aucune propriété acide et est incapable de former une classe de sels. Afin de comprendre dans quel état ce corps se combine à la fibre de coton pour former la Pyroxyline , il faudra faire une courte parenthèse.

Loi de substitution. — Par l'étude minutieuse de l'action du chlore et de l'acide nitrique sur diverses substances organiques, on a découvert une série remarquable de composés contenant une portion de chlore ou de peroxyde d'azote à la place de l'hydrogène. La particularité de ces substances est qu'elles ressemblent fortement aux originaux dans leurs propriétés physiques et souvent chimiques. On aurait pu supposer que des agents ayant des affinités chimiques aussi actives que le chlore et l'oxyde d'azote produiraient, par leur simple présence dans un corps, un effet marqué ; pourtant, il n'en est pas ainsi dans le cas qui nous occupe. Le type primitif ou la constitution de la substance modifiée reste le même, même la forme cristalline étant souvent inchangée. Il semble que le corps par lequel l'hydrogène avait été déplacé était intervenu tranquillement et avait pris position dans le cadre de l'ensemble sans perturbation. De nombreux composés de ce genre sont connus ; ils sont appelés par les chimistes « composés de substitution ». La loi invariablement observée est que la substitution s'opère en atomes égaux : un seul atome de chlore, par exemple, déplace un atome d'hydrogène ; deux de chlore déplacent deux d'hydrogène, et ainsi de suite, jusqu'à ce que, dans certains cas, la totalité de ce dernier élément soit séparée.

Pour illustrer ces remarques, prenons les exemples suivants : — L'acide acétique contient du carbone, de l'hydrogène et de l'oxygène ; par l'action du chlore, l'hydrogène peut être éliminé sous forme d'acide chlorhydrique et un nombre égal d'atomes de chlore peut être remplacé. De cette façon, un nouveau composé est formé, appelé *acide chloracétique* , ressemblant à de nombreux égards importants à l'acide acétique lui-même. Notons en particulier que les propriétés particulières caractéristiques du Chlore sont complètement masquées dans le corps de substitution, et qu'aucune indication de sa présence n'est obtenue par les tests habituels ! Un *chlorure soluble* donne avec le nitrate d'argent un précipité blanc de chlorure d'argent, insensible aux acides, mais non l'acide chloracétique ; il est donc clair que le chlore existe dans un état de combinaison particulier et ultime différent de celui habituel.

La substance que nous avons examinée précédemment, à savoir. La pyroxyline offre une autre illustration de la loi de substitution. En omettant, par souci de simplicité, le nombre d'atomes concernés par le changement, l'action de l'acide nitrique concentré sur les fibres ligneuses peut s'expliquer ainsi :

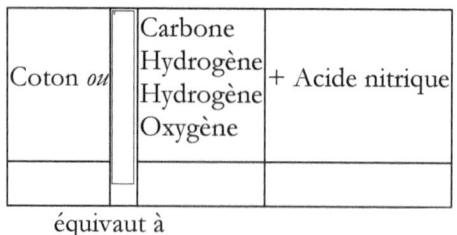

| Coton *ou* | Carbone Hydrogène Hydrogène Oxygène | + Acide nitrique |

équivaut à

| Pyroxyline *ou* | Carbone Hydrogène Peroxyde Azote Oxygène | + Eau |

Ou en symboles : -

$$CH_{11}O + NO_5 = C(H_{n-1}NO_4)O + HO$$

En se référant à la formule, on voit que le cinquième atome d'oxygène contenu dans l'acide nitrique prend un atome d'hydrogène et forme un atome d'eau ; le NO_4 intervient alors pour combler le vide laissé par l'atome d'hydrogène. Tout cela se fait avec si peu de perturbations que même la structure fibreuse du coton reste la même.

b. *Composition chimique des variétés de Pyroxyline* . — M. Hadow a réussi à établir *quatre* composés de substitution différents qui, comme aucune nomenclature distincte n'a été proposée jusqu'à présent, peuvent être appelés composés A, B, C et D.

Le composé A est le Gun-Cotton le plus explosif et contient la plus grande quantité de peroxyde d'azote. Il se dissout *uniquement dans l'éther acétique* et reste évaporé sous forme de poudre blanche. Il est produit par l'acide nitro-sulfurique le plus puissant qui puisse être fabriqué.

Les composés B et C , séparés ou à l'état de mélange, forment la matière soluble employée par le Photographe. Ils se dissolvent tous deux dans l'éther acétique, ainsi que dans un mélange d'éther et d'alcool. Ce dernier, à savoir. C, se dissout également dans l'acide acétique glacial. Ils sont produits par un acide nitro- sulfurique légèrement plus faible que celui utilisé pour A, et contiennent une plus petite quantité de peroxyde d'azote.

Le composé D ressemble à ce qu'on appelle *la Xyloïdine* , c'est-à-dire la substance produite en agissant avec l'acide nitrique sur l'amidon. Il contient moins de peroxyde d'azote que les autres et se dissout dans l'éther et l'alcool, ainsi que dans l'acide acétique. La solution éthérée laisse, par évaporation, un film opaque, hautement combustible, mais non explosif.

En tenant compte des propriétés de ces composés, beaucoup des anomalies signalées dans la fabrication du Gun-Cotton disparaissent. Si l'acide nitro- sulfurique employé est trop fort, le produit sera insoluble dans l'éther ; tandis que s'il est trop faible, les fibres sont gélatinisées par l'acide et partiellement dissoutes.

c. *Moyens adoptés pour procurer un acide nitro- sulfurique de la force requise pour préparer la Pyroxyline*. — C'est un point plus difficile qu'il n'y paraît à première vue. Il est facile de déterminer une formule exacte pour le mélange, mais pas si facile de déterminer les proportions appropriées d'acides nécessaires pour produire cette formule ; et un très léger écart par rapport à eux modifie complètement le résultat. La principale difficulté réside dans *la force incertaine de l'acide nitrique commercial*. L'huile de Vitriol est plus fiable et a un Sp. assez uniforme. Gr. de 1,836 ; [13] mais l'acide nitrique est constamment sujet à variation ; il devient donc nécessaire de procéder à une détermination préalable de sa résistance réelle, ce qui se fait soit en prenant la densité et en se référant à des tableaux, soit, mieux encore, par une analyse directe. Comme chaque atome d' acide sulfurique n'élimine qu'une quantité donnée d'eau, il s'ensuit que plus l'acide nitrique est faible, plus il faudra de quantité d' acide sulfurique pour l'amener au degré de concentration approprié.

[13] L'expérience ultérieure de l'écrivain l'incite à croire que la densité spécifique de l'huile de vitriol ne peut pas toujours être prise comme une indication de sa force réelle ; ce qui est mieux déterminé par l'analyse.

Pour éviter les ennuis inévitables de ces opérations préliminaires, beaucoup préfèrent employer, à la place de l'acide nitrique lui-même, un des sels formés par la combinaison de l'acide nitrique avec une base alcaline. La composition de ces sels, à condition qu'ils soient purs et bien cristallisés, est fiable.

Le nitrate de potasse, ou *salpêtre*, contient un seul atome d'acide nitrique uni à un atome de potasse. C'est un sel *anhydre*, c'est-à-dire qu'il ne contient pas d'eau de cristallisation. Lorsqu'on verse de l'acide sulfurique fort sur du nitrate de potasse à l'état de poudre fine, en vertu de ses affinités chimiques supérieures, il s'approprie l'alcali et libère l'acide nitrique. Si l'on a soin d'ajouter un excès suffisant d' acide sulfurique , on obtient une solution contenant du sulfate de potasse dissous dans de l'acide sulfurique et de l'acide nitrique libre. La présence du sulfate de potasse (ou, plus exactement, du *bi*-sulfate) ne gêne en rien le résultat, et l'effet est le même que si l'on avait employé les acides mélangés eux-mêmes.

La réaction peut être ainsi représentée : -

Nitrate de Potasse *plus* sulfurique en excès

= Potasse bisulfate *plus* nitro- sulfurique .

CHIMIE DE LA SOLUTION DE PYROXYLINE DANS L'ÉTHER ET L'ALCOOL, OU "COLLODION".

Les composés de substitution B et C, déjà mentionnés comme formant le coton soluble des photographes, sont tous deux abondamment solubles dans l'éther acétique. Ce liquide n'est cependant pas adapté à l'usage recherché, dans la mesure où, lors de l'évaporation, il quitte la Pyroxyline sous forme d'une poudre blanche et non sous forme d'une couche transparente.

L'éther rectifié du commerce s'est avéré mieux que tout autre liquide comme solvant pour la pyroxyline .

Si le sp. la gravité étant d'environ ·750, il contient invariablement une petite proportion d'*alcool*, ce qui paraît nécessaire ; la solution ne s'effectue pas avec de l'Ether absolument pur. La Pyroxyline , si elle est convenablement préparée, commence presque immédiatement à se gélatiniser par l'action de l'éther, et est bientôt complètement dissoute. Dans cet état, il forme une solution visqueuse qui, versée sur une plaque de verre, sèche en une couche transparente et cornée.

En préparant le Collodion à des fins photographiques, nous constatons que ses propriétés physiques sont sujettes à des variations considérables. Parfois, il apparaît très fin et fluide, coulant sur le verre presque comme de l'eau, tandis que d'autres fois, il est épais et gluant. Les causes de ces différences vont maintenant retenir notre attention. Ils peuvent être divisés en deux classes : d'abord, ceux relatifs à la Pyroxyline ; deuxièmement, aux solvants utilisés.

un. *Variation des propriétés dans différents échantillons de pyroxyline soluble* . — Les composés de substitution A, B, C et D diffèrent, comme nous l'avons déjà montré, par le pourcentage de peroxyde d'azote présent, et les premiers sont plus explosifs et insolubles que les seconds. Mais il arrive souvent, dans la préparation de la Pyroxyline , que deux portions d'acide nitro- sulfurique prises dans la même bouteille donnent des produits qui varient en propriétés, quoiqu'ils soient nécessairement les mêmes en composition.

En prenant *les extrêmes* dans l'illustration, nous remarquons deux modifications principales de la Pyroxyline soluble .

Le premier, lorsqu'il est traité avec le mélange d'éther et d'alcool, descend en une masse gommeuse ou gélatineuse, qui se dissout progressivement sous agitation. La solution est très fluide proportionnellement au nombre de grains utilisés, et lorsqu'elle est versée, elle s'étale en une belle consistance lisse. et une surface vitreuse, qui est assez sans structure, même lorsqu'elle est fortement agrandie. Le film adhère étroitement au verre et, lorsque le doigt est passé dessus, se sépare en fragments courts et en morceaux brisés.

La seconde variété produit un collodion épais et gluant, coulant sur le verre d'une manière visqueuse et se formant bientôt en de nombreuses petites vagues et espaces cellulaires. Le film repose librement sur le verre, est susceptible de se contracter en séchant et peut être repoussé par le doigt sous la forme d'une peau reliée.

Ce sujet n'est pas bien compris, mais on sait que la *température* de l'acide nitro-sulfurique au moment de l'immersion du coton influence le résultat. La variété soluble est produite par les acides *chauds* ; la seconde, ou gluante, par les mêmes acides employés à froid ou à peine tiède. La meilleure température semble être comprise entre 130° et 155° Fahrenheit ; si elle s'élève bien au-delà de ce point, les acides agissent sur le coton et le dissolvent.

b. *Les propriétés physiques du collodion affectées par les proportions et la pureté des solvants.* — La pyroxyline des variétés dites B et C se dissout librement dans un mélange d'éther et d'alcool ; mais les caractères de la solution résultante varient avec les proportions relatives des deux solvants.

Lorsque l'éther est en grand excès, le film a tendance à être solide et résistant, de sorte qu'il peut souvent être soulevé d'un coin et complètement retiré de la plaque sans se déchirer. Il est également très contractile, de sorte qu'une portion de collodion versée sur la main resserre et plisse la peau en séchant. S'il est étalé sur une plaque de verre de la manière habituelle, la même propriété de contractilité le fait se rétracter et se séparer des parois du verre.

Ces propriétés, produites par l'éther en grande proportion, disparaissent entièrement lors de l'ajout de davantage d'alcool. La couche transparente est maintenant molle et se déchire facilement, possédant peu de cohérence. Il adhère plus fermement à la surface du verre et ne présente aucune tendance à se contracter ni à se séparer des côtés.

De ces remarques il ressort qu'un excès d'éther et une basse température dans la préparation de la Pyroxyline favorisent tous deux la production d'un collodion contractile ; tandis que, d'un autre côté, une abondance d'alcool et un acide nitro-sulfurique chaud tendent à produire un collodion court et non contractile.

Les propriétés physiques du collodion sont affectées par une autre cause, à savoir. par la *force* et la pureté des solvants, ou, en d'autres termes, par leur absence de dilution avec de l'eau. Si l'on ajoute volontairement quelques gouttes d'eau à un échantillon de collodion, on constate que l'effet est de précipiter la pyroxyline en flocons au fond de la bouteille. Il existe de nombreuses substances connues en chimie qui sont solubles dans les liquides spiritueux, mais se comportent à cet égard de la même manière que la Pyroxyline.

La manière dont l'eau pénètre dans le collodion photographique se fait généralement par l'emploi d'alcool ou d'alcool de vin qui n'a pas été fortement rectifié. Dans ce cas, le collodion est plus épais et s'écoule moins facilement que si l'alcool était plus fort. Parfois, la texture du film laissé lors de l'évaporation est endommagée ; il n'est plus homogène et transparent, mais semi-opaque, réticulé ou alvéolé, et si pourri qu'un jet d'eau projeté sur la plaque l'emporte.

Ces effets ne doivent pas être attribués à l'alcool, mais à l'eau introduite avec lui ; et le remède sera de se procurer un esprit plus fort, ou, si cela ne peut être fait, d'augmenter la quantité d'éther. Le collodion préparé avec une grande proportion d'éther et d'eau, mais une petite quantité d'alcool, est souvent très fluide et sans structure au début, adhérant au verre avec une certaine ténacité et ayant une texture courte ; mais il tend à pourrir lorsqu'on l'utilise pour enduire successivement plusieurs assiettes, l'eau, à cause de sa moindre volatilité, s'accumulant en quantité nuisible dans les dernières portions.

EXPLICATION DE LA COLORATION DU COLLODION IODÉ.

Le collodion iodé avec les iodures de potassium, d'ammonium ou de zinc prend bientôt une teinte jaune qui, au bout de quelques jours ou de quelques semaines, selon la température de l'atmosphère, devient complètement brune. Cette coloration progressive, due à un développement d'Iode, est provoquée en partie par l'Ether et en partie par la Pyroxyline.

L'éther peut, avec les précautions appropriées, être conservé longtemps à l'état pur, mais lorsqu'il est exposé à l'action conjointe de l'air et de la lumière, il subit un lent processus d'oxydation, accompagné de la formation d'acide acétique et d'un principe particulier ressemblant dans ses propriétés à l'ozone, ou l'oxygène dans un état allotropique et actif. L'iodure de potassium ou d'ammonium est décomposé par l'éther dans cet état. Acétate d'alcali et d'acide iodhydrique (HI), en cours de production. La substance ozonisée élimine alors l'hydrogène de ce dernier composé et libère de l'iode, qui dissout et teinte le liquide en jaune.

Une simple solution d'iodure alcalin dans de l'alcool et de l'éther ne se colore cependant pas aussi rapidement que le collodion iodé ; et il est donc évident que la présence de la Pyroxyline produit un effet. On peut montrer que les iodures alcalins décomposent lentement la pyroxyline, et qu'une partie du peroxyde d'azote est libérée : ce corps, contenant de l'oxygène faiblement combiné, tend puissamment à éliminer l'iode, comme on peut le voir en ajoutant quelques gouttes de l'iode jaune commercial. Acide nitreux à une solution d'iodure de potassium.

La *stabilité* de l'iodure particulier utilisé dans le collodion iodé influence principalement le taux de coloration, bien que l'élévation de la température et l'exposition à la lumière ne soient pas sans effet. L'iodure d'ammonium est le moins stable, et l'iodure de cadmium le plus ; L'iodure de potassium étant intermédiaire. Le collodion iodé avec de l'iodure de cadmium *pur* reste généralement presque incolore jusqu'à la dernière goutte, s'il est conservé dans un endroit frais et sombre.

La présence d'iode libre dans le collodion affectant ses propriétés photographiques, il peut parfois être nécessaire de le supprimer. Cela se fait en insérant une bande de feuille d'argent ; qui décolore le liquide, en formant de l'iodure d'argent, soluble dans l'excès d'iodure alcalin (p. 42). Le cadmium métallique et le zinc métallique ont le même effet.

Lorsqu'on emploie de l'alcool méthylé dans la fabrication du collodion, l'iode d'abord libéré est ensuite soit partiellement, soit entièrement réabsorbé, le liquide acquérant en même temps une réaction acide au papier-test.

SECTION II.

La chimie du bain de nitrate.

La solution de nitrate d'argent dans laquelle est plongée la plaque recouverte de collodion iodé, pour former la couche d'iodure d'argent, est connue techniquement sous *le nom de bain de nitrate* . La chimie du nitrate d'argent a été expliquée à la page 13 , mais certains points relatifs aux propriétés de sa solution aqueuse nécessitent un avis plus approfondi.

Solubilité de l'iodure d'argent dans le bain de nitrate. — La solution aqueuse de nitrate d'argent peut être mentionnée dans la liste des solvants de l'iodure d'argent. La proportion dissoute est dans tous les cas faible, mais elle augmente avec la *force* de la solution. Si l'on ne prêtait aucune attention à ce point , et si l'on négligeait la précaution de saturer préalablement le bain de nitrate avec de l'iodure d'argent, la pellicule se dissoudrait si on la laissait trop longtemps dans le liquide.

Ce pouvoir dissolvant du nitrate d'argent sur l'iodure se montre bien en retirant du bain la lame de collodion excitée et en la laissant sécher spontanément. La couche de nitrate en surface, se concentrant par évaporation, ronge le film, de manière à produire un aspect transparent et tacheté.

Dans la solution de l'iodure d'argent par le nitrate d'argent, il se forme un *sel double , qui correspond en propriétés à l'iodure double de potassium et d'argent en étant décomposé* par l'addition d'eau. En conséquence, pour saturer un bain d'iodure d'argent, il suffit de dissoudre le poids total de nitrate d'argent dans un petit volume d'eau, et d'y ajouter quelques grains d'iodure ; une dissolution parfaite se produit, et lors d'une dilution ultérieure avec toute la quantité d'eau, l'excès d'iodure d'argent est précipité sous la forme d'un dépôt laiteux.

État acide du nitrate d' argent. — Une solution de *nitrate d'argent pur* est neutre au papier de tournesol bleu, mais celle préparée à partir du nitrate du commerce a généralement une réaction acide ; les cristaux ayant été imparfaitement égouttés de la liqueur mère acide dans laquelle ils se sont formés. C'est pourquoi, en faisant un nouveau bain, il est souvent conseillé non-seulement de le saturer d'iodure d'argent, mais de neutraliser l'acide nitrique libre qu'il contient.

Il existe également un état particulier du nitrate d'argent cristallisé à partir d'une solution du métal dans l'acide nitrique, qui le rend tout à fait impropre aux usages photographiques (voir p. 101). On pense que cela dépend de la présence d'un oxyde d'azote, éventuellement d'acide nitreux, et le remède est de sécher très fortement les cristaux, ou, mieux encore, de les faire fondre à feu modéré : une simple neutralisation avec du carbonate de soude suffit. pas suffisant.

Lors de la fusion du nitrate d'argent, il faut faire très attention à ne pas augmenter la chaleur au point de décomposer le sel, sinon un nitrite basique se formerait, ce qui affecte les propriétés de la solution (p. 13) : le nitrate d'argent fondu devrait, à froid, être bien blanc et se dissoudre parfaitement dans l'eau sans laisser de résidus. La seule objection à l'emploi du nitrate d'argent sous cette forme est la facilité avec laquelle il peut être frelaté avec des nitrates de potasse et de soude, dont la présence diminuerait la force disponible du bain.

Le bain de nitrate, bien que parfaitement neutre lors de sa première préparation, peut devenir *acide* par une utilisation continue, si le collodion contenant beaucoup *d'iode libre* est constamment employé. Dans ce cas, une partie de l'acide nitrique est libérée, ainsi :

Nitrate d'argent + Iode

= Iodure d'argent + Acide nitrique + oxygène.

Lorsque le collodion est entièrement iodé avec des iodures alcalins, il libère de l'iode en le gardant ; et par conséquent, l'utilisation occasionnelle d'ammoniaque peut être nécessaire pour éliminer l'acidité du bain. Mais depuis l'introduction de l'iodure de cadmium, qui conserve le collodion à peu près ou tout à fait incolore, la nécessité de neutraliser l'acide nitrique dans le bain a cessé.

État alcalin du bain. — Par « alcalinité » du bain, on entend un état dans lequel la teinte bleue est rapidement restituée au papier de tournesol rougi. Cela indique qu'un oxyde quelconque est présent dans la solution qui, en se combinant avec l'acide présent dans le papier rougi, le neutralise et enlève la couleur rouge.

Si une petite portion de potasse caustique ou d'ammoniaque est ajoutée à une solution forte de nitrate d'argent, elle produit un précipité brun, qui est de l'oxyde d'argent.

Ammoniac + Nitrate d'argent

= Oxyde d'argent + Nitrate d'ammoniaque.

Cependant, la solution d'où le précipité s'est séparé n'est pas laissée à l'état neutre, mais présente une légère réaction alcaline. L'oxyde d'argent et le carbonate d'argent sont également *abondamment* solubles dans l'eau contenant du nitrate d'ammoniaque ; quel sel s'accumule continuellement dans le bain lorsque des composés d'ammonium sont utilisés pour l'iodation.

Un bain alcalin est peut-être de toutes les conditions la plus fatale au succès en photographie. Cela conduit à ce noircissement universel du film lors de l'application du révélateur, auquel on a donné le nom de « buée ». Il faut donc faire preuve de prudence en ajoutant au bain des substances qui ont tendance à le rendre alcalin.

Le collodion contenant de l'ammoniaque libre, souvent vendu dans les magasins, le fait progressivement. L'emploi de potasse, de carbonate de soude, de craie ou de marbre, pour éliminer l'acide nitrique libre du bain, a le même effet ; et c'est pourquoi, lorsqu'on les emploie, il faut ensuite ajouter une trace d'acide acétique.

La manière de tester l'alcalinité d'un bain est la suivante : — une bande de papier de tournesol bleu poreux est prise et maintenue contre l'embouchure d'une bouteille d'acide acétique glacial jusqu'à ce qu'elle devienne rougie ; il est ensuite placé dans le liquide à examiner et laissé pendant dix minutes ou un quart d'heure. Si de l'oxyde d'argent est présent dans la solution, la couleur bleue d'origine du papier sera restaurée lentement mais progressivement.

Formation occasionnelle d'acétate d'argent dans le bain de nitrate. — En préparant un nouveau bain, si les cristaux de nitrate d'argent sont acides, il est d'usage d'ajouter un alcali en petite quantité. Cela élimine l'acide nitrique, mais laisse la solution légèrement alcaline. On y ajoute ensuite de l'acide acétique qui, en se combinant avec l'oxyde d'argent, forme de l'acétate d'argent.

L'acétate d'argent ne se forme pas par la simple addition d'acide acétique au bain, parce que sa production dans de telles circonstances impliquerait la libération d'acide nitrique ; mais si un alcali est présent pour neutraliser l'acide nitrique, alors la double décomposition a lieu, ainsi :

Acétate d'ammoniaque + Nitrate d'argent

= Acétate d'argent + Nitrate d'ammoniaque.

L'acétate d'argent est un sel blanc feuilleté, peu soluble dans l'eau. Il ne se dissout dans le bain qu'en faible proportion, mais suffisamment pour affecter les propriétés photographiques du film (voir p. 111 et 117). L'observation des règles simples suivantes évitera sa production en quantité nuisible : *Premièrement* , lorsqu'il est nécessaire d'éliminer l'acide nitrique libre d'un bain *ne contenant pas d'acide acétique* , une solution de potasse ou de carbonate de soude peut y être versée *librement* ; mais il faut filtrer le liquide avant d'y ajouter de l' acide acétique, sinon le dépôt brun d'oxyde d'argent sera repris par l'acide acétique, et le bain sera chargé d'acétate d'argent. *Deuxièmement* , en traitant d'un bain contenant à la fois des acides nitrique et acétique, employez un alcali *très dilué* (liqueur ammoniæ avec 10 parties d'eau), et ajoutez une seule goutte à la fois, enduisant et en essayant une plaque entre chaque addition ; l'acide nitrique se neutralisera avant l'acétique, et avec précaution il n'y aura pas formation d'acétate d'argent en quantité.

Substances qui décomposent le bain de nitrate. — La plupart des métaux communs, ayant une affinité supérieure pour l'oxygène, séparent l'argent d'une solution de nitrate ; par conséquent, le bain doit être conservé dans du verre, de la porcelaine ou de la gutta-percha, et le contact avec le fer, le cuivre, le mercure, etc. doit être évité, sinon le liquide sera décoloré et un dépôt noir d'argent métallique précipité.

Tous les agents révélateurs, tels que les acides gaulois et pyrogalliques, les protosels de fer, etc., noircissent le bain de nitrate et le rendent inutile en réduisant l'argent métallique.

Les chlorures, iodures et bromures produisent un dépôt dans le bain ; mais la solution, quoique affaiblie, peut être réutilisée après passage sur filtre.

Les hyposulfites , les cyanures et tous les agents fixateurs décomposent le nitrate d'argent.

Les matières organiques, en général, réduisent le nitrate d'argent, avec ou sans l'aide de la lumière. Le sucre de raisin, l'albumine, le sérum de lait contenant de la caséine , etc., noircissent le bain, même dans l'obscurité. L'alcool et l'éther agissent plus lentement et ne produisent aucun effet nuisible à moins que le liquide ne soit constamment exposé à la lumière.

Ces faits indiquent que le bain de nitrate contenant des matières organiques volatiles doit être conservé dans un endroit sombre ; aussi qu'il doit être réservé exclusivement à la sensibilisation des plaques au Collodion, et non utilisé dans les papiers flottants destinés au procédé d'impression.

Modifications du bain de nitrate selon l'utilisation. — La solution de nitrate d'argent utilisée pour exciter la couche de collodion diminue graduellement en résistance, mais pas aussi rapidement que le bain utilisé pour sensibiliser les papiers d'impression. Si la quantité de nitrate peut descendre jusqu'à vingt grains par once d'eau, la décomposition sera imparfaite et le film sera pâle et bleu, même avec un collodion hautement iodé.

Une accumulation graduelle d'éther et d'alcool se produit également dans le bain après une longue utilisation, en conséquence de quoi les solutions de développement coulent moins facilement sur les plaques collodionisées et des taches huileuses sont susceptibles de se produire.

La diminution de la sensibilité du film d'iodure est parfois attribuée aux impuretés présentes dans le bain, alors qu'il est très ancien et qu'il a été très utilisé. Ceux-ci sont probablement de nature organique et peuvent souvent être partiellement éliminés par agitation avec du kaolin ou du charbon animal. Ce dernier est cependant répréhensible, étant généralement contaminé par *du carbonate de chaux*, qui rend le bain alcalin ; ou (dans le cas du charbon animal *purifié*) avec des traces d'acide chlorhydrique, qui libèrent de l'acide nitrique dans le bain. Même le kaolin peut, à titre de précaution préliminaire, être lavé avec de l'acide acétique dilué pour éliminer le carbonate de chaux, le cas échéant.

SECTION III.

Les conditions qui affectent la formation et le développement de l'image latente dans le processus du collodion.

Il sera nécessaire de préfacer les observations contenues dans cette section en définissant deux termes qui se confondent fréquemment, mais qui ont en réalité un sens distinct. Ces termes sont « Sensibilité » et « Intensité ».

Par sensibilité, on entend la facilité de recevoir une impression provenant de rayons lumineux très faibles, ou de la recevoir rapidement de rayons plus brillants.

L'intensité, quant à elle, se rapporte à l'apparence de la photographie finie, indépendamment du temps nécessaire à sa production, *au degré d'opacité de l'image* et à la mesure dans laquelle elle obstrue la lumière transmise.

On verra au fur et à mesure que les conditions nécessaires pour obtenir l'extrême sensibilité du film d'iodure sont différentes et souvent opposées à celles qui donnent l'intensité maximale de l'image.

CAUSES QUI INFLUENT LA SENSIBILITÉ DE L'IODURE D'ARGENT AU COLLODION.

Certains des plus importants sont les suivants : -

un. *La présence de Nitrate d' Argent libre.* — Lorsque le film sensible est retiré du bain de nitrate, l'iodure d'argent reste en contact avec un excès de nitrate d'argent. La présence de ce composé n'est pas *essentielle* à l'action de la lumière, puisque, si on l'élimine par un lavage à l'eau distillée, l'image peut encore être imprimée. Dans un tel cas, cependant, l'effet se produit lentement et une exposition plus longue dans l'appareil photo est nécessaire.

La sensibilité du film d'iodure n'augmente pas uniformément avec la quantité d'excès de nitrate d'argent, telle que mesurée par la force du bain. On constate qu'on ne peut obtenir aucun avantage à cet égard en utilisant une proportion de nitrate d'argent supérieure à 30 ou 35 grains par once d'eau, bien que des solutions trois fois plus fortes aient été parfois employées.

On a affirmé qu'un iodure d'argent chimiquement pur, dont la couleur n'est pas affectée par l'action directe de la lumière, est également incapable de recevoir l'image invisible dans l'appareil photo ; et que la sensibilité d'une pellicule de collodion lavée est due à une infime quantité de nitrate d'argent qui reste encore. Iodure d'argent dans l'état dans lequel il est jeté en diluant avec de l'eau une solution forte du sel connu sous le nom d'iodure double de potassium et d'argent, et qui doit, par le mode de préparation, être exempt de nitrate d'argent. ,—est tout à fait insensible; mais cette forme d'iodure diffère de l'autre par la couleur, et non seulement par cela, mais elle est susceptible de contenir un excès d'iodure de potassium. L'application d'une solution de nitrate d'argent sur ce composé le rend immédiatement sensible à la lumière.

b. *Acides libres dans le bain de nitrate.* — Les agents oxydants forts, tels que l'acide nitrique, diminuent considérablement la sensibilité du film, d'où l'importance d'éliminer l'acide libre souvent rencontré dans les échantillons commerciaux de nitrate d'argent. L'effet d'une seule goutte d'acide nitrique fort dans un bain de nitrate de huit onces sera appréciable ; et quand la proportion sera portée à une goutte par once, il sera difficile d'obtenir une impression rapide.

L'acide acétique a beaucoup moins d'effet sur la sensibilité que l'acide nitrique et est couramment utilisé lors du développement de l'image ; mais lorsqu'on désire une grande rapidité, il faut l'ajouter avec précaution, et dans une proportion bien moindre que celle de la solution connue sous le nom d'Acéto-Nitrate d'Argent, qui contient environ une goutte d'acide glaciaire pour chaque grain de Nitrate d'Argent. .

c. *Ajout de certaines matières organiques.* — On a remarqué depuis longtemps que l'emploi de corps comme l'albumine, la gélatine, la caséine, etc., qui se combinent avec les oxydes d'argent, retardent l'action de la lumière sur l'iodure d'argent ; et les observations récentes de l'Auteur lui permettent de confirmer cette affirmation. Il est probable qu'une cause, entre autres, de la grande sensibilité de la couche de Collodion est due à ce que la Pyroxyline est une substance particulièrement indifférente aux sels d'argent, ne montrant aucune tendance à les réduire à l'état métallique ; et il est prouvé par l'expérience que l'addition du sucre de raisin, ou du corps résineux, la glycyrrhizine, qui ressemble à l'albumine en provoquant un précipité blanc dans une forte solution de nitrate d'argent, rend nécessaire une exposition plus longue dans l'appareil photo. Les citrates alcalins ont un effet encore plus marqué, ainsi que les tartrates, les oxalates, etc.

d. *Impuretés dans les iodures solubles.* — L'iodure de potassium commercial contient souvent *de l'iodate* de potasse, qui s'avère avoir un effet retardateur sur l'action de la lumière ; aussi le Carbonate de Potasse, qui, dans le Collodion, produit de l'Iodoforme, [14] et dans les procédés papetiers, où l'"Acéto-Nitrate" est utilisé pour sensibiliser, forme de l'Acétate d'Argent. L'iodoforme a une influence marquée en diminuant la sensibilité de l'iodure d'argent ; L'acétate d'argent pourra peut-être l'augmenter un peu en assurant l'absence d'acide nitrique libre (p. 117). L'iodure de potassium préparé par le procédé dans lequel on emploie de l'hydrogène sulfuré et de l'alcool, et ayant une odeur d'ail, contient probablement du xanthate de potasse et est presque inutile pour la photographie.

[14] Voir le Vocabulaire, Partie III., Art. Iodoforme.

L'iodure de cadmium commercial est un sel plus pur que l'iodure de potassium et peut lui être avantageusement substitué ; mais il possède la propriété de coaguler l'albumine, et par conséquent ne peut être employé en conjonction avec cette substance.

e. *Présence d' Iode libre.* — Tant dans les procédés au papier ciré que dans les procédés au collodion, les solutions contiennent souvent une petite quantité d'iode libre. Cet Iode, au contact du Nitrate d'Argent du Bain, produit un Iodure et *un Iodate mixtes* d'Argent, et libère de l'Acide Nitrique. Il retarde ainsi la sensibilité du film proportionnellement à la quantité d'Iode présente. Le collodion de couleur entièrement jaune est sensiblement moins sensible que le même rendu incolore ; et lorsqu'une quantité suffisante d'iode aura été libérée pour donner une teinte rouge ou brune, il faudra probablement doubler l'exposition initiale.

Si le collodion brun est beaucoup utilisé, le bain de nitrate peut progressivement devenir suffisamment contaminé par de l'acide nitrique libre pour interférer avec la sensibilité du film ; mais si l'on emploie du collodion incolore ou teinté de jaune citron, il n'est pas nécessaire de prévoir ce mal.

On peut ajouter au collodion coloré certaines substances qui possèdent la propriété de neutraliser l'influence retardatrice de l'iode libre, telles que, par exemple, les huiles de clou de girofle, de cannelle, etc. ; ils agissent probablement en vertu de leur affinité pour l'oxygène, en empêchant la formation d'iodate d'argent. Dans le Collodion incolore , ils produisent peu ou pas d'effet, et ils n'éliminent pas non plus l'insensibilité du film lorsqu'ils dépendent d'un état trop acide du bain de nitrate.

F. *Ajout de bromure ou de chlorure au collodion.* — Dans le Daguerréotype, on obtient un état de sensibilité très exalté en exposant la lame argentée d'abord à la vapeur d'iode, puis à celle du brome ou du chlore ; mais cette règle ne s'applique pas au procédé Collodion, qui en diffère essentiellement dans son principe. Les bromures solubles ajoutés au collodion diminuent considérablement sa sensibilité, tout comme les chlorures. Cette règle peut cependant être sujette à exception lorsqu'on emploie la lumière artificielle, qui contient une plus grande proportion de rayons de faible réfrangibilité , connus pour agir plus puissamment sur le bromure que sur l'iodure d'argent (p. 66).

g. *Densité du film sensible.* — Lorsque la proportion d'iodure soluble dans la solution iodante est trop grande, la pellicule est très dense, et l'iodure d' argent est susceptible d'éclater à la surface et de tomber en flocons lâches dans le bain. Cet état, très défavorable à la sensibilité, est très fréquent au Collodion et constitue ce qu'on appelle une « suriodation ». L'iodure, en effet, se forme alors en trop grande quantité à la surface, et par conséquent, lorsqu'on applique le fixateur, l'image n'étant pas retenue par la pellicule, est lavée et perdue.

D'autre part, la sensibilité de la couche n'est pas diminuée en réduisant au minimum la quantité d'iodure dans le collodion, si toutes les solutions sont neutres ; mais les couches bleu pâle formées par un collodion dilué, et qui rivalisent presque avec le daguerréotype lui-même en délicatesse, sont presque inutiles en pratique ; car si de l'iode libre ou d'autres corps retardateurs sont présents en quelque quantité, soit dans le collodion, soit dans le bain, ils détruisent presque l'action d'une lumière faible, produisant un effet bien plus nuisible que si la pellicule était plus jaune et plus nuisible. opaque.

h. *Impuretés dans l'éther et l'alcool.* — L'éther pur doit être neutre par rapport au papier test, mais les échantillons commerciaux de cet article ont généralement une réaction acide ou alcaline. L'apparition fréquente d'un principe oxydant particulier dans l'éther a également été soulignée (p. 85). Chacune de ces trois conditions est préjudiciable à la sensibilité ; le premier et le dernier en libérant de l'iode lorsque des iodures alcalins sont utilisés ; et la seconde, en produisant de l'iodoforme dans les mêmes circonstances. Dans ce cas le Collodion reste incolore , mais donne des résultats inférieurs.

L'auteur a également observé que l'éther redistillé à partir des résidus de collodion peut contenir un principe volatil (probablement un composé éther ?) qui produit un effet retardateur sur l'action de la lumière.

L'alcool de vin commercial n'a pas toujours une composition uniforme, comme le prouve suffisamment le test olfactif. Il peut contenir de « l'huile de fusel » ou d'autres substances volatiles, qui deviennent laiteuses lorsqu'elles sont diluées avec de l'eau, et sont censées nuire à la qualité de l'alcool destiné à un usage photographique.

je . *Proportions relatives d'éther et d'alcool dans le collodion.* — Il a été démontré à la p. 84 que l'addition d'alcool au collodion diminue la contractilité de la pellicule et la rend molle et gélatineuse. Cette condition est favorable à la formation de l'image invisible dans la Caméra, le jeu des affinités étant favorisé par la manière lâche dont les particules d'Iodure sont maintenues ensemble. Il est donc d'usage d'ajouter au collodion autant d'alcool qu'il en supporte sans devenir gluant ni sortir du verre ; la quantité exacte requise varie en fonction de la force de l'esprit ou de son absence de dilution avec de l'eau.

k. *Décomposition au Collodion.* — Le collodion iodé avec les iodures métalliques en général, à l'exception de l'iodure de cadmium, devient brun et perd sa sensibilité au bout de quelques jours ou semaines. Si l'iode libre, cause de la couleur brune , est éliminé, la plus grande partie, mais non la totalité, de la sensibilité est retrouvée. Les expériences de l'auteur et d'autres ont prouvé qu'une solution de pyroxyline , en contact avec un iodure instable, subit lentement une décomposition, dont le résultat est que l'iode se libère, et qu'une quantité équivalente de base reste en union avec certains éléments organiques du Collodion.

La décomposition s'ensuit également progressivement lorsque le collodion iodé est mis en contact avec des agents réducteurs, tels que le proto-iodure de fer, l'acide gallique, le sucre de raisin, la glycyrrhizine , etc., de sorte que ces combinaisons ne conservent pas une sensibilité constante pendant un certain temps. Même le Collodion ordinaire non iodé ne peut pas être conservé plusieurs mois sans un changement faible mais perceptible.

l. *Décomposition dans le bain de nitrate.* — Un bain au nitrate de collodion qui a été beaucoup utilisé donne souvent une pellicule moins sensible que lorsqu'elle est nouvellement fabriquée. On sait aussi que beaucoup de substances organiques qui réduisent le nitrate d'argent, si elles sont ajoutées au bain, produisent un état favorable à la sensibilité pendant que la décomposition s'effectue, mais qui est finalement défavorable ; par conséquent, la solution sera endommagée par l'ajout d'acide gaulois ou pyrogallique, et par les matières organiques en général si elle est exposée à la lumière.

Récapitulation. — Les conditions les plus favorables à l'extrême sensibilité de l'iodure d'argent sur collodion peuvent se résumer ainsi : — parfaite neutralité des solutions employées ; un état mou et gélatineux du film ; absence de chlorures et autres sels qui précipitent le nitrate d'argent ; un collodion non décomposé, ne contenant aucune matière organique de cette espèce qui est précipitée par l'acétate basique de plomb et se combine avec les oxydes d'argent.

LES CONDITIONS QUI AFFECTENT LE DÉVELOPPEMENT DE L'IMAGE LATENTE.

La théorie générale du développement d'une image latente au moyen d'un agent réducteur, ayant été simplement expliquée dans le troisième chapitre, peut maintenant être examinée plus complètement dans son application à l'iodure d'argent sur collodion.

un. *La présence de Nitrate d'Argent libre indispensable au développement.* — Ce sujet a déjà été évoqué (p. 36). Une plaque sensible au Collodion, soigneusement lavée dans l'eau distillée, est encore capable de recevoir l'impression radiante dans l'Appareil, mais elle ne se développe que lorsqu'elle a été replongée dans le Bain, ou traitée avec un agent réducteur auquel est associé du Nitrate d'Argent. a été ajouté : et si la proportion de nitrate d'argent libre sur une pellicule de collodion est trop petite, l'image sera faible ou tout à fait imparfaite par parties, avec des taches de vert ou de bleu, à cause d'une réduction déficiente.

b. *Force comparative des agents déducteurs.* — Aucune augmentation de puissance dans un révélateur ne suffira à faire ressortir une image parfaite sur une plaque sous-exposée, ou sur une pellicule contenant trop peu de nitrate d'argent. Mais il existe une différence considérable dans le temps dont ont besoin les différents promoteurs pour agir. L'acide gallique est le plus faible , et l'acide pyrogallique le plus fort, produisant au moins quatre fois plus d'effet qu'un poids égal de protosulfate de fer cristallisé, et vingt fois plus que le protonitrate de fer.

c. *L'effet de l'acide libre sur le développement.* — Les acides ont tendance à retarder la réduction de l'image ainsi qu'à diminuer la sensibilité du film à la lumière. L'acide nitrique le fait particulièrement, grâce à ses puissantes propriétés oxydantes et solvantes. L'effet de l'acide nitrique se voit particulièrement lorsque la pellicule d'iodure d'argent est très bleue et transparente, et que la quantité de nitrate d'argent retenue à sa surface est petite. Dans de telles circonstances, le développement approprié de l'image peut être suspendu et les paillettes d'argent métallique se séparer. Ceci indique que la quantité d'acide doit être diminuée, ou que la force du bain de nitrate et de l'agent réducteur doit être augmentée, comme contrepoids à l'action retardatrice de l'acide sur le développement.

L'acide acétique modère également la rapidité du développement, mais il n'a pas cette tendance à le suspendre complètement que possède l'acide nitrique. Il est donc utilement employé pour permettre à l'opérateur de recouvrir uniformément la plaque de liquide avant le début du développement, et pour préserver les parties blanches de l'empreinte de tout dépôt accidentel d'argent métallique dû à l'action irrégulière de l'agent réducteur.

En comparant les effets retardateurs de l'acide libre sur l'action de la lumière et sur le développement, nous voyons que le premier est le plus marqué, qu'une petite quantité d'acide nitrique produit une influence plus prononcée sur l'impression de l'image dans l'appareil photo. que lors de la mise en évidence de cette image au moyen d'un développeur.

d. *Effet accélérateur de certaines matières organiques.* — Les corps organiques, comme l'albumine, la gélatine, la glycyrrhizine, etc., qui se combinent chimiquement avec les oxydes d'argent, et dont il a été montré dans la dernière section qu'ils diminuent la sensibilité du film d'iodure, facilitent le développement de l'image, produisant souvent une image dense. dépôt d'une couleur brune ou noire par lumière transmise.

De la même manière, à savoir. par une rétention de matière organique, peut en partie s'expliquer le fait que l'image développée par l'acide pyrogallique, bien que prouvée par l'application de tests comme ne contenant pas plus d'une quantité égale d'argent, possède une plus grande opacité par la lumière transmise que celle résultante. de l'utilisation de protosels de fer : et dans le cas du collodion lui-même, la même règle s'applique : s'il est pur, il est susceptible de donner une impression moins vigoureuse que lorsque, par une longue conservation, une décomposition partielle a eu lieu et que les produits ont Il s'est formé des composés qui se combinent plus facilement à l'oxyde d'argent réduit qu'à la pyroxyline non modifiée.

e. *Conditions moléculaires affectant l'intensité.* — On pense que la structure physique du film de Collodion exerce une influence sur la manière dont l'argent réduit est projeté au cours du développement. Un état court et presque poudreux, comme celui que le Collodion iodé avec les iodures alcalins acquiert en le gardant, est considéré comme favorable , et une structure gluante et cohérente défavorable à la densité. C'est certainement le cas lorsque le film est laissé sécher avant le développement, comme dans le procédé au Collodion desséché et, dans une certaine mesure, dans le procédé de conservation Oxymel.

Le mode de conduite de l'aménagement affecte également la densité ; une action rapide tend à produire une image dont les particules sont finement divisées et offrent une résistance considérable au passage de la lumière, tandis qu'un développement lent et prolongé laisse souvent un dépôt métallique et presque cristallin, relativement translucide et faible.

L'auteur a observé qu'avec certains échantillons de collodion, l'image est beaucoup affaiblie par le maintien de la plaque pendant un temps considérable, un quart d'heure ou plus, après la sensibilisation, mais avant le développement. Cet effet n'est pas le résultat d'un écoulement partiel du nitrate d'argent, puisqu'un second bain de nitrate immédiatement avant l'application de l'acide pyrogallique n'y remédie pas. Une altération de la structure moléculaire pourrait donc être la bonne explication, et si c'était le cas, un Collodion contractile en souffrirait plus qu'un autre possédant moins de cohérence.

Le pouvoir actinique de la lumière au moment de la prise de vue influence l'apparence de l'image développée ; les impressions les plus vigoureuses étant produites par une forte lumière agissant pendant un court temps. Par une journée sombre et terne, ou lors de la copie d'intérieurs mal éclairés, la photographie manquera souvent de floraison et de richesse et sera bleue et d'encre par la lumière transmise.

F. *Développement d'images sur Bromure et Chlorure d' Argent.* — Des trois principaux sels d'argent, l'iodure est le plus sensible à la lumière, mais le bromure et le chlorure, dans certaines conditions, se développent plus facilement et donnent une image plus sombre. Dans le processus du Collodion, la différence se voit principalement lorsque des corps organiques, comme le sucre de raisin, la glycyrrhizine , etc., sont introduits afin d'augmenter l'intensité ; un effet bien plus prononcé est produit en ajoutant à la fois de la Glycyrrhizine et une portion de Bromure ou de Chlorure, qu'en utilisant la Glycyrrhizine seule. [15]

[15] Voir l'article de l'auteur sur la composition chimique de l'image photographique, au huitième chapitre.

g. *L'intensité de l'image affectée par la durée d' exposition.* — Ce point a été brièvement évoqué dans le troisième chapitre. Si l'exposition dans l'appareil photo est prolongée au-delà du temps convenable, le développement se fait rapidement mais sans aucune intensité, l'image étant pâle et translucide. Les effets produits par une action excessive de la lumière se voient particulièrement lorsque le bain de nitrate contient du nitrite d'argent ou de l'acétate d'argent ; l'image étant fréquemment dans un tel cas sombre par la lumière réfléchie, et rouge par la lumière transmise, — ressemblant davantage en fait à une épreuve photographique développée sur du papier préparé avec du chlorure d'argent. Lorsque les plaques de collodion sont enduites de miel sans avoir préalablement éliminé le nitrate d'argent libre, une lente action réductrice se met en place, qui peut donner lieu à l'aspect caractéristique mentionné ci-dessus, après développement. D'autres substances organiques, comme la matière biliaire, etc., agiront de la même manière.

h. *Certaines conditions du Bain qui affectent le développement.* — On peut attirer l'attention sur un état particulier du bain de nitrate, dans lequel l'image du collodion se développe inhabituellement lentement et a un aspect métallique gris terne, avec une absence d'intensité dans les parties les plus sollicitées par la lumière. Cette condition, qui ne se produit qu'en utilisant une solution nouvellement mélangée, est considérée par l'auteur comme dépendante de la présence d'un oxyde d'azote retenu par le nitrate d'argent. On l'élimine partiellement en neutralisant le bain avec un alcali, plus parfaitement en ajoutant un excès d'alcali suivi d'acide acétique ; mais plus complètement en *fusionnant soigneusement* le nitrate d'argent avant de le dissoudre.

Le nitrate d'argent commercial a parfois une odeur parfumée, semblable à celle produite en versant de l'acide nitrique fort sur de l'alcool. Lorsque tel est le cas, il contient de la matière organique et produit un bain qui donne des images rouges et brumeuses.

Le nitrate d'argent qui a été suffisamment fortement fondu pour décomposer le sel et produire une partie du nitrite d'argent basique présente une grande particularité de développement, l'image sortant instantanément et avec une grande force. Cet état est exactement l'inverse de celui produit par la présence des acides, dans lequel le développement est lent et graduel.

En résumant les différentes conditions du bain de nitrate qui affectent le développement de l'image, on pourrait en citer jusqu'à *quatre*, dont chacune donne une réduction plus rapide que celle qui la précède. Ce sont le bain au nitrate d'argent acide, le bain neutre, le bain au nitrate d'argent fortement fondu et le bain au nitrate d'argent *ammoniacal*, qui est tout à fait ingérable et produit un noircissement instantané et universel de la pellicule lors de l'application du produit. développeur.

Une plus grande intensité d'image est généralement obtenue dans un bain de nitrate utilisé depuis longtemps que dans une solution nouvellement mélangée : cela peut être dû à d'infimes quantités de matière organique dissoute hors du film de collodion, qui, ayant une affinité pour L'oxygène, réduit partiellement le nitrate d'argent ; et aussi à l'accumulation d'alcool et d'éther dans un vieux bain produisant une structure courte et friable du film.

je . *Effet de la température sur le développement*. — La réduction des oxydes de métaux nobles s'effectue d'autant plus rapidement que la température s'élève. Par temps froid, on constatera que le développement de l'image est plus lent que d'habitude et qu'il faut une plus grande force d'agent réducteur et plus de nitrate d'argent libre pour produire l'effet.

Au contraire, si la chaleur de l'atmosphère est excessive, la tendance à une réduction rapide sera considérablement accrue, les solutions se décomposant presque immédiatement au mélange. Dans ce cas, le remède sera d'employer *librement l'acide acétique* soit dans le bain, soit dans le révélateur, en diminuant en même temps la quantité d'acide pyrogallique, et en omettant le nitrate d'argent qu'on ajoute quelquefois vers la fin du développement.

Même dans le cas de films qui doivent être conservés pendant une longue période dans un état sensible au moyen de miel, etc., il faut observer l'influence modificatrice de la température et réduire la quantité de nitrate d'argent libre laissée sur le film. au minimum si le thermomètre est plus haut que d'habitude.

SECTION IV.

Sur certaines irrégularités du processus de développement.

Les caractéristiques du bon développement d'une image latente sont que l'action de l'agent réducteur doit provoquer un noircissement de l'iodure dans les parties touchées par la lumière, mais ne produire aucun effet sur celles qui sont restées dans l'ombre.

Cependant, en opérant à la fois sur Collodion et sur papier, il existe un risque d'échec à cet égard ; le film commençant, après l'application du révélateur, à changer de couleur plus ou moins sur toute la surface.

Il y a deux causes principales qui produisent cet état de choses : la première étant due à une irrégularité dans l'action de la lumière ; la seconde à un mauvais état des produits chimiques employés.

Si par un défaut de construction de l'instrument, ou par d'autres causes qui seront signalées plus particulièrement dans la deuxième partie de cet ouvrage, la lumière blanche diffuse pénètre dans la caméra, elle produit une indistinction de l'image en affectant davantage l'iodure. ou moins universellement.

L'image lumineuse de la Caméra n'étant pas parfaitement pure, une simple *surexposition* de la plaque sensible aura généralement le même effet.

Dans un tel cas, lorsque le révélateur est versé, une image faible apparaît d'abord, suivie d'un trouble général.

La netteté de l'image du Collodion développée est fortement influencée par l'état de toutes les solutions employées, mais particulièrement par celle du bain de nitrate. Si ce liquide est dans l'état dit alcalin (p. 88), il sera impossible d'obtenir une bonne image ; et même lorsqu'il est neutre, il faudra prendre soin et éviter toutes les causes perturbatrices pour empêcher un dépôt d'argent sur les ombres de l'image : particulièrement lorsque du nitrite d'argent ou de l'acétate d'argent sont présents, ces deux sels étant plus facilement réduits que le nitrate d'argent.

L'utilisation d' *acide* est la principale ressource pour éviter le trouble de l'image. Les acides diminuent la facilité de réduction des sels d'argent par les agents révélateurs (p. 98), et par conséquent, lorsqu'ils sont présents, le métal se dépose plus lentement, et seulement sur les parties où l'action de la lumière a ainsi modifié les particules d'argent. L'iodure de manière à favoriser la décomposition : alors que si les acides sont absents ou présents en quantité insuffisante, l'équilibre du mélange de nitrate d'argent et d'agent réducteur qui constitue le révélateur est si instable, que toute pointe rugueuse ou arête vive est susceptible de devenir un centre à partir duquel l'action chimique, une fois déclenchée, irradie vers toutes les parties de la plaque.

Divers acides ont été employés, tels que l'acide acétique, l'acide citrique, l'acide tartrique, etc. L'acide nitrique est le plus efficace de tous, mais il est rarement utilisé, car, bien que l'image puisse souvent être développée avec une grande netteté lorsque le bain contient un petite quantité d'acide nitrique, mais une telle condition n'est pas favorable à *l'intensité* ; par contre, les films sujets à une réduction irrégulière, tels que ceux préparés dans un bain chimiquement neutre ou un bain contenant de l'acétate ou du nitrite d'argent, sont susceptibles de donner la plus grande vigueur d'impression. Ainsi, lorsque cette qualité est recherchée, l'utilisation de l'acide nitrique sera adoptée avec prudence.

Il faut veiller à l'état du collodion ainsi qu'à celui du bain ; il doit être acide ou neutre, pas alcalin. En règle générale, le collodion incolore peut être utilisé avec succès, mais il est parfois avantageux d'y ajouter un peu d'iode libre. Des précautions doivent être prises lors de l'introduction de substances organiques, dont beaucoup se dissolvent dans le bain et le gâtent pour donner des images claires. Cependant la Glycyrrhizine , qui est recommandée pour produire l'intensité des Négatifs, n'a aucun effet de ce genre, et peut être employée avec sécurité.

L'état de l'agent de développement est un point important pour produire des images claires et distinctes. L'acide acétique, qui est conseillé dans les formules , ne peut être omis ni même diminué en quantité sans danger. C'est notamment le cas par temps chaud ou dans toute autre condition favorisant la réduction, telle que neutralité du bain, etc. ; à tout moment, en effet, lorsque les solutions d'acide pyrogallique et de nitrate d'argent se décomposent avec une rapidité inhabituelle.

En plus des points maintenant mentionnés, à savoir. Sur l'état du bain, du collodion et du révélateur, le lecteur devra étudier aussi les remarques faites dans la troisième section du chapitre III. sur l'effet des *conditions de surface* sur la modification du dépôt de vapeur et d'argent métallique : il n'éprouvera alors selon toute probabilité que peu de difficultés à traiter ces nombreuses irrégularités dans l'action du fluide en développement, qui s'avèrent souvent le plus grand obstacle au succès pratique du procédé Collodion.

CHAPITRE VII.

SUR PHOTOGRAPHIES POSITIFS ET NÉGATIFS AU COLLODION.

LES termes « positif » et « négatif » apparaissent si fréquemment dans tous les ouvrages traitant de la photographie qu'il sera impossible à l'étudiant de progresser sans en comprendre parfaitement la signification.

Un positif peut être défini comme une photographie qui donne une représentation naturelle d'un objet, tel qu'il apparaît à l'œil.

Une photographie négative, en revanche, présente les lumières et les ombres inversées, de sorte que l'apparence de l'objet est modifiée ou négative.

Dans les photographies prises sur *le chlorure d'argent*, soit dans l'appareil photo, soit par superposition, l'effet doit nécessairement être négatif ; le chlorure étant *assombri par des rayons lumineux*, les lumières sont représentées par des ombres.

Les schémas simples suivants rendront cela évident.

1.Fig. 2.Fig. 3.

La figure 1 est une image opaque dessinée sur un fond transparent ; figue. la figure 2 représente l'effet produit en le mettant en contact avec une couche de chlorure sensible et en l'exposant à la lumière ; et fig. 3 est le résultat d'une nouvelle copie de ce négatif sur du chlorure d'argent.

La figure 3 est donc une copie positive de la figure 1, obtenue au moyen d'un négatif. Dès la première opération, les teintes sont inversées ; par le second, étant à nouveau inversés, ils sont rendus conformes à l'original. La possession d'un Négatif permet donc d'obtenir des copies Positives de l'objet, en nombre indéfini et toutes exactement semblables en apparence. Cette capacité de multiplier les impressions est de la plus haute importance et a rendu la production de bonnes photographies négatives plus importante que toute autre branche de l'art.

La même photographie peut souvent être présentée sous forme positive ou négative. Par exemple, en supposant qu'un morceau de feuille d'argent soit découpé en forme de croix et collé sur un carré de verre, l'apparence qu'il présenterait varierait selon les circonstances.

Figure 1. Figure 2.

La figure 1 le représente posé sur une couche de velours noir ; figue. 2 tel que tenu à la lumière. Si nous le qualifions de positif dans le premier cas, *je . e.* par la lumière réfléchie, alors il est négatif dans la seconde, c'est-à-dire par la lumière transmise. L'explication est évidente.

Par conséquent, pour pousser un peu plus loin notre définition originale des positifs et des négatifs, nous pouvons dire que les premiers sont généralement vus par la lumière réfléchie, et les seconds par la lumière transmise.

Cependant, toutes les photographies ne peuvent pas être faites pour représenter à la fois les positifs et les négatifs. Pour posséder cette capacité, il est nécessaire qu'une partie de l'image soit transparente et l'autre opaque *mais avec une surface brillante* . Ces conditions sont remplies lorsque l'iodure d'argent sur collodion est employé, en conjonction avec un agent révélateur.

Chaque image du Collodion est dans une certaine mesure à la fois négative et positive, et par conséquent les processus d'obtention des deux variétés de photographies sont sensiblement les mêmes. Bien que les caractères généraux d'un Positif et d'un Négatif soient similaires, il existe quelques points de différence. Une surface qui paraît parfaitement opaque lorsqu'on la regarde de haut, devient quelque peu translucide lorsqu'on la soumet à la lumière ; donc, pour donner le même effet, le dépôt de métal dans un négatif doit être proportionnellement plus épais que dans un positif ; sinon, les détails mineurs de l'image seront invisibles, faute d'obstruer suffisamment la lumière.

Avec ces remarques préliminaires, nous sommes prêts à étudier de plus près la *logique* des processus d'obtention des positifs et des négatifs du collodion. Tout ce qui concerne les papiers positifs sur le chlorure d'argent sera traité dans un chapitre ultérieur.

SECTION I.

Sur les positifs au collodion.

Les Positifs au Collodion sont parfois qualifiés *de directs*, car obtenus en une seule opération. Le chlorure d'argent, *soumis à l'action de la lumière seule*, n'est pas adapté pour produire des positifs directs, la surface réduite étant sombre et incapable de représenter les lumières d'un tableau. On emploie donc nécessairement un agent révélateur, et on remplace le chlorure par l'iodure d'argent, comme étant une préparation plus sensible. Les collodions positifs sont étroitement liés dans leur nature aux daguerréotypes. La différence entre les deux réside principalement dans la surface utilisée pour soutenir la couche sensible et dans la nature de la substance par laquelle l'image invisible se développe.

Dans un positif au collodion, les lumières sont formées par une surface brillante d'argent réduit et les ombres par un fond noir apparaissant à travers les parties transparentes de la plaque.

Deux points principaux doivent être pris en compte dans la production de ces photographies.

D'abord, obtenir une image distincte en toutes parties, *mais d'intensité relativement faible*. — Si le dépôt de métal réduit est trop épais, le fond sombre n'est pas vu suffisamment, et l'image par conséquent manque d'ombre.

Deuxièmement, *blanchir* autant que possible la surface du métal réduit, afin de produire un contraste d'ombre et de lumière suffisant. L'iodure d'argent développé de la manière habituelle présente un aspect jaune terne, sombre et désagréable.

Le bain au collodion et au nitrate pour les positifs. — De bons positifs peuvent être obtenus en diluant un échantillon de collodion avec de l'éther et de l'alcool jusqu'à ce qu'il donne un film bleuâtre pâle dans le bain. La proportion d'iodure d'argent étant alors petite, l'action des hautes lumières est moins violente, et les ombres ont plus de temps pour s'imposer. La dilution diminue la quantité de Pyroxyline dans le Collodion en même temps que dans l'Iodure, ce qui est un avantage, les films légers et transparents donnant toujours plus de netteté et de définition à l'image.

L'emploi d'un film très fin pour les Positifs n'est cependant pas toujours un procédé réussi. Les particules d'Iodure d'Argent étant en contact étroit avec le verre, un soin particulier est requis dans le nettoyage des plaques afin d' éviter les taches ; et la quantité de nitrate d'argent libre retenue à la surface du film étant petite, des taches circulaires de développement imparfait sont susceptibles de se produire, à moins que l'agent réducteur ne soit dispersé uniformément et parfaitement sur la surface. De plus , si de l'iode libre ou des substances organiques ayant un effet retardateur sur l'action de la lumière sont présents dans une mesure considérable, le collodion ne fonctionnera pas bien avec une petite proportion d'iodure. L'auteur a découvert, en expérimentant sur ce sujet, qu'avec du collodion parfaitement pur et un bain *neutre* , les impressions les plus vigoureuses étaient produites lorsque la densité de la couche avait été tellement réduite par dilution qu'on ne pouvait presque rien voir sur le verre ; mais avec du Collodion fortement teinté à l'Iode, ou avec un Bain contenant de l'Acide Nitrique, il fallait arrêter la dilution à un certain point, sinon la pellicule devenait absolument insensible aux faibles rayonnements lumineux, et les ombres ne pouvaient être mises en valeur d'aucune manière. d'exposition. Dans ce cas, en ajoutant davantage d'iodure, un meilleur effet a été obtenu.

Un collodion plus épais peut être utilisé pour les positifs en ajoutant un peu d'iode libre, dans le but de diminuer l'intensité et de garder les ombres claires pendant le développement. Ce procédé est plus facile à mettre en pratique que le précédent, mais ne donne pas toujours la même définition parfaite.

Aucune substance organique de la classe à laquelle appartiennent la Glycyrrhizine et les Sucres ne doit être ajoutée au Collodion qui doit être utilisé pour les Positifs. Ce faisant, l'image serait rendue intense et les hautes lumières sujettes à la solarisation, *c'est -à-dire* une apparence sombre par la lumière réfléchie.

Le bain de nitrate. — Si les matériaux sont purs, le bain de nitrate peut avantageusement être dilué en même temps que le collodion, lors des prélèvements positifs ; mais l'emploi d'un bain de nitrate très faible (tel qu'un bain à 20 grains par once), bien que très utile pour éviter un développement excessif, présente certains inconvénients ; il devient nécessaire d'exclure l'acide nitrique libre et d'éviter l'emploi d'un collodion trop fortement teinté d'iode. Au contraire, avec un bain de nitrate fort et une pellicule assez dense d'iodure d'argent, un meilleur résultat est souvent obtenu par l'emploi de l'acide nitrique. La sensibilité des plaques est altérée, mais en même temps l'intensité est diminuée, et l'image apparaît bien sur la surface du verre.

Un nouveau bain est meilleur pour prendre des positifs qu'un bain qui a été utilisé pendant longtemps. Ce dernier provoque souvent *un flou* et des marquages irréguliers sur le film lors de l'action du révélateur. Ceci est dû en partie à l'accumulation d'alcool et d'éther dans le bain, qui fait couler la solution de sulfate de fer d'une manière huileuse ; et en partie à une réduction du nitrate d'argent par la matière organique.

La présence d' *acétate d'argent* est répréhensible dans un bain de nitrate positif car elle produit une solarisation et une intensité d'image ; c'est pourquoi les précautions qui évitent sa formation doivent être adoptées (p. 89).

Si du nitrate d'argent fondu est utilisé pour le bain de nitrate positif, il est très important que la fusion ne soit pas poussée trop loin, sinon la solution contiendrait un nitrite d'argent basique et donnerait une image intense, solarisée et brumeuse.

Les développeurs de collodions positifs. — L'acide pyrogallique, lorsqu'il est utilisé avec l'acide acétique, comme c'est l'habitude pour les images négatives, produit une surface terne et jaune. Ceci peut être évité en substituant l'acide nitrique en petite *quantité* à l'acétique. La surface produite par l'acide pyrogallique avec l'acide nitrique est terne , mais très blanche, si la solution est utilisée avec la concentration appropriée. En essayant d'augmenter la quantité d'acide nitrique, le dépôt devient métallique et les demi-teintes de l'image sont endommagées ; L'acide pyrogallique, bien que révélateur actif, ne permet pas l'addition d'acide minéral dans la même mesure que les sels de fer. Il faut aussi, lorsqu'il est combiné avec l'acide nitrique, une bonne proportion de nitrate d'argent sur la pellicule, sinon le développement sera imparfait dans certaines parties de la plaque.

Sulfate de fer. — Les protosels de fer ont été employés pour la première fois en photographie par M. Hunt. Le sulfate est un développeur très énergique et fait souvent ressortir une image là où d'autres échoueraient. Pour produire au moyen de lui une teinte blanc mort sans éclat métallique , il peut être utilisé en conjonction avec de l'acide acétique et dans un état quelque peu concentré, de manière à développer rapidement l'image.

L'addition d' *acide nitrique* au sulfate de fer modifie le développement, le rendant plus lent et graduel , et produisant une surface brillante et étincelante d'argent réduit. Il ne faut cependant pas utiliser trop de cet acide, sinon l'action serait irrégulière. Le bain de nitrate doit également être assez concentré, afin de compenser l'effet retardateur de l'acide nitrique sur le développement. Les pellicules bleues et transparentes d'Iodure d'Argent, formées dans un bain de nitrate très dilué, ne sont pas bien adaptées pour que les Positifs soient ainsi développés. Ils sont blessés par l'acide et le développement de l'image devient imparfait.

Protonitrate de fer. — Ce sel, utilisé pour la première fois par le Dr Diamond, est remarquable en ce qu'il donne une surface d'un éclat métallique brillant sans aucune addition d'acide libre. Théoriquement, il peut être considéré comme correspondant étroitement au sulfate de fer additionné d'acide nitrique. Il existe cependant entre eux de légères différences pratiques, qui jouent peut-être en faveur du Protonitrate.

Les pouvoirs réducteurs du *protoxyde* de fer paraissent être en raison inverse de la force de l'acide avec lequel il est associé dans ses sels ; c'est pourquoi le *nitrate* est de loin le révélateur le plus faible des protosels de fer.

Les règles déjà données pour l'emploi du sulfate de fer acidifié avec de l'acide nitrique, s'appliquent également au nitrate de fer ; la proportion de nitrate d'argent libre doit être grande, et la pellicule d'iodure d'argent pas trop transparente.

En développant des positifs directs soit par l'acide pyrogallique, soit par les sels de fer, la couleur de l'image sera sujette à certaines variations ; le caractère de la lumière, qu'elle soit vive ou faible, et la durée d'exposition dans l'appareil photo, affectant le résultat.

Un procédé pour blanchir l'image positive au moyen de bichlorure de mercure. — Au lieu d'éclaircir l'image positive en modifiant le révélateur, M. Archer a proposé depuis quelque temps d'effectuer le même objet en utilisant le sel connu sous le nom de *Sublimé Corrosif* ou Bichlorure de Mercure.

L'image est d'abord développée de la manière habituelle, fixée et lavée. Il est ensuite traité avec la solution de bichlorure, ce qui a pour effet de produire presque immédiatement une série intéressante de changements de couleur. La surface *s'assombrit d'abord considérablement*, jusqu'à devenir gris cendré, se rapprochant du noir ; bientôt il commence à s'éclaircir et prend une teinte *blanche pure*, ou un blanc légèrement tirant vers le bleu. On voit alors à l'examen que toute la substance du dépôt est entièrement transformée en cette poudre blanche.

La *raison* de la réaction du bichlorure de mercure semble être que le chlore du sel mercuriel se divise entre le mercure et l'argent, une partie de celui-ci passant à ce dernier métal et le convertissant en protochlorure. La poudre blanche est donc probablement un sel composé, comme le prouvent également les effets produits lors de son traitement avec divers réactifs.

SECTION II.

Sur les négatifs au collodion.

De même que pour un positif direct il faut une image *faible*, quoique distincte, de même, en revanche, pour un négatif, il faut en obtenir une d'une intensité considérable. Dans le chapitre qui suit immédiatement le présent chapitre, il sera démontré qu'en utilisant des négatifs sur verre pour produire des copies positives sur du papier chlorure d'argent, un bon résultat ne peut être obtenu que si le négatif est suffisamment sombre pour obstruer fortement la lumière.

Le bain au collodion et au nitrate pour les négatifs. — Un collodion contenant une très petite portion d'iodure et donnant dans le bain une pellicule bleue transparente n'est pas bien adapté pour prendre des négatifs. Les films opalescents pâles donnent souvent trop peu d'intensité dans les hautes lumières et, à moins que le bain de nitrate ne soit acide, ne permettent pas d'être exposés dans l'appareil photo pendant la durée appropriée sans qu'un trouble et une indistinction de l'image ne se produisent sous l'action du développeur. L'effet connu sous le nom de « solarisation des négatifs », *c'est-à-dire . e.* un aspect rouge et translucide des lumières les plus élevées, est également plus susceptible de se produire lorsqu'on travaille avec un film très pâle. En revanche, si la couche d'Iodure est trop jaune et crémeuse, les demi-teintes de l'image seront souvent imparfaitement développées, de sorte qu'un point médian entre ces extrêmes est le meilleur.

Un collodion pur et nouvellement préparé, quoique très sensible à la lumière, ne donne pas toujours, avec une seule application de révélateur, une image suffisamment vigoureuse pour servir de matrice négative ; et cela particulièrement dans les parties les plus éclairées, comme le ciel d'une photographie de paysage ou les bords blancs d'une gravure. Mais en gardant le collodion pendant quelques semaines ou quelques mois, il devient jaune, s'il est iodé avec les iodures alcalins, et une décomposition s'y produit, comme nous l'avons montré précédemment (p. 97), ce qui diminue la rapidité de l'action, mais ajoute à l'intensité. du négatif.

Le sucre de raisin peut être employé dans le but de donner de l'intensité au collodion nouvellement mélangé : également La Glycyrrhizine , qui est un corps résineux extrait de la racine de Réglisse ; mais comme les deux substances ont pour effet de diminuer la sensibilité et la conservation du liquide, elles doivent être utilisées avec précaution. En faisant des portraits en plein air, par des jours clairs, et avec un bain longtemps mélangé, on trouvera rarement que l'intensité en manquera ; et surtout si le révélateur est appliqué une seconde fois sur le film avec quelques gouttes de solution de nitrate d'argent ajoutées. Mais en photographie de paysage ou en copie de gravures, où l'extrême sensibilité n'est pas un objet, la Glycyrrhizine peut parfois être ajoutée avec avantage pour obtenir une parfaite opacité des noirs.

Lorsqu'on a recours à cette substance, le mode d'iodation du collodion paraît avoir de l'importance, l'augmentation d'intensité étant plus grande avec l'iodure de cadmium qu'avec les iodures des alcalis ; cette dernière exerçant probablement une action décomposante. Une addition d'un bromure ou d'un chlorure au collodion en petite quantité a également un effet marqué en augmentant l'intensité lorsque la glycyrrhizine est utilisée avec des iodures alcalins (p. 101).

Les substances qui produisent l'intensité de l'image du Collodion ont souvent, si elles sont ajoutées en trop grande quantité, une tendance à abaisser les demi-teintes et à empêcher que les parties les plus sombres de l'image soient suffisamment mises en valeur. L'impression du négatif est alors pâle et blanche, ou « crayeuse » comme on l'appelle, dans les hautes lumières. Le collodion dans cet état est souvent préféré par le débutant, à cause de la facilité avec laquelle les négatifs sont obtenus, mais il ne donne pas les meilleurs résultats. Un excès de Glycyrrhizine dans le Collodion a aussi pour effet de gêner la précipitation de l'Iodure d'Argent, produisant une pellicule bleue et fumée presque inutile pour les Négatifs.

Un emploi judicieux de l'iode libre dans le collodion, préalablement intensifié par la glycyrrhizine , a un effet remarquable sur l'amélioration de la gradation du tonus. L'opacité excessive des hautes lumières est diminuée et l'opérateur peut ainsi, grâce à une exposition plus longue de la plaque sensible, faire ressortir les ombres et les détails mineurs de l'image avec une grande netteté. Le collodion ainsi préparé est trop lent pour être utilisé pour des portraits, sauf sous une forte lumière, mais donne souvent une image avec une grande rondeur et un effet stéréoscopique.

L'iode et le sucre de réglisse employés conjointement tendent aussi à conserver la netteté des plaques sous l'influence du révélateur, et à donner de la netteté aux lignes et points des gravures, etc., qui, avec un collodion nouveau et sensible, sont souvent imparfaitement rendu. Ces avantages seront appréciés par l'opérateur qui a échoué en travaillant avec un Collodion trop faible ; mais il faut garder à l'esprit que toutes les substances agissant comme intensificateurs ont un mauvais effet lorsque l'état de la pellicule n'est pas tel qu'il nécessite leur emploi.

Le proto-iodure de fer a été recommandé en complément du collodion négatif. Dans le bain de nitrate, il forme, outre l'iodure d'argent, le protonitrate de fer, une substance instable et un révélateur. L'emploi de l'iodure de fer donne une grande sensibilité, mais il est difficile de le conserver pur et inchangé. Il décompose également le collodion en quelques heures, se peroxydant lui-même et produisant un état de film insensible. De plus, les négatifs pris à l'aide de l'iodure de fer sont ordinairement d'un genre inférieur, la réduction étant trop marquée dans les hautes lumières ; de sorte que son emploi est d'une utilité douteuse.

Le bain de nitrate. — Celui-ci doit être préparé à partir de nitrate d'argent fondu à feu modéré (voir pp. 13 et 101). Si ce point est négligé, le meilleur Collodion échouera parfois à produire un négatif intense.

L'acide acétique doit être ajouté en quantité infime, pour préserver la solution d'une réduction trop rapide par l'alcool et l'éther du collodion. De plus, à moins que le nitrate d'argent ne soit tout à fait pur et exempt de matière organique (p. 104), des images claires ne seront pas obtenues sans l'utilisation d'acide.

L'acétate d'argent a souvent été conseillé en complément du bain de nitrate négatif. Il est produit en ajoutant dans la solution un alcali, tel que l'ammoniaque, suivi d'un excès d'acide acétique. Les négatifs sont rendus plus noirs et plus vigoureux par ce procédé, mais surtout lorsque le bain est contaminé par l'acide nitrique ; qui se neutralise aux dépens de l'acétate d'argent, ainsi :

Acétate d'argent + Acide nitrique

= Nitrate d'argent + Acide acétique.

En règle générale, il sera préférable d'éviter d'ajouter de l'acétate d'argent au bain, car avec le nitrate d'argent pur et fondu, il ne peut y avoir d'acide nitrique et on obtient facilement une intensité parfaite. Lorsque le bain est saturé d'acétate d'argent, il est dans un état plus réductible, et par conséquent, à moins que les plaques de verre ne soient très parfaitement nettoyées, des lignes et des marques noires, résultats d'une action irrégulière, se produiront lors de l'application du révélateur sur le film (p. 104). La solarisation, ou rougeur due à une surexposition, est également favorisée par la présence d'acétate d'argent.

Développer des solutions pour les négatifs. — Les Protosels de Fer ne sont généralement pas employés pour développer des impressions négatives. Ils sont susceptibles de donner une image de couleur violette, qui ne peut pas être facilement rendue plus intense en poursuivant l'action.

L'acide gallique est trop faible pour développer des images au collodion. L'acide pyrogallique est de beaucoup supérieur et peut être utilisé avec n'importe quelle force, selon l'effet désiré. Lorsque la lumière est mauvaise, la température basse et que le négatif se développe lentement et apparaît bleu et encre par la lumière transmise, la proportion d'agent réducteur doit être augmentée. Mais avec un Collodion intense, par une claire journée d'été, la gradation la plus fine s'obtient avec une solution faible, qui ne commence à agir que lorsque la plaque est uniformément recouverte. Un révélateur puissant pourrait dans un tel cas produire trop d'opacité sous les plus hautes lumières, et provoquerait probablement des taches de réduction irrégulière.

Modes de renforcement d'une impression finie qui est trop faible pour être utilisée comme négatif. — Le plan ordinaire consistant à pousser le développement ne peut être appliqué avec avantage une fois que l'image a été lavée et séchée. Dans ce cas, s'il s'avère trop faible pour bien imprimer, son intensité peut être augmentée par l'une des méthodes suivantes.

Il faut cependant partir du principe qu'on ne peut pas s'attendre au même degré d'excellence dans une photographie négative mal développée au départ et plus particulièrement si l'exposition à la lumière a été trop courte. Tout « positif instantané » peut être rendu suffisamment intense pour un négatif, mais dans ce cas, les ombres sont presque invariablement imparfaites.

1. *Traitement de l'image avec de l'hydrogène sulfuré ou de l'hydrosulfate d'ammoniaque.* — Le but est de convertir l'argent métallique en *sulfure d'argent*, et si cela pouvait être fait, cela serait utile. La simple application d'un sulfure alcalin n'a cependant que peu d'effet sur l'image, sauf pour assombrir sa surface et détruire l'aspect positif par la lumière réfléchie ; la structure du dépôt métallique étant trop dense pour permettre au soufre d'atteindre son intérieur.

Le professeur Donny (« Photographic Journal », vol. I.) propose d'éviter ce problème en convertissant d'abord l'image en sel blanc de mercure et d'argent par l'application de bichlorure de mercure, puis en la traitant avec une solution d'hydrogène sulfuré ou d'hydrosulfate de mercure. Ammoniac. Les négatifs ainsi produits sont d'une couleur brun-jaune par la lumière transmise, et opaques aux rayons chimiques dans une mesure qui n'aurait pas été anticipée *a priori*.

2. *MM. Barreswil et Davanne processus.* — L'image est convertie en iodure d'argent en la traitant avec une solution saturée d'iode dans l'eau. On la lave ensuite, pour enlever l'excès d'iode, on l'expose à la lumière, et on y verse une portion de la solution de développement ordinaire, mélangée avec du nitrate d'argent. Les changements qui s'ensuivent sont précisément les mêmes que ceux déjà décrits ; tout l'objet du procédé étant de ramener la surface métallique à l'état d'iodure d'argent modifié par la lumière, afin que l'action de développement puisse recommencer et que davantage d'argent soit déposé à partir du nitrate de la manière habituelle.

3. *Le procédé au bichlorure de mercure et d'ammoniac.* — L'image est d'abord convertie en le double sel blanc habituel de mercure et d'argent par l'application d'une solution de sublimé corrosif. Il est ensuite traité à l'Ammoniaque, ce qui a pour effet de le *noircir* intensément. L'alcali agit probablement en convertissant le chlorure de mercure en oxyde noir de mercure. A la place de l'ammoniaque, une solution diluée d'hyposulfite de soude ou de cyanure de potassium peut être utilisée, avec des résultats très similaires.

CHAPITRE VIII.

SUR LA THÉORIE DE L'IMPRESSION POSITIVE.

LE sujet des négatifs au collodion ayant été expliqué dans le chapitre précédent, nous allons montrer comment on peut les faire produire un nombre indéfini de copies avec les lumières et les ombres correctes comme dans la nature.

De telles copies sont appelées « positifs », ou parfois « impressions positives », pour les distinguer des positifs directs au collodion.

Il existe deux modes distincts pour obtenir des tirages photographiques : d'abord par développement, ou, comme on l'appelle, *par le procédé négatif*, dans lequel une couche d'iodure ou de chlorure d'argent est employée, et l'image invisible développée par l'acide gallique ; et deuxièmement, par l'action directe de la lumière sur une surface de chlorure d'argent, sans utiliser de révélateur. Ces processus, qui impliquent des modifications chimiques d'une grande délicatesse, nécessitent une explication minutieuse.

L'action de la lumière sur le chlorure d'argent a été décrite au chapitre II. Il a été démontré qu'un processus progressif de noircissement se produisait, le composé étant réduit à l'état d'une couleur colorée . *sous-sel* ; aussi que la rapidité et la perfection du changement étaient augmentées par la présence d'un excès de nitrate d'argent et de matières organiques, telles que la gélatine , l'albumine, etc.

Il faut maintenant supposer qu'un papier sensible a été préparé de cette manière, et qu'un négatif ayant été mis en contact avec lui, la combinaison a été exposée à l'action de la lumière pendant un temps suffisant. En retirant le verre, on trouvera ci-dessous une représentation positive de l'objet, d'une grande beauté et d'un grand détail. Or, si cette image était par nature fixe et permanente, ou s'il existait des moyens de la rendre telle, sans altérer la teinte, la production de positifs sur papier serait certainement un simple département de l'art photographique ; car on constatera qu'avec presque tous les négatifs et avec du papier sensible, quelle que soit la manière dont il est préparé, l'image paraîtra assez bien dès qu'elle sera retirée du cadre d'impression. Cependant l'immersion dans le bain d' hyposulfite de soude, qui est essentiellement nécessaire pour fixer le tableau, produit un effet défavorable sur la teinte ; décomposant le sous-chlorure d'argent de couleur violette , et laissant derrière lui une substance rouge qui semble être unie à la fibre du papier, et, lorsqu'on l'éprouve, réagit à la manière d'un sous-oxyde d'argent.

D'autres opérations chimiques sont donc nécessaires pour éliminer la couleur rouge désagréable de l'impression, et l'examen du sujet est donc naturellement divisé en deux parties ; premièrement, les moyens par lesquels le papier est rendu sensible et l'image qui y est imprimée ; — et deuxièmement, la fixation et *la coloration ultérieures*, comme on peut l'appeler, de l'épreuve.

Le présent chapitre comprendra également, dans deux sections supplémentaires, un compte rendu condensé des faits les plus importants relatifs aux propriétés et au mode de conservation des épreuves photographiques.

SECTION I.

La préparation du papier sensible.

Dans cette section, la théorie générale de la préparation du papier positif, dans la mesure où elle affecte le ton et l'intensité de l'impression, sera décrite ; le lecteur étant renvoyé à la deuxième division de l'Œuvre pour les formules requises.

La préparation du papier sensible. — Les conditions requises pour produire une impression nette et bien définie sont : qu'une couche uniforme de chlorure d'argent existe sur la surface même du papier, et que les particules de ce chlorure doivent être en contact avec un excès suffisant de Nitrate d'argent. Ces points ont déjà été évoqués dans une première partie de l'ouvrage (p. 19).

Le matériau utilisé pour *encoller* le papier est important. Les papiers anglais sont généralement encollés avec de la gélatine, qui est un agent photographique et agit chimiquement dans la formation de l'image. Par contre, les papiers étrangers étant encollés uniquement avec de l'amidon, nécessitent un ajout de gélatine, de caséine ou d'albumine, pour retenir le sel à la surface du papier et pour aider à produire l'image : sinon, l'impression sera plate. et « farineux », comme on l'appelle. L'albumine produit notamment une surface magnifiquement lisse et est avantageusement utilisée pour l'impression de petits portraits et de sujets stéréoscopiques.

La répartition uniforme du chlorure d'argent en surface est parfois perturbée par une structure défectueuse du papier, qui absorbe les liquides de manière inégale et, par conséquent, les images, lorsqu'elles sont retirées du cadre d'impression, apparaissent *tachetées*. Une autre cause produisant le même effet, est l'emploi d'une solution trop faible de nitrate d'argent, ou l'enlèvement de la feuille du bain de nitrate avant que le chlorure d'ammonium ait été parfaitement décomposé ; elle est ainsi rendue inégalement sensible dans différentes parties de la surface, et les impressions ont l'aspect marbré caractéristique mentionné ci-dessus.

Un excès suffisant de nitrate d'argent étant indispensable, il est important de garder à l'esprit que la quantité de ce sel restant éventuellement dans le papier est très influencée par la manière dont la solution est appliquée. S'il est posé par *flottage*, alors la proportion de nitrate à celle de chlorure de sodium devrait être d'environ 3 pour 1 (les poids atomiques sont presque de 5 pour 2) ; mais si le plan du brossage ou de l'étalement avec une tige de verre est adopté, 7 pour 1 ou 8 pour 1 ne sera pas de trop.

L'assombrissement du papier sensible par la lumière. — L'opérateur doit être familier avec les changements de couleur qui indiquent la progression de la réduction de la couche sensible. Beaucoup à cet égard dépend du type de matière organique utilisée, mais il y a toujours une séquence régulière de teintes ; dans le cas d'un papier préparé simplement avec du chlorure d'ammonium et du nitrate d'argent, elle est la suivante : violet pâle, bleu violet, bleu ardoise, couleur *bronze* ou cuivre. Lorsque le stade *du bronzage* est atteint, il n'y a plus de changement. Par immersion dans le bain fixateur d'hyposulfite, les tons violets dus au sous-chlorure d'argent sont détruits, et l'impression prend une couleur rouge ou brune, qui est la plus profonde et la plus intense dans les parties où la lumière a agi le plus longtemps.

donc que, pour produire une bonne impression, il est essentiel que le négatif possède une intensité considérable dans les parties sombres. Les négatifs pâles et faibles donnent des épreuves qui manquent de vigueur et ont un aspect plat et indistinct. La combinaison ne peut être exposée à la lumière pendant un temps suffisant pour amener le degré requis de réduction du chlorure d'argent ; et par conséquent les ombres les plus profondes du Positif résultant ne sont pas suffisamment sombres, et il y a *un manque de contraste* qui est fatal à l'effet.

Un bon négatif doit être suffisamment opaque pour préserver les lumières de l'image imprimée sous un aspect clair, *jusqu'à ce que les nuances les plus sombres soient sur le point de passer à l'état bronze ou cuivré*. Si l'intensité est inférieure à cela, l'effet le plus fin ne peut pas être obtenu.

CONDITIONS AFFECTANT LA SENSIBILITÉ DU PAPIER ET L'INTENSITÉ DE L'IMAGE.

Certains des principaux d'entre eux sont les suivants : -

un. *La force du bain de salaison.* — La sensibilité du papier est réglée jusqu'à un certain point par la quantité de sel [16] utilisée dans la préparation. La quantité de chlorure alcalin détermine la quantité de chlorure d'argent ; et avec un excès propre de nitrate d'argent, les papiers sont jusqu'à un certain point plus sensibles, à mesure qu'ils contiennent plus de chlorure.

[16] Il faut garder à l'esprit la différence entre les poids atomiques des divers chlorures solubles utilisés dans le salage. Dix grains de chlorure d'ammonium contiennent autant de chlore que onze grains de chlorure de sodium ou vingt-deux grains de chlorure de baryum. (Voir le Vocabulaire, Partie III.)

Les papiers très sensibilisés noircissent rapidement et passent très complètement au stade du bronze. Ceux contenant moins de chlorure s'assombrissent plus lentement et ne bronzent pas avec la même intensité de lumière. Une épreuve photographique, réalisée sur du papier fortement salé et sensibilisé, est généralement vigoureuse, avec un grand contraste d'ombre et de lumière ; particulièrement lorsque l'impression est réalisée sous une lumière intense. Il y aura donc avantage, avec un faible négatif et par temps maussade, à *doubler* la quantité ordinaire de sel, tandis que dans le cas d'un négatif intense et avec la lumière directe du soleil, les ombres profondes seront trop bronzées à moins que la quantité de chlorure et de nitrate d'argent dans le papier doit être maintenu à un niveau bas.

Plus les papiers photographiques sont fortement salés et sensibilisés, plus ils ont tendance à changer spontanément de couleur dans l'obscurité.

b. *Proportion de nitrate d' argent*. — Le composé sur lequel se forme une empreinte positive est un chlorure ou un sel organique d'argent *avec un excès de nitrate d'argent* . Il n'y a aucun gain à augmenter la proportion de chlorure de sodium, à moins qu'on n'ajoute en même temps la quantité de nitrate libre dans le bain sensibilisant.

Une surface de chlorure d'argent avec un léger excès de nitrate s'assombrit à l'exposition, mais elle n'atteint pas le stade bronzé ; l'action semble s'arrêter à un certain point. En plaçant l'épreuve dans l'hyposulfite de soude, elle devient très rouge et pâle, et lorsqu'elle est teintée, elle paraît froide et ardoisée, sans profondeur ni intensité.

c. *La sensibilité et l'intensité affectées par le remplacement du nitrate par l'oxyde d'argent*. — De nombreux opérateurs emploient une solution d'oxyde d'argent dans l'ammoniaque [17] ou de nitrate d'ammoniaque pour préparer du papier au chlorure d'argent. Ce faisant, on obtient une grande augmentation de la sensibilité, mais aussi de l'intensité de l'image. Cela se comprendra si l'on se souvient que l'action de la lumière dans la réalisation de l'impression est de nature réductrice. Ainsi la substitution de l'oxyde au nitrate d'argent facilite la décomposition ; de même que *l'ammonio -nitrate* d'argent est plus facilement réduit par l'acide gaulois ou pyrogallique que le simple nitrate (voir p. 31).

[17] La chimie de l'Ammonio -Nitrate d'Argent est expliquée dans le Vocabulaire, Partie III.

Ammonio-Nitrate a l'inconvénient de *se décolorer rapidement* lorsqu'il est conservé ; mais il est très utile pour l'impression pendant les mois d'hiver. La proportion de chlorure dans le bain de salage peut, si on le désire, être considérablement réduite ; l'intensité de l'action étant grandement exaltée par l'emploi de l'oxyde d'argent.

  d. *Emploi de matières organiques.* — Ceux recommandés dans cet ouvrage sont l'albumine, la gélatine et la mousse d'Islande. L'albumine ajoute beaucoup à la sensibilité du papier et donne une définition de surface très fine. Il faut moins de chlorure que dans le cas du papier ordinaire simplement salé, le caractère gluant des liquides albumineux faisant retenir une plus grande quantité de liquide à la surface du papier, et la matière animale aidant à la réduction. En faisant varier la proportion de sel, des négatifs faibles ou intenses peuvent être imprimés avec succès sur du papier albuminé. Aucun procédé ne donne de meilleurs résultats, soit en ce qui concerne la sensibilité, soit en rendant fidèlement tous les détails les plus fins du négatif, que le procédé à l'albumine.

  La mousse d'Islande, lorsqu'elle est bouillie dans l'eau, donne un liquide mucilagineux qui est commodément employé comme véhicule pour le chlorure d'argent ; il augmente la sensibilité du papier et donne un pouvoir bronzant supplémentaire, en aidant à réduire le nitrate d'argent libre. De nombreuses autres matières organiques, tendant à absorber l'oxygène, agiraient de la même manière.

  La gélatine est utilisée en impression positive ; sa composition est analogue à celle de l'albumine, et forme comme lui un composé rouge avec le sous-oxyde d'argent. Il permet de maintenir l'impression à la surface du papier, mais ne modifie pas autant la sensibilité ou l'apparence générale de l'image finie que l'albumine.

  e. *Impuretés dans le nitrate d' argent.* — Le nitrate d'argent utilisé pour l'impression photographique doit être exempt même de toute trace de protonitrate de mercure, car on sait que la précipitation du chlorure de mercure empêche le noircissement du chlorure d'argent par la lumière.

  L'état particulier du nitrate d'argent mentionné à la [page 101](), dans lequel on pense qu'il contient des oxydes d'azote, est susceptible d'interférer avec l'impression photographique. C'est probablement l'explication d'un état défectueux de la solution de nitrate, dans laquelle elle donne des positifs rouges et faibles, et ne fonce pas en couleur dans le papier albuminé excitant. Le remède sera de faire fondre le nitrate d'argent à feu modéré avant de le dissoudre.

LA COULEUR DE L'IMAGE INFLUENCEE PAR LA PREPARATION DU PAPIER SENSIBLE.

Ce sujet devrait être étudié par ceux qui désirent imprimer avec goût. En introduisant quelques modifications simples dans le mode de préparation du papier sensible, on peut obtenir presque toutes les variétés de teintes.

La tendance du processus de "tonification", auquel le tirage doit ensuite être soumis, est d'assombrir la couleur et, si l'on utilise de l'or, de donner une nuance de *bleu*. Par conséquent, si le positif est imprimé d'un ton rouge, il se changera dans le bain d'or en violet ; tandis que si on le laisse, après exposition à la lumière et fixation, d'une teinte brun foncé ou sépia, il passe par virement au noir pur.

Le positif doit paraître chaud et brillant une fois retiré du cadre d'impression ; mais la teinte qui reste après immersion dans l'hyposulfite de soude est la couleur propre de l'empreinte simplement fixée.

Les points suivants peuvent être mentionnés comme affectant la couleur et l'aspect général de l'image.

un. *Les proportions de Sel et de Nitrate d'Argent*. — Les papiers très salés et sensibilisés donnent une image *plus sombre* que ceux qui, contenant une faible proportion de chlorure d'argent, sont moins sensibles à la lumière. Ainsi, en imprimant sur du papier faiblement sensibilisé, afin de faire ressortir les détails les plus fins d'un négatif très intense, on trouve l'image inhabituellement rouge après fixage, et d'une couleur brune ou mûre lorsqu'elle est virée. Les remarques ci-dessus s'appliquent également dans une certaine mesure à la force du bain de nitrate, et particulièrement lorsqu'aucune matière organique, à l'exception de la gélatine, n'est employée. Dans ce cas, l'image sera *plus sombre* après fixation, si la proportion de nitrate d'argent libre est grand.

b. *Effet de l'Oxyde d'Argent sur la couleur*. — Les impressions formées sur des papiers Ammonio-Nitrate fortement salés sont de couleur sépia après fixation, et généralement d'un noir pur ou d'un noir pourpre lorsqu'elles sont virées. Grâce à la facilité accrue de réduction par la lumière offerte par l'utilisation de *l'oxyde* d'argent, il y a également moins de rougeurs dans l'impression. Mais si la quantité de sel utilisée dans la préparation du papier est réduite au minimum (un grain par once ou moins), par souci d'économie ou pour améliorer la demi-teinte, alors la couleur rouge habituelle revient, et le Positif est marron ou violet après virage, à la place du noir. Ainsi, en employant une solution d'oxyde d'argent, l'opérateur est en mesure, sans addition de matière organique, d'imprimer des positifs d'une agréable variété de teintes, combinées à une douceur et une délicatesse particulières, qui ne peuvent être facilement obtenues avec le simple nitrate d'argent. Argent.

c. *La couleur affectée par la matière organique.* — L'albumine est coagulée par le nitrate d'argent et forme un brillant permanent sur le papier. Le papier albuminé sensible fonce au soleil jusqu'à une couleur brun chocolat, qui devient très rouge par immersion dans l' Hyposulfite. Les impressions finies sont claires et transparentes ; généralement d'un ton brun, ou avec une nuance de violet lorsque le bain d'or est nouvellement créé et actif ; les noirs purs ne sont pas faciles à obtenir.

La mousse d'Islande affecte la couleur de l'épreuve dans une certaine mesure, mais moins que l'albumine ; les impressions finies sont presque noires si le papier est très salé.

L'encollage gélatineux utilisé pour les papiers anglais, et obtenu en faisant bouillir les peaux dans l'eau et en durcissant le produit par un mélange d'alun, a une influence *rougissante* sur les sels d'argent réduits, analogue à celle de l'albumine ou de la caséine, principe animal caractéristique. de lait. Les positifs imprimés sur du papier anglais prennent généralement une certaine nuance de brun plus ou moins éloignée du noir ; les tons plus sombres étant plus faciles à obtenir sur les journaux étrangers.

Les citrates et tartrates ont un effet marqué sur la couleur des impressions. Le papier préparé avec du citrate, en plus du chlorure d'argent, fonce jusqu'à prendre une fine couleur pourpre qui vire au rouge brique dans le bain de fixage. Les Positifs, lorsqu'ils sont toniques, sont généralement d'une teinte violacée ou bistre, avec un aspect général de chaleur et de transparence.

SECTION II.

Les procédés de fixation et de tonification de la preuve.

Cette partie de l'opération est une partie à laquelle une grande attention doit être accordée, afin d'obtenir des couleurs vives et durables : elle implique plus de changements chimiques délicats que peut-être tout autre département de l'Art.

Le premier point qui nécessite une explication est le processus de fixation ; à laquelle (p. 41) une brève référence a déjà été faite. Les méthodes adoptées pour améliorer la teinte de l'image finie seront ensuite décrites.

CONDITIONS D'UNE BONNE FIXATION DE LA PREUVE.

Ce sujet n'est pas toujours compris par les opérateurs et, par conséquent, ils ne disposent pas de directives précises quant à la durée pendant laquelle les impressions doivent rester dans le bain de fixation.

Le temps nécessaire à la fixation variera bien entendu avec la force de la solution employée ; mais il existe des règles simples qui peuvent être utilement suivies. En dissolvant le chlorure d'argent non altéré dans l'épreuve, la solution fixatrice d' hyposulfite de soude le convertit en hyposulfite d'argent (p. 43), qui est soluble dans un *excès* d' hyposulfite de soude. Mais s'il y a un excès insuffisant, c'est-à-dire si le bain est trop faible ou si l'empreinte s'en retire trop rapidement, alors l' hyposulfite d'argent n'est pas parfaitement dissous et commence peu à peu à *se décomposer*, produisant un dépôt brun. dans le tissu du papier. Ce dépôt, qui a l'apparence de taches et de taches jaunes, n'est généralement pas visible à la surface de l'impression, mais devient très évident lorsqu'il est exposé à la lumière, ou s'il est divisé en deux, ce qui peut être facilement fait. en le collant entre deux surfaces planes de deal, puis en les séparant en force.

La réaction de l'hyposulfite de soude avec le nitrate d' argent. — Afin de mieux comprendre comment *la décomposition* de l'hyposulfite d'argent peut affecter le processus de fixation, il convient d'étudier les propriétés particulières de ce sel. Dans ce but, le nitrate d'argent et l'hyposulfite de soude peuvent être mélangés dans des proportions équivalentes, à savoir. environ vingt et un grains du premier sel pour seize grains du second, en dissolvant d'abord chacun dans des récipients séparés dans une demi-once d'eau distillée. Ces solutions doivent être additionnées les unes aux autres et bien agitées ; il se forme immédiatement un dépôt dense qui est de l'hyposulfite d'argent.

C'est alors que commence une curieuse série de changements. Le précipité, d'abord blanc et caillé, change bientôt de couleur : il devient jaune canari, puis d'un riche jaune orangé, puis couleur foie , et enfin noir. La *raison* de ces changements s'explique dans une certaine mesure par l'étude de la composition de l' hyposulfite d'argent. La formule de cette substance est la suivante : -

$$AgOS_2O_2 . \_\_\_\_$$

Mais $AgOS_2O_2$ est clairement égal à AgS , ou sulfure d'argent, et à SO_3 , ou acide sulfurique . La réaction acide supposée par le liquide surnageant est donc due à l'acide sulfurique , et la substance noire formée est du sulfure d'argent. Les composés jaunes et jaune orangé sont des stades précoces de la décomposition, mais leur nature exacte est incertaine.

L'instabilité de l'hyposulfite de soude se voit principalement lorsqu'il est à l'état isolé : la présence d'un excès d' hyposulfite de soude le rend plus permanent, en formant un sel double, comme déjà décrit.

Dans la fixation des épreuves photographiques, ce dépôt brun de sulfure d'argent est très susceptible de se former dans le bain et sur l'image ; particulièrement lorsque la *température* est élevée. Pour l'éviter, observez les instructions suivantes : C'est surtout dans la réaction entre *le nitrate d'argent* et l'hyposulfite de soude que l'on voit le noircissement ; le chlorure et autres sels d'argent *insolubles* étant dissous jusqu'à saturation, sans qu'il ne se forme aucune décomposition de l' hyposulfite . Par conséquent, si l'impression est lavée à l'eau pour éliminer le nitrate soluble, un bain fixateur beaucoup plus faible que d'habitude peut être utilisé. Mais si les épreuves sont immédiatement retirées du cadre d'impression et immergées dans un bain d' hyposulfite dilué (une partie de sel pour six ou huit d'eau), on peut souvent observer *une nuance de brun* passer sur la surface de l'impression. , et un grand dépôt de sulfure d'argent se forme bientôt à la suite de la décomposition. En revanche, avec un bain d'hyposulfite fort , il y a peu ou pas de décoloration et le dépôt noir est absent.

L'impression doit également être laissée suffisamment longtemps dans le bain de fixage, sinon une certaine apparition de taches brunes, [18] visibles en lumière transmise, peut apparaître. Chaque atome de nitrate d'argent nécessite *trois* atomes d' hyposulfite de soude pour former le *double sel doux et soluble*, et par conséquent, si l'action ne se poursuit pas assez longtemps, il se formera un autre composé presque insipide et insoluble (p. 44). Même l'immersion dans un nouveau Bain d' Hyposulfite de Soude ne fixe pas l'empreinte une fois le stade jaune de décomposition établi. Ce sel jaune est insoluble dans l'hyposulfite de soude, et reste par conséquent dans le papier.

[18] L'auteur a remarqué que lorsque le papier sensible est *conservé pendant un certain temps* avant d'être utilisé pour l'impression, ces taches jaunes de fixation imparfaite sont très susceptibles de se produire. Le nitrate d'argent paraît peu à peu entrer en combinaison avec la matière organique de l'encollage du papier, et ne peut alors être extrait si facilement par le bain fixateur.

En fixant les empreintes par l'ammoniaque, l'auteur a constaté que la même règle peut être appliquée que dans le cas de l'hyposulfite de soude, à savoir. que si le processus n'est pas correctement exécuté, les parties blanches de l'impression apparaîtront *tachées* lorsqu'elles seront exposées à la lumière, à cause d'une partie de sel d'argent insoluble restant dans le papier. Les impressions imparfaitement fixées par l'ammoniac sont également généralement brunes et décolorées à la surface du papier.

Des indications plus exactes quant à la résistance du bain de fixation et au temps nécessaire au processus seront données dans la deuxième partie de l'ouvrage ; à l'heure actuelle, on peut seulement remarquer que le papier *albuminé*, à cause de la nature cornée de son revêtement superficiel, nécessite un traitement à l' hyposulfite plus long que le papier ordinaire.

LES SELS D'OR COMME AGENTS TONIFIANTS POUR TIRAGES PHOTOGRAPHIQUES.

Les Sels d'Or ont été appliqués avec succès à l'amélioration des tonalités obtenues par simple fixation de l'épreuve en Hyposulfite de Soude. Voici les principaux modes suivis : -

de M. Le Grey. — L'épreuve, après avoir été exposée à la lumière jusqu'à ce qu'elle devienne beaucoup plus foncée qu'elle ne devrait le rester, est lavée à l'eau pour éliminer l'excès de nitrate d'argent. Il est ensuite plongé dans une solution diluée de chlorure d'or, acidifiée par l'acide chlorhydrique. L'effet est de réduire considérablement l'intensité, et en même temps de changer les nuances sombres en une teinte violette ou bleutée. Après un second lavage à l'eau, l'épreuve est placée dans de l'hyposulfite de soude ordinaire, qui la fixe et en altère le ton en noir pur ou en bleu-noir, selon la manière de préparer le papier et le temps d'exposition à la lumière.

La *logique* du processus semble être la suivante : — le chlore, préalablement combiné avec l'or, passe au sel d'argent réduit ; il blanchit les nuances les plus claires, en les reconvertissant en protochlorure d'argent blanc, et donne aux autres une teinte violette plus ou moins intense selon la réduction. En même temps se dépose de l'Or métallique dont l'effet n'est pas visible à ce stade, puisque la même teinte violette est perçue lorsqu'on substitue au chlorure d'or une solution de chlore.

L' hyposulfite de soude employé ensuite décompose le sous-chlorure violet d'argent, et laisse à la surface une teinte noire, due à l'or et au sel d'argent réduit.

Le procédé de M. Le Grey est répréhensible en raison de la surimpression excessive qu'il nécessite. Ceci est cependant dans une large mesure évité par une modification du procédé dans lequel une *solution alcaline* au lieu d'une solution acide du chlorure est employée ; un grain de chlorure d'or est dissous dans environ six onces d'eau, auxquelles sont ajoutés vingt à trente grains de carbonate de soude commun. L'alcali modère la violence de l'action, de sorte que l'empreinte lavée à l'eau et immergée dans le bain d'or est moins réduite en intensité et n'acquiert pas le même bleu *d'encre*. Lors d'une fixation ultérieure dans l' hyposulfite, la teinte passe du violet au brun chocolat noir, qui est permanent.

Le Tétrathionate et l'Hyposulfite d'Or employés en tonifiant. — Après la découverte du mode de Le Grey, on a proposé, comme perfectionnement, d'ajouter du chlorure d'or à la solution fixatrice, de manière à éviter la nécessité d'utiliser deux bains. L'impression, dans ce cas, bien que considérablement assombrie, est moins réduite en intensité et la même quantité de surimpression n'est pas nécessaire. Les modifications chimiques qui s'ensuivent sont différentes de celles d'avant : elles peuvent être décrites comme suit :

Le chlorure d'or, ajouté à l'hyposulfite de soude, est converti en hyposulfite d'or, en tétrathionate d'or et (si le chlorure d'or est exempt d'excès d'acide) en un composé rouge contenant plus de métal que l'un ou l'autre des autres. , mais dont la nature exacte est incertaine. Chacun de ces trois sels d'or possède la propriété d'assombrir l'impression, mais pas dans la même mesure. L'activité est d'autant moins grande que la stabilité du sel est plus grande, et par conséquent le composé rouge, qui est si hautement instable qu'il ne peut être conservé plusieurs heures sans décomposer et précipiter l'or métallique, est beaucoup plus actif que l' hyposulfite d'or, qui, lorsqu'il est associé à un excès d' hyposulfite de soude, il est relativement permanent.

Lorsqu'on cherche à obtenir une coloration rapide , il conviendra donc d'ajouter au bain d' hyposulfite fixateur du chlorure d'or plutôt qu'une quantité équivalente de sel d'or ; et en versant un peu d'ammoniaque dans le chlorure d'or de manière à précipiter « l'or fulminant » [19] (composé qui se dissout dans l'hyposulfite de soude avec formation considérable de sel rouge instable), l'activité du bain sera favorisée.

[19] Lisez les observations sur les propriétés explosives de l'or fulminant dans le vocabulaire, partie III.

L'auteur explique ainsi l'action de ces sels d'or sur l'épreuve positive : ils sont instables et contiennent un excès de soufre vaguement combiné ; par conséquent, lorsqu'on le met en contact avec l'image, qui a une affinité pour le soufre, le composé existant est brisé, et il en résulte du sulfure d'argent, de l'acide sulfurique et de l'or métallique. Qu'il se forme une infime proportion de sulfure d'argent, cela paraît certain ; mais le changement doit être superficiel, car la stabilité de l'impression est très peu diminuée lorsque le procédé est correctement exécuté.

Sel Or utilisé comme agent tonifiant. — Ce procédé, qui a été communiqué au « Photographic Journal » par M. Sutton de Jersey, s'est avéré utile.

Les épreuves sont d'abord lavées dans de l'eau à laquelle on ajoute un peu de chlorure de sodium, pour décomposer le nitrate d'argent libre. Ils sont ensuite immergés dans une solution diluée de « Sel d'or », ou hyposulfite double d'or et de soude, qui change rapidement la teinte du rouge au violet sans détruire aucun des détails ou des nuances plus claires. Enfin, l' hyposulfite de soude est employé pour fixer l'empreinte de la manière habituelle.

Ce processus diffère théoriquement du précédent sur certains points importants. La solution tonifiante est appliquée sur l'épreuve *avant la fixation* , ce dont l'expérience s'avère avoir une influence importante sur le résultat, car il a été constaté que lorsque l'épreuve est préalablement traitée par de l'hyposulfite de soude, la rapidité du dépôt de l'or est perturbée. ; — ainsi, une solution diluée de Sel d'or colore rapidement une impression, mais si à ce même liquide on ajoute quelques cristaux d' hyposulfite de soude, l'image devient rouge et peut être conservée dans le bain pendant relativement longtemps sans acquérir les tons violets.

De même que l'hyposulfite de soude en excès diminue l'action du sel d'or, de même l'addition d'un acide l'augmente. L'acide ne précipite pas *le soufre*, comme on pourrait s'y attendre d'après la connaissance de la réaction de l'hyposulfite avec les corps acides (p. 137), mais il favorise la réduction de l'or métallique. C'est pourquoi il est habituel d'ajouter un peu d'acide chlorhydrique à la solution tonifiante de Sel d'or, pour augmenter la rapidité et la perfection du processus de coloration .

LES CONDITIONS QUI AFFECTENT L'ACTION DU BAIN FIXATEUR ET TONIQUE D'OR ET D'HYPOSULFITE DE SOUDE.

Bien que le procédé de tonification des Positifs par Sel d'or soit très certain dans ses résultats et donne de bonnes teintes, cependant, comme impliquant une dépense de temps et de peine un peu plus grande, il n'est pas actuellement universellement adopté. Il a été prouvé que le plan ordinaire de fixation et de tonification dans un seul bain donne des impressions permanentes si les précautions appropriées sont observées, mais il est tout à fait nécessaire, pour garantir le succès, que les conditions par lesquelles son action est modifiée soient comprises. Les plus importants d'entre eux sont les suivants : -

un. *Le ÂGE du Bain.* — Lorsqu'on ajoute du chlorure d'or à l'hyposulfite de soude, il se produit plusieurs sels instables qui se décomposent en se gardant. La solution est donc très active pendant les premiers jours après le mélange ; mais au bout de quelques semaines ou mois, s'il n'est pas utilisé, il devient presque inerte, un dépôt rougeâtre d'or se formant d'abord, et finalement un mélange de soufre noir, d'argent et de soufre, dont le premier adhère souvent aux parois du substrat. flacon à lames denses et brillantes .

Lorsque le Bain est constamment utilisé, il y a une perte d'Or, qui, bien que moins perçue qu'elle ne le serait autrement, du fait qu'il se forme des principes sulfurants (voir page suivante) capables de remplacer l'Or comme agents tonifiants. mais cela rend le bain plus lent, ce qui nécessite une surimpression.

b. *Présence de nitrate d'argent libre à la surface de l' épreuve.* — Cela produit un effet accélérateur, comme on peut le constater en trempant l'empreinte dans du sel et de l'eau, pour convertir le nitrate en chlorure d'argent ; l'action se déroule alors plus lentement.

Le Nitrate d'Argent libre augmente l'instabilité des sels d'Or ; mais s'il est présent en trop grand excès, il est susceptible de causer une décomposition de l'hyposulfite d'argent, et par conséquent un jaunissement des parties blanches de l'épreuve. Il est donc particulièrement recommandé de laver l'impression à l'eau avant de la plonger dans le Bain fixateur et tonifiant.

c. *Température de la solution.* — Par temps froid, le thermomètre étant entre 32° et 40°, le Bain fonctionne plus lentement que d'habitude ; alors qu'en plein été, et surtout dans les climats chauds, cela devient parfois tout à fait ingérable. La meilleure température pour un fonctionnement réussi semble être d'environ 60° à 65° Fahrenheit ; si la valeur est supérieure, les solutions doivent être utilisées de manière plus diluée.

d. *Ajout d'Iodure d' Argent.* — Certains opérateurs associent l'iodure au chlorure dans la préparation du papier sensible pour l'impression. Une autre source des mêmes sels est le mélange d'une partie du bain fixateur utilisé pour les négatifs avec la solution tonifiante positive. La présence d'iodures dans les bains fixateurs et tonifiants est nuisible : lorsqu'ils sont en grand excès, ils dissolvent l'image, ou produisent des taches jaunes d'iodure d'argent sur les lumières ; en plus petite quantité, le dépôt de l'or est gêné et l'action se déroule plus lentement. Les bromures et les chlorures n'ont pas le même effet.

e. *Mode de préparation du papier.* — La rapidité du virage varie avec des causes indépendantes du bain : ainsi, les épreuves sur papier ordinaire sont teintées plus rapidement que les épreuves sur papier albuminé, et l'emploi de papier anglais encollé à la gélatine retarde l'action. Les papiers étrangers rendus sensibles avec le ton Ammonio -Nitrate sont les plus rapides.

Sur certains états du Bain fixant et tonifiant qui sont préjudiciables aux épreuves. — Le but de l'emploi du bain d'hyposulfite est de fixer l'épreuve et de la tonifier au moyen de l'or. Mais c'est un fait familier au chimiste photographe, que les positifs peuvent aussi être tonifiés par une action sulfurante, et que les couleurs ainsi obtenues ne sont pas très différentes de celles qui résultent de l'emploi de l'or. [20] Or l' hyposulfite de soude est une substance qui peut être très facilement amenée à céder du soufre à tout corps qui possède une affinité pour cet élément, et comme le composé d'argent réduit dans l'impression a une telle affinité, il y a toujours une tendance à l'absorption du soufre lorsque les épreuves sont immergées dans le bain. Par conséquent, dans de nombreux cas, un procédé de coloration au soufre est mis en place, et comme l'image en est améliorée en apparence, perdant sa couleur rouge brique et prenant une teinte pourpre, ce procédé fut d'abord adopté par les photographes. L'expérience a cependant montré que les couleurs ainsi éclaircies sont moins permanentes que les autres et sont susceptibles de s'estomper si elles ne sont pas parfaitement sèches. Le procédé sera donc abandonné par tous les opérateurs prudents, et le but sera d'éviter autant que possible la sulfuration. Cela peut être fait dans une large mesure et, lorsque le bain est correctement géré, les impressions seront presque entièrement teintées d'or et seront, avec soin, permanentes.

[20] Pour un compte rendu plus détaillé du processus de tonification par Sulphur, voir la troisième section de ce chapitre, page 145 . L'instabilité des empreintes sulfurées est montrée dans la quatrième section.

Certaines des conditions qui facilitent une action de sulfuration sur la preuve sont les suivantes :

un. *L'ajout d'un acide au bain.* — Il était autrefois courant d'ajouter quelques gouttes d'acide acétique au bain fixateur d' hyposulfite de soude, immédiatement avant d'immerger les épreuves. Le bain prend alors un aspect opalescent au bout de quelques minutes, et, lorsque ce laitage est perceptible, l'impression commence à se *tonifier* rapidement et devient presque noire.

Les changements chimiques produits dans un bain d'hyposulfite par addition d'acide peuvent s'expliquer ainsi : L'acide déplace d'abord le faible acide hyposulfureux de sa combinaison avec la soude.

Acide acétique   + hyposulfite .

= Acétate de soude + hyposulfureux .

Alors l' acide hyposulfureux , *n'étant pas une substance stable lorsqu'il est isolé* , commence spontanément à se décomposer et se divise en acide sulfureux , qui reste dissous dans le liquide, communiquant l' odeur caractéristique du soufre brûlé, et en *soufre* , qui se sépare dans un état finement divisé. et forme un dépôt laiteux. [21]

[21] D'après le Vocabulaire, Partie III, on verra que le chlorure d'or commercial contient habituellement de *l'acide chlorhydrique libre* ; il se produit donc un dépôt considérable de soufre en l'ajoutant à la solution d'hyposulfite , et le liquide ne doit pas être utilisé immédiatement.

Observez donc que les acides libres de toutes sortes doivent être exclus du bain de fixation, ou, s'ils sont ajoutés par inadvertance, le liquide doit être mis de côté pendant quelques heures jusqu'à ce que l' acide hyposulfureux se soit décomposé, et que le soufre se soit déposé au fond, le bain. a retrouvé son état neutre d'origine. [22]

[22] Le lecteur chimique comprendra la décomposition de l'acide hyposulfureux libre par l' équation suivante :— $S_2O_2 = SO_2$ et S.

b. *Décomposition du bain par utilisation constante.* — On sait depuis longtemps qu'une solution d' hyposulfite de soude subit un changement particulier dans ses propriétés lorsqu'elle est beaucoup utilisée pour la fixation. Lors de sa première préparation, il laisse l'image d'un ton rouge, couleur caractéristique du sel d'argent réduit, mais acquiert bientôt la propriété d'assombrir cette couleur rouge par une communication ultérieure de soufre. Ainsi un simple Bain fixateur devient enfin un bain actif tonifiant, sans aucun ajout d'Or.

Ce changement de propriétés sera expliqué plus en détail dans le résumé des recherches de l'auteur donné dans la section suivante (p. 156). Nous remarquons seulement aujourd'hui qu'elle est due principalement à une réaction entre le nitrate d'argent et l'hyposulfite de soude, accompagnée de décomposition de l'hyposulfite d'argent (p. 130) ; et donc, si les empreintes sont lavées à l'eau avant immersion dans le bain, la solution sera moins rapidement susceptible de changer.

De nombreux opérateurs affirment que le bain tonifiant ayant d'abord été préparé avec du chlorure d'or, aucun ajout supplémentaire de cette substance ne sera nécessaire. Ceci est sans doute exact, mais dans ce cas les épreuves seront enfin plus toniques par le Soufre que par l'Or, et n'auront pas la même stabilité ; on constatera également, après une longue utilisation, que le bain acquiert une réaction *acide distincte* avec le papier test, l'acidité étant due à un principe particulier généré par la décomposition de l'hyposulfite d'argent, et qui s'avère avoir une action nuisible sur l'impression (p.158). Pour éviter cela, la solution doit être maintenue *neutre par rapport au papier test* au moyen d'une goutte d'ammoniaque, si nécessaire ; et quand il commence à s'épuiser et ne tonifie pas (rapidement) une impression dont le nitrate d' argent libre a été enlevé par le lavage, il faut ajouter une nouvelle quantité de chlorure d'or.

c. *Tétrathionate dans l' hyposulfite Bain.* — L'Auteur a montré que les Tétrathionates, qui sont analogues aux Hyposulfites , ont une action sulfurante active sur les empreintes positives (voir les articles de la section suivante). De très belles couleurs peuvent être obtenues de cette manière ; mais la tonification par le soufre s'étant révélée fausse en principe, les formules données dans les deux premières éditions de cet ouvrage ont été omises. [23]

[23] La préparation d'un bain tonifiant au Tétrathionate, sans Or, est décrite dans la section suivante, mais elle n'est pas recommandée pour une utilisation pratique.

Les corps qui produisent du tétrathionate lorsqu'ils sont ajoutés à une solution d' hyposulfite de soude, et qui sont par conséquent inadmissibles dans le processus de tonification, sont les suivants :— Iode libre, perchlorure de fer, chlorure de cuivre, acides de toutes sortes (dans ce dernier cas, le l'acide sulfureux produit d'abord de l'acide sulfureux, et l' acide sulfureux , s'il est présent en n'importe quelle quantité, en réagissant sur l'hyposulfite de soude, forme du tétrathionate et du trithionate de soude).

Le chlorure d'or produit également un tétrathionate mixte d'or et de soude lorsqu'il est ajouté au bain fixateur (p. 133) ; mais comme la quantité de chlorure employée est petite, les empreintes sont beaucoup moins sulfurées que dans le cas des bains tonifiants préparés par le tétrathionate sans or.

SECTION III.

Les recherches de l'auteur en impression photographique.

Après avoir mené depuis longtemps des expériences sur la composition et les propriétés de la matière réduite formant l'image photographique, et notamment en vue de déterminer les conditions exactes dans lesquelles l'image peut être considérée comme permanente, l'auteur a cru opportun de donner les résultats de ces recherches sous la forme d'un résumé des articles originaux lus lors des réunions de la Photographic Society.

Une lecture préalable de ces articles mettra le lecteur en possession des principaux faits sur lesquels sont fondées les précautions conseillées dans la section suivante pour la conservation des épreuves photographiques. Afin de maintenir l'ouvrage aussi près que possible dans ses limites originales, et également dans le but de distinguer la présente section des autres, car elle se réfère principalement à des détails scientifiques, le type a été réduit à la taille de celui utilisé dans le Annexe.

SUR LA COMPOSITION CHIMIQUE DE L'IMAGE PHOTOGRAPHIQUE.

La détermination de la nature chimique de l'image photographique sous ses diverses formes est un point de grande importance, à la fois comme indication des conditions requises pour la conservation des œuvres d'art de cette classe, et aussi comme guide pour l'expérimentateur dans la sélection des corps susceptibles d'être conservés. avoir un effet comme agents chimiques en photographie.

Il a été déclaré par certains qui ont prêté attention au sujet que l'image est formée dans tous les cas d'argent métallique pur et que toutes les variations observables dans sa couleur et ses propriétés sont dues à une différence dans la disposition moléculaire des particules. . Mais cette hypothèse, bien qu'elle comporte beaucoup de choses exactes, ne contient cependant pas toute la vérité, car il est évident que les propriétés chimiques de l'image photographique ne ressemblent souvent pas à celles d'un métal. Une photographie peut aussi différer essentiellement d'une autre, de sorte qu'on est amené à inférer l'existence de deux variétés, dont la première est moins de nature métallique que la seconde.

En étudiant le sujet, le point principal semblait être d'examiner l'action de la lumière sur le chlorure d'argent, et ensuite d'associer le chlorure à la matière organique afin d'imiter les conditions dans lesquelles les photographies sont obtenues.

Ce qui suit est un résumé des conclusions auxquelles nous sommes parvenus : -

Action de la lumière sur le chlorure d' argent. — Le procédé s'accompagne d'une séparation du chlore, mais son produit n'est pas un simple mélange de chlorure d'argent et d'argent métallique ; s'il en était ainsi, nous ne pouvons pas supposer que l'assombrissement aurait lieu sous la surface de l'acide nitrique, ce qui se produit. Un certain sous-chlorure d'argent semble se former, dont la propriété la plus importante est sa décomposition par des agents fixateurs, tels que l'ammoniac et l' hyposulfite de soude, qui détruisent tous deux la couleur violette , dissolvant le protochlorure d'argent et laissant un petit quantité d'un résidu gris d'Argent métallique.

Dans la mesure donc où toutes les images photographiques nécessitent une fixation, nous pouvons conclure que si elles pouvaient être réalisées sur du chlorure d'argent pur et isolé (ce qui n'est cependant pas le cas), elles seraient uniquement constituées d'argent métallique.

Décomposition des sels organiques d'argent par la lumière. — Les composés de l'oxyde d'argent avec des corps organiques sont en général assombris par l'exposition à la lumière, mais le procédé ne consiste pas toujours en une simple réduction à l'état métallique. Cette affirmation est prouvée par l'emploi des tests suivants.

un. *Mercure.* — Il se produit peu ou pas d'amalgame en triturant le sel noirci avec ce métal.

b. *Ammoniac et agents fixants.* — Ceux-ci ne produisent généralement qu'une quantité limitée d'action. Ainsi l'albuminate de protoxyde d'argent est parfaitement soluble dans l'ammoniaque ; mais après avoir été rougi par l'exposition à la lumière, il n'est que peu ou point affecté.

c. *Potasse.* — Les matières animales coagulées par le nitrate d'argent et réduites par les rayons du soleil sont dissoutes par la potasse bouillante, la solution étant claire et de couleur rouge sang . On suppose que l'argent métallique, s'il est présent, resterait insoluble.

d. Eau *bouillante* . — La gélatine traitée au nitrate d'argent et exposée à la lumière perd sa propriété caractéristique de se dissoudre dans l'eau chaude. Cette expérience est concluante.

Les faits ci-dessus nous autorisent à supposer l'existence de combinaisons de matière organique avec un faible oxyde d'argent ; et l'analyse indique en outre que la proportion relative de chaque constituant dans ces composés peut varier. Par exemple, lorsque le citrate d'argent est réduit par la lumière et traité avec de l'ammoniaque, il reste une poudre noire qui contient jusqu'à 95 pour cent d'argent véritable ; mais l'albuminate d'argent, traité de la même manière, donne à l'analyse moins d'argent métallique et plus de matière volatile et carbonée.

L'utilisation d'*Ammonio*-Nitrate d'Argent dans la préparation du sel tend également à augmenter la quantité relative de métal restant dans le composé après réduction et fixation. La durée pendant laquelle la lumière a agi a aussi un effet modificateur du même genre, le produit de la réduction par une lumière puissante étant plus près de l'état de métal, et contenant moins d'oxygène et de matière organique.

Action de la Lumière sur le Chlorure d'Argent associé à la matière organique. — Les photographies formées sur du chlorure d'argent seul seraient, après fixation, constituées d'argent métallique, mais un tel procédé ne pourrait pas être effectué en pratique. L'ajout de matière organique est absolument nécessaire afin d'augmenter la sensibilité, et d'éviter que l'image ne se dissolve dans le Bain d'Hyposulfite de Soude. Le sous-chlorure bleu d'argent se décompose par fixation, une très faible proportion d'argent métallique gris restant insoluble ; mais le composé rouge du sous-oxyde d'argent avec la matière organique n'est presque pas affecté par l'hyposulfite de soude ou l'ammoniaque.

L'augmentation de sensibilité et d'intensité produite par l'utilisation de la matière organique s'accompagne également d'un changement dans la composition du tableau ; l'image perd le caractère métallique qu'elle possède lorsqu'elle est formée sur du chlorure d'argent pur, et ressemble en tous points au produit de l'action de la lumière sur des sels organiques d'argent.

Il existe certains tests caractéristiques qui peuvent être utiles pour distinguer l'image métallique de ce que l'on peut appeler l'image organique ou non métallique. L'un de ces tests est le cyanure de potassium. Une image formée sur du chlorure d'argent pur, quoique pâle et faible, peut, après fixation, être immergée dans une solution diluée de cyanure de potassium sans dommage. Mais une photographie sur du chlorure d'argent supporté par une base organique est fortement influencée par le cyanure de potassium, perdant rapidement ses détails les plus fins.

Un deuxième test est l'hydrosulfate d'ammoniaque. Si aucune matière organique n'est employée, l'image devient plus sombre et plus intense par traitement avec un sulfure soluble ; tandis que l'image non métallique, formée sur une surface organique, est rapidement blanchie et décolorée. L'action du

Soufre sur l'image est en effet un moyen de déterminer la quantité réelle d'Argent présente. Lorsqu'il existe en couche très finement divisée, le sulfure d'argent apparaît souvent jaune ; mais dans une couche plus épaisse, il est noir. Ainsi, la couleur de la photographie, après traitement à l'hydrogène sulfuré, est une indication de la proportion de métal présent, et la raison pour laquelle l'image organique s'estompe si parfaitement est qu'elle contient un minimum d'argent par rapport à l'intensité. On voit donc que l'addition de matière organique au chlorure d'argent n'augmente pas tant la quantité réelle d'argent réduite par la lumière, qu'elle ajoute à son opacité en associant d'autres éléments à l'argent, et en modifiant complètement la composition de l'argent. image.

L'emploi d' *agents oxydants* montre aussi que dans un procédé photographique ordinaire par l'action directe de la lumière, d'autres éléments que l'argent aident à former l'image : les images se révèlent facilement susceptibles d'oxydation, tandis que l'image métallique formée sur du chlorure de sodium pur. L'argent résiste à l'oxydation.

Composition de DÉVELOPPÉ *images*. — En exposant à la lumière des couches sensibles d'iodure, de bromure et de chlorure d'argent pendant une courte période seulement, et en les développant ensuite avec de l'acide gallique, de l'acide pyrogallique et des protosels de fer, on peut obtenir une variété d'images. qui diffèrent sensiblement les uns des autres dans tous les détails importants, et dont une comparaison aide à déterminer le point en litige.

L'apparence et les propriétés de la photographie développée varient en fonction de l'existence des conditions suivantes.

1er. *La surface utilisée pour soutenir la couche sensible*. — Il y a une particularité dans l'image formée sur *Collodion* . Le collodion contient de la pyroxyline , une substance qui se comporte envers les sels d'argent d'une manière différente de celle de la plupart des corps organiques, ne montrant aucune tendance à favoriser leur réduction par la lumière. C'est pourquoi le chlorure d'argent sur le collodion s'assombrit beaucoup plus lentement que le même sel sur l'albumine, et l'image, après fixation, est faible et métallique. L'iodure d'argent sur collodion, exposé et développé, donne ordinairement une image plus métallique, avec moins d'intensité, que l'iodure d'argent sur albumine, ou sur papier encollé avec de la gélatine . En ajoutant au Collodion un corps ayant une affinité pour les faibles oxydes d'Argent, comme par exemple la Glycyrrhizine , l'opacité de l'image développée est augmentée.

2ème. *La nature du sel sensible*. — Lorsqu'on emploie de l'iodure d'argent pour recevoir l'impression latente, l'image après développement, bien que manquant d'intensité de couleur par la lumière réfléchie, est plus proche de l'état de l'argent métallique que si l'on y substituait du bromure ou du chlorure d'argent ; et des trois sels, le chlorure donne le plus d'intensité, avec la moindre quantité d'argent métallique. Cette règle s'applique surtout lorsque des matières organiques, Gélatine, Glycyrrhizine, etc., sont présentes.

3ème. *L'agent de développement employé*. — On peut s'attendre à ce qu'un agent de développement organique comme l'acide pyrogallique produise une image de collodion plus intense, mais moins métallique, qu'un révélateur inorganique, tel que le protosulfate de fer.

4ème. *La durée pendant laquelle la lumière a agi*. — L'action excessive de la lumière favorise la production d'une image sombre par réflexion et brune ou rouge par transmission, correspondant en ces points à ce qu'on peut appeler l'image non métallique contenant un oxyde d'argent.

5ème. *Le stade du développement*. — L'image rouge formée d'abord par l'application du révélateur sur une surface gélatinisée ou albuminisée d'iodure d'argent est moins métallique et plus facilement endommagée par les essais destructifs que l'image noire, qui est le résultat d'une action prolongée. Les photographies développées, qui sont d'une couleur rouge vif après fixation, correspondent en propriétés aux images obtenues par l'action directe de la lumière sur du papier préparé avec du chlorure d'argent, plus près qu'au collodion, ou même à des négatifs talbotypes pleinement développés.

Pour conclure cet article, on peut proposer ce qui suit à titre de récapitulation : — Une image composée d'argent métallique, en règle générale, réfléchit la lumière blanche et apparaît comme un positif lorsqu'elle est posée sur du velours noir ; mais une image organique non métallique est sombre et représente les ombres d'une image. Les positifs au collodion développés avec des protosels de fer sont presque ou complètement métalliques. Les photographies sur Albumine ou Gélatine le sont moins que celles sur Collodion. Les photographies développées contiennent plus d'argent que les autres, si le développement a été prolongé. Les demi-ombres de l'image dans une impression positive sont particulièrement susceptibles de souffrir dans des conditions préjudiciables, car elles contiennent l'argent dans un état de réduction moins parfait. [24]

[24] L'auteur omet ici toute mention des conditions moléculaires affectant l'intensité, dans la mesure où à l'heure actuelle rien de positif n'a été déterminé à leur sujet. On sait cependant que lors de l'utilisation des protosels de fer comme agents de développement, l'apparence de l'image est très influencée par la rapidité avec laquelle la réduction est effectuée - les particules d'argent étant plus grosses et plus métalliques lorsque le développement est effectué lentement. . Le procédé d'électrodéposition et d'autres opérations chimiques du même genre prouvent que les propriétés physiques des métaux précipités des solutions de leurs sels varient considérablement avec le degré de finesse et la disposition de leurs particules.

SUR LES DIVERSES AGENCES DESTRUCTIVES AUX TIRAGES PHOTOGRAPHIQUES.

Action des composés sulfurés sur les impressions positives. — MTA Malone a remarqué pour la première fois que la photographie la plus intense pouvait être détruite en agissant dessus avec une solution d'hydrogène sulfuré ou un sulfure soluble pendant un temps suffisant.

Les changements produits par un composé sulfurant agissant sur l'image rouge d'une impression simplement fixée sont les suivants : la couleur est d'abord obscurcie, et un certain degré de brillant lui est conféré ; c'est l'effet appelé « tonifiant ». Ensuite, la teinte chaude se transforme peu à peu en une teinte plus froide, l' *intensité* de l'ensemble de l'image diminue et les demi-teintes jaunissent. Enfin les ombres pleines passent aussi du noir au jaune, et l'impression s'estompe.

Or, dans cette réaction particulière, nous remarquons les points d'intérêt suivants. Si, à l'étape particulière où l'empreinte a atteint son maximum de noirceur, on la soulève partiellement hors du liquide et on la laisse se projeter dans l'air, la partie ainsi traitée devient jaune avant celle qui reste immergée. De même, si une impression teintée au soufre est placée dans une casserole d'eau pour être lavée, après plusieurs heures, elle est susceptible de prendre un aspect décoloré dans les demi-teintes. Les ombres pleines, dans lesquelles le sel d'argent réduit est plus épais et plus abondant, conservent plus longtemps leur couleur noire, mais si l'action du bain sulfurant se continue, chaque portion de l'empreinte devient jaune.

Ces faits prouvent que *l'oxygène* a une influence en accélérant l'action destructrice des composés soufrés sur les épreuves positives ; et cette idée est confirmée par les résultats d'expériences ultérieures, car on a constaté que l'hydrogène sulfuré humide n'a que peu ou pas d'effet pour assombrir la couleur lorsque toute trace d'air est exclue. Lorsque les tirages sont lavés dans l'eau, ils sont exposés à l'influence de l'air dissous que l'eau contient toujours, et c'est ainsi que se produit le changement du noir au jaune. [25]

[25] D'autres remarques sur l'action de l'air humide sur les positifs teintés par le soufre sont données à la p. 153 .

Il existe des substances qui facilitent la dégénérescence jaune des Positifs tonifiés par le Soufre, dont la connaissance sera utile : ce sont : 1° les oxydants puissants, tels que le chlore, le permanganate de potasse et l'acide chromique ; ceux-ci, même fortement dilués, agissent avec une grande rapidité : 2° les corps qui dissolvent l'oxyde d'argent, comme les cyanures solubles, les hyposulfites, l'ammoniaque ; aussi *des acides* de diverses sortes, d'où la fréquence des empreintes jaunes des doigts sur les anciennes empreintes sulfurées, qui sont probablement causées par une trace d'acide organique (lactique ?) laissée par le contact de la main chaude.

On a cru autrefois que la Photographie, au stade où elle apparaît *noircie* par le Soufre, était constituée de Sulphure d'Argent, et que ce Sulphure noir devenait jaune par absorption d'Oxygène et conversion en Sulfate. MM. Davanne et Girard, qui examinèrent le sujet, pensèrent qu'il pouvait y avoir deux formes isomères du sulfure d'argent, une forme noire et une forme jaune ; le premier passant graduellement dans le second produisait l'effacement de l'impression. Mais aucune de ces opinions n'est correcte ; car il est prouvé par une expérience minutieuse que le sulfure d'argent est un composé très stable, peu sujet à s'oxyder, et de plus, que le changement de couleur du noir au jaune n'a aucun rapport avec une modification de ce sel. La vérité semble être que l'image, lorsqu'elle est au stade noir, contient d'autres éléments que le soufre et l'argent, mais lorsqu'elle est devenue jaune par l'action continue du composé sulfurant, elle est alors un véritable sulfure.

Permanence comparée des Photographies sous l'action du Soufre. — Les positifs *développés*, en règle générale, résistent mieux que ceux imprimés par exposition directe à la lumière ; mais beaucoup dépend de la nature du processus négatif suivi ; et par conséquent aucune déclaration générale ne peut être faite qui ne soit pas sujette à de nombreuses exceptions. Le mode de conduite du développement ne doit pas être négligé. Les empreintes, qui deviennent très rouges dans le bain fixateur d'hyposulfite, par suite de l'arrêt trop précoce de l'action du révélateur, sont souvent sulfurées et détruites encore plus facilement qu'une empreinte solaire vigoureuse obtenue par exposition directe à la lumière.

Un point encore plus important est *la nature de la surface sensible* qui reçoit l'image latente. C'est l'empreinte *développée sur l'Iodure d'Argent* qui résiste particulièrement à la sulfuration. Dans ce cas, non seulement l'effet tonifiant préliminaire du Soufre est plus lent que d'habitude, mais l'impression ne peut pas être atténuée par la poursuite de l'action. Il perd beaucoup de son éclat et diminue en intensité, mais il n'est pas complètement détruit au point de devenir inutile. La raison en est, comme indiqué dans le dernier article, que les épreuves Talbotype contiennent la plus grande quantité d'argent dans l'image.

L'emploi de l'or dans la tonification ne rend pas une empreinte solaire ordinaire aussi permanente qu'un positif développé sur de l'iodure d'argent. Les ombres profondes de l'image sont protégées par l'or, mais les nuances plus claires ne sont pas aussi parfaitement protégées. Ainsi, après que le Soufre a agi, à la place de l'aspect universel jaune et délavé présenté par la simple impression non tonique, le Positif entièrement teinté par l'Or a des ombres noires avec des demi-teintes jaunes. Par conséquent, tout en recommandant l'utilisation de l'or comme agent tonifiant, il ne semble pas conseillé d'insister trop sur son rôle de préservateur de l'action destructrice du soufre.

Exposition d'empreintes positives à une atmosphère sulfureuse. — En testant l'action d'une solution d'hydrogène sulfuré sur des positifs en papier, il n'a pas semblé que les conditions dans lesquelles les épreuves étaient placées ressemblaient suffisamment au cas des positifs exposés à une atmosphère contaminée par d' *infimes traces* de gaz ; et cela d'autant plus qu'on sait que l'hydrogène sulfuré *sec* a relativement peu d'effet sur les épreuves photographiques.

Les expériences ont donc été répétées sous une forme quelque peu différente. Un certain nombre de positifs (environ trois douzaines), imprimés de diverses manières, étaient suspendus dans une vitrine en verre mesurant 2½ pieds sur 21 pouces et contenant 7½ pieds cubes d'air ; dans lequel on introduisait de temps à autre quelques bulles d'hydrogène sulfuré, juste assez pour que l'air de la chambre sente perceptiblement le gaz. Une plaque de daguerréotype polie était accrochée au centre , pour servir de guide au déroulement de l'action de sulfuration.

Le deuxième jour, la plaque métallique avait acquis une légère teinte jaune, difficilement visible sauf dans certaines positions ; mais les positifs n'ont pas été affectés. Au bout de trois jours, la majorité des images ne présentaient aucun signe de changement, mais quelques épreuves sans tons, de couleur rouge pâle , dont certaines avaient été imprimées par développement et d'autres par exposition directe à la lumière, s'étaient sensiblement assombries.

Au bout du huitième jour, l'action, paraissant progresser plus lentement qu'au début, fut arrêtée et les empreintes enlevées. Les résultats généraux obtenus étaient les suivants : -

La plaque du daguerréotype était fortement ternie par une pellicule de sulfure d'argent, qui apparaissait brun jaunâtre dans certaines parties et bleu acier dans d'autres. Les positifs étaient en général légèrement plus froids, mais beaucoup d'entre eux n'avaient pratiquement pas changé.

Aucune différence évidente n'a été observée entre les épreuves développées sur du papier préparé avec du chlorure d'argent et les autres imprimées par exposition directe à la lumière ; mais dans tous les cas les épreuves obtenues par les procédés qui donnent une image très rouge après fixage, furent les premières à montrer le changement de couleur dû à la sulfuration, les épreuves soumises à l'épreuve ayant toutes été préalablement teintées à l'Or.

Effet des agents oxydants sur les épreuves positives . — Il a paru important de vérifier dans quelle mesure les épreuves photographiques sont susceptibles d'oxydation ; en raison des influences atmosphériques auxquelles ils sont nécessairement exposés. En expérimentant sur ce sujet, les résultats suivants ont été obtenus.

Les oxydants puissants détruisent rapidement les impressions positives ; l'action commence généralement aux coins et aux bords du papier, ou à tout point isolé, tel qu'un point métallique ou une particule de matière étrangère, qui peut servir de centre d'action chimique. Ce même fait se remarque souvent dans l'évanouissement des Positifs par une longue conservation, et donc comme d'autres actions destructrices (à l'exception de celle du Chlore) ne paraissent pas suivre la même règle, c'est un argument en plus d'autres qui peuvent être On a avancé que les tirages photographiques sont fréquemment détruits par oxydation.

L'air ozonisé par *le* phosphore, et dans lequel le papier de tournesol bleu rougit, blanchit rapidement l'image positive. L'oxygène gazeux, obtenu par décomposition voltaïque de l'eau acidifiée et qui doit contenir de l'ozone, ne semble pas avoir un effet égal, l'action étant relativement légère, ou tout à fait insuffisante.

Le peroxyde d'hydrogène obtenu en solution, et en conjonction avec l'acétate de baryte, en ajoutant du peroxyde de baryum pour diluer l'acide acétique, [26] blanchit le papier positif noirci ; mais l'effet est lent et ne se produit pas dans une mesure très sensible si le liquide est maintenu alcalin sur le papier-test.

[26] L'acide chlorhydrique, qui est habituellement recommandé à la place de l'acide acétique, ne peut pas être employé dans cette expérience ; cela semble provoquer une libération de chlore libre, qui blanchit instantanément l'impression.

L'acide nitrique appliqué sous forme concentrée agit immédiatement sur la surface assombrie, blanchissant chaque partie de l'impression à l'exception des ombres bronzées, qui conservent généralement une légère couleur résiduelle . Une solution d'acide chromique est encore plus active. Ce liquide peut être utilement appliqué pour distinguer les impressions toniques au soufre des autres empreintes toniques à l'or ; la présence d'or métallique protégeant dans une certaine mesure les ombres du tableau de l'action de l'acide. La solution doit être préparée comme suit : -

Bichromate de Potasse   6 céréales.

Acide sulfurique fort   4 minimes.

Eau   12 onces.

Une solution de permanganate de potasse est un destructeur énergétique des positifs en papier ; et, comme il s'agit d'une substance neutre, elle peut être utilisée commodément pour tester la capacité relative de résistance à l'oxydation de différentes épreuves photographiques. La solution doit être diluée, d'une teinte rose pâle, et les positifs doivent être déplacés de temps en temps, car le premier effet est de décolorer une grande partie du liquide, le permanganate oxydant l'encollage et le tissu organique du papier. Après une immersion de vingt minutes à une demi-heure, variable selon le degré de dilution, les demi-teintes du tableau commencent à s'éteindre et les ombres pleines deviennent plus foncées ; les parties bronzées de l'impression résistent plus longtemps à l'action, mais enfin l'ensemble est changé en une image jaune ressemblant beaucoup en apparence à la photographie fanée par le soufre.

Permanence comparée des Photographies traitées au Permanganate de Potasse. — Les tirages développés préparés par un procédé Négatif résistent mieux à l'action que les autres. Mais à cette règle il y a des exceptions ; cela dépend beaucoup du temps d'exposition à la lumière et de la mesure dans laquelle le développement est effectué. Les épreuves qui, exposées pendant une courte période, puis fortement développées, deviennent sombres en couleur et vigoureuses en contour, sont plus permanentes que d'autres qui, ayant été surexposées et sous-développées, perdent leur couleur sombre et deviennent rouges et relativement s'évanouir dans le bain fixateur d'hyposulfite .

Les positifs développés sur une surface de *chlorure* d'argent sur du papier ordinaire ne résistent pas aussi parfaitement à l'action oxydante que ceux sur l'iodure d'argent. Les impressions développées sur du papier préparé avec du Sérum de Lait contenant de la Caséine résistent mieux que celles sur du papier ordinaire.

Parmi les épreuves obtenues par le procédé ordinaire d'exposition directe à la lumière, celles sur papier ordinaire sont les premières à s'estomper, l'action oxydante étant plus visible sur les *demi-teintes* . L'utilisation de *l'albumine* donne un grand avantage. Les impressions développées sur albumine sont bien meilleures que celles sur papier ordinaire ; et même les épreuves solaires albuminées sont moins endommagées par le permanganate que les meilleures épreuves négatives préparées sans albumine. La caséine a le même effet, mais dans une moindre mesure ; et comme le sérum de lait contient presque invariablement de la caséine non coagulée , son efficacité s'explique ainsi.

La manière de tonifier l'impression est un point important ; sulfuration préalable dans un ancien bain d'hyposulfite facilitant toujours l'action oxydante.

Action du chlore sur les impressions positives. — Une solution aqueuse de chlore détruit l'image photographique, la changeant d'abord en une teinte violette (probablement du sous-chlorure), puis l'effaçant par conversion en chlorure d'argent blanc. L'impression, quoique invisible, reste dans le papier, et peut se développer sous forme de sulfure d'argent jaune ou brun par l'action de l'hydrogène sulfuré. Il devient également visible lors de l'exposition à la lumière et prend une intensité considérable si le papier est préalablement brossé avec du nitrate d'argent libre. Le sulfate de fer ne produit aucun effet sur l'image invisible du chlorure d'argent ; mais l'acide gaulois ou pyrogallique, rendu alcalin par la potasse, le convertit en dépôt noir.

L'action de l'eau chlorée commence généralement sur les bords et les coins de l'impression, de la même manière que celle des agents oxydants. Les épreuves sur albumine sont les moins facilement endommagées, et ensuite celles développées sur iodure d'argent.

hydrochlorique. — L'acide liquide de sp. gr. ·116, même exempt de chlore, agit immédiatement sur les demi-teintes d'un tirage positif et détruit les ombres pleines en quelques heures ; une légère couleur résiduelle subsiste cependant généralement dans les parties les plus sombres. Les empreintes développées sur Iodure d'Argent sont les plus permanentes.

sulfurique, acétique, etc. — Les acides de toutes sortes semblent exercer une influence néfaste sur les épreuves positives, et particulièrement sur les demi-teintes de l'image, l'effet variant avec la force de l'acide et le degré de dilution avec l'eau. . Même un acide végétal comme l'acétique assombrit progressivement la couleur et détruit partiellement ou entièrement les contours flous de l'image.

Bichlorure de Mercure. — Les détails les plus importants relatifs à l'action de cet essai sur les photographies sont bien connus. L'image est finalement transformée en poudre blanche et devient donc invisible dans le cas d'un tirage positif ; l'immersion dans l'ammoniaque ou l'hyposulfite de soude le restitue cependant sous une forme ressemblant souvent en teinte à l'impression originale. Un point à noter est l'effet protecteur d'un dépôt d'Or, qui est très marqué, preuve qu'après tonification, il résiste relativement longtemps à l'action du Bichlorure.

Ammoniac. — L'effet de l'ammoniaque sur une impression est plutôt de *rougir* l'image que de la détruire ; les demi-teintes deviennent pâles et s'estompent, mais elles ne disparaissent pas. La tonification avec de l'Or permet à l'épreuve de résister à l'action de la solution d'Ammoniaque la plus forte, et donc l'Ammoniaque peut être utilisée en toute sécurité comme agent fixateur après l'utilisation du Bain Sel d'Or.

Hyposulfite de Soude. — Une solution concentrée d'hyposulfite de soude exerce une action dissolvante graduelle sur l'image des épreuves photographiques, tendant en même temps à communiquer le soufre et à foncer la couleur de l'impression. Un léger contour jaune de sulfure d'argent persiste généralement une fois la solution de l'image terminée.

Les épreuves développées de toutes sortes, mais en particulier les épreuves de Talbotype sur iodure d'argent, sont moins facilement dissoutes par l'hyposulfite de soude que celles obtenues par l'action directe de la lumière. Il y a aussi une légère différence entre les épreuves ordinaires et les épreuves albuminées, qui est en faveur des premières, le papier albuminé perdant toujours un peu plus par immersion dans le bain d'hyposulfite que le papier ordinaire au chlorure sensibilisé par le nitrate d'argent.

Cyanure de Potassium. — L'action dissolvante du cyanure de potassium est la plus énergique sur les photographies formées sur papier. Ces images, développées ou non, résistent moins bien à l'épreuve que les impressions sur Collodion. Les épreuves albuminées sont également un peu plus facilement affectées que les impressions sur simple papier chlorure sensibilisé au nitrate ou au nitrate d'ammoniaque.

Chauffer, humide et sec. — Une ébullition prolongée dans de l'eau distillée a une action rougissante sur les empreintes positives. L'image devient enfin pâle et pâle, ressemblant à une impression traitée à l'ammoniaque avant virage. Un dépôt d'or sur l'image diminue, mais ne neutralise pas complètement l'effet de l'eau chaude. Si l'ébullition se poursuit longtemps, le ton violet-pourpre que donne souvent l'Or fait invariablement place à un brun chocolat, qui semble être la couleur la plus permanente. Les épreuves *développées* par l'acide gallique sur papier préparé avec du sérum de lait ou avec un citrate souffrent autant que les autres obtenues par action directe de la lumière. Les impressions au nitrate d'ammoniaque sur papier fortement salé, qui deviennent presque noires lorsqu'on les tonifie avec de l'or, conservent le plus parfaitement leur aspect primitif ; une légère diminution de l'éclat étant la seule différence observable après une longue ébullition dans l'eau. Les épreuves albuminées et les tirages sur papiers anglais ou étrangers préparés avec du sérum de lait, des citrates, des tartrates ou l'un de ces corps qui *rougissent* le sel réduit, sont, en règle générale, rendus plus clairs et passent du violet au brun. lorsqu'il est bouilli dans l'eau.

La chaleur sèche a un effet opposé à celui de l'eau chaude, *assombrissant généralement* la couleur de l'image. En exposant une épreuve sur papier ordinaire simplement fixée et complètement débarrassée de l'hyposulfite de soude par le lavage, à un courant d'air chauffé, elle passe graduellement du rouge au brun foncé, état dans lequel elle continue jusqu'à ce que la température s'élève au point où la le papier commence à se carboniser lorsqu'il reprend sa teinte rouge originelle, devenant à la fois pâle et indistincte.

Les produits de combustion du charbon-gaz sont une cause de décoloration. — Le gaz de houille contient des composés soufrés qui, lors de la combustion, sont oxydés en acides sulfureux et sulfurique ; d'autres substances à caractère nocif peuvent également être présentes. Une plaque d'argent poli suspendue dans un tube de verre, à travers lequel était dirigé le courant d'air chaud s'élevant d'un petit jet de gaz, se ternit d'une pellicule blanche au cours de vingt-quatre heures. Impressions positives exposées à la même chose, absorbées par l'humidité et décolorées ; l'action ressemble à celle de l'oxydation, en étant précédée d'un assombrissement général de la couleur. Des quatre épreuves exposées, une épreuve développée à l'iode était la moins endommagée, et ensuite une épreuve sur papier albuminé.

SUR L'ACTION DE L'AIR HUMIDE SUR LES IMPRIMES POSITIFS.

Pour s'assurer de ce point, plus de six douzaines de Positifs, imprimés sur toutes sortes de papiers, furent montés dans des flacons de verre neufs et parfaitement propres, bouchés, au fond de chacun desquels on plaçait un peu d'eau distillée, pour retenir l'air contenu. toujours humide. Ils furent retirés au bout de trois mois, après avoir été gardés pendant ce temps, les uns dans l'obscurité, et les autres exposés à la lumière. Comme les épreuves ont été préparées par diverses méthodes, teintées de différentes manières et montées avec ou sans substances susceptibles d'exercer une action délétère, cette série d'expériences possédera une valeur considérable pour déterminer certaines des causes intrinsèques de la décoloration des positifs. [27]

[27] Pour un compte rendu plus détaillé des expériences, voir l'article original dans le « Photographic Journal », vol. iii.

Les résultats généraux obtenus étaient les suivants : Les positifs qui avaient été *simplement fixés* dans l'hyposulfite de soude sont restés parfaitement intacts. Qu'ils soient développés par l'acide gallique sur l'un ou l'autre des trois sels d'argent habituellement employés, ou imprimés par action directe de la lumière, le résultat était le même. Nous pouvons donc en déduire que le matériau noirci qui forme l'image des tirages photographiques ne s'oxyde pas facilement dans une atmosphère humide.

toniques se sont révélés dans de nombreux cas moins permanents que les positifs simplement fixés. C'était surtout le cas lorsque la tonification avait été effectuée par *le Soufre* ; toutes les épreuves sulfurées, fixées dans une solution d' hyposulfite longtemps utilisée, jaunissaient en demi-teintes lorsqu'elles étaient exposées à l'humidité. Les positifs fixés et teintés dans de l'hyposulfite contenant de l'or ont été diversement affectés ; certains se préparaient lorsque la solution était à l'état actif et restaient inchangés, d'autres perdaient un peu de demi- teinte et d'autres encore s'estompaient beaucoup. Ces dernières étaient préparées dans un bain qui avait perdu de l'or et acquis des propriétés sulfureuses ; et on a remarqué qu'ils étaient plus blessés par l'action de l'eau bouillante que les positifs qui se révélaient permanents sous l'influence de l'humidité.

La coloration au chlorure d'or s'est révélée très satisfaisante, mais le nombre d'empreintes opérées était faible. Le procédé Sel d'or n'a pas non plus porté atteinte à l'intégrité de l'image, aucun début de jaunissement ou de blanchiment des demi-teintes n'étant visible après exposition à l'air humide.

Cette série d'expériences a confirmé l'affirmation faite dans un article ancien, selon laquelle certaines teintes obtenues en impression positive sont plus permanentes que d'autres. Les tons violets produits par le Soufre passaient invariablement au brun terne par l'action de l'air humide ; et même lorsque l'or était employé pour tonifier, ces mêmes couleurs violettes étaient généralement *rougies* . C'était particulièrement le cas lorsqu'on utilisait des papiers anglais, ou des papiers étrangers re-encollés avec du Sérum de Lait contenant de la Caséine . Les teintes brun chocolat qui résistent le mieux à l'action de l'eau bouillante, et notamment celles du papier Ammonio -Nitrate, étaient les moins affectées par l'air humide ; et en effet, il était évident que les deux agents, à savoir. l'air humide et l'eau chaude ont agi de la même manière en tendant à *rougir* l'empreinte, quoique cette dernière le fasse de la manière la plus marquée.

Il semblait également, d'après les résultats de ces expériences, qu'il était d'une grande importance que l'encollage soit retiré de l'impression afin de la rendre indestructible à l'air humide. Cela s'est évidemment vu dans deux cas où des positifs, toniques dans un vieux bain d'hyposulfite et d'or, ont été divisés en moitiés, dont l'une a été traitée avec une forte solution d'ammoniaque. Le résultat fut que les moitiés dans lesquelles la taille pouvait rester se sont fanées, tandis que les autres étaient relativement indemnes. Les épreuves à l'albumine souffraient particulièrement lorsque le format était laissé dans le papier, une moisissure destructrice se formant et décolorant l'image. L'utilisation d'eau bouillante a évité ce problème et les impressions ainsi traitées sont restées propres et brillantes. Une décomposition partielle de l'albumine s'est cependant produite dans certains cas, même lorsque de l'eau chaude était utilisée, le brillant disparaissant du papier par zones isolées. Avec *la caséine* substituée à l'albumine, il y avait aussi une perte de demi- teinte ; ce qui semble indiquer que ces deux principes animaux, bien que stables dans les conditions ordinaires, se décomposeront, même coagulés par le nitrate d'argent, s'ils sont maintenus longtemps dans un état humide.

L'utilisation de substances inappropriées pour le montage s'est avérée être une autre cause déterminante de décoloration par oxydation. Les corps qui se combinent avec l'oxyde d'argent sont susceptibles, pour des raisons théoriques, de détruire les demi-teintes de l'image ; et on a constaté que si l'image était laissée en contact avec de l'alun, de l'acide acétique, etc., ou avec les substances qui génèrent un acide par fermentation, telles que la pâte ou l'amidon, elle s'estompait invariablement.

La prétendue influence accélératrice de *la Lumière* sur l'évanouissement des Positifs n'a pas été confirmée par ces expériences, dans la mesure où elles s'étendaient. De nombreuses bouteilles contenant les photographies ont été placées devant la fenêtre d'une maison exposée au sud pendant la totalité des trois mois, à l'exception de deux ou trois semaines, mais aucune différence n'a pu être détectée entre les positifs ainsi traités et les autres conservés. obscurité totale. Il conviendrait cependant que cette partie de l'enquête soit répétée, en prévoyant un délai plus long.

Un examen des différents modes employés pour enduire les positifs, afin d'exclure l'atmosphère, a montré que beaucoup d'entre eux n'étaient pas adaptés à l'usage prévu. Les impressions cirées se décolorent autant lorsqu'elles sont exposées à l'humidité que d'autres non cirées. La cire blanche est une substance souvent frelatée, et il a été démontré que l'huile de térébenthine contient un corps ressemblant à l'ozone par ses propriétés et possédant le pouvoir de blanchir une solution diluée de sulfate d'indigo. Le vernis à l'alcool appliqué sur la surface du tableau après recollage à la gélatine était nettement supérieur à la cire blanche, mais il n'évitait néanmoins pas l'effet de décoloration dû à l'humidité sur un positif instable qui avait été tonifié par sulfuration. Son influence protectrice est donc limitée.

SUR LE CHANGEMENT DE COMPOSITION QUE L'HYPOSULFITE DE SOUDE EXPÉRIENCE PAR UTILISATION DANS LA FIXATION D'ÉPREUVES EN PAPIER. [28]

[28] Ces observations sont condensées et réorganisées à partir des articles publiés par l'auteur dans le « Photographic Journal » de septembre et octobre 1854.

Les photographes ont remarqué très tôt que les propriétés du bain fixateur d'hyposulfite de soude étaient altérées par un usage constant ; qu'il acquiert peu à peu le pouvoir d'*assombrir* la couleur de l'image positive. Ce changement fut d'abord attribué à l'accumulation de *sels d'argent* dans le bain, et c'est pourquoi des instructions furent données pour dissoudre une partie du chlorure d'argent noirci dans l'hyposulfite en préparant une nouvelle solution.

Des expériences minutieuses effectuées par l'auteur l'ont convaincu qu'une erreur avait été commise ; puisqu'on a trouvé que la simple solution de chlorure d'argent dans l'hyposulfite de soude n'avait aucun pouvoir de donner les tons noirs. Mais il apparut ensuite que si l'on abandonnait pendant quelques semaines le bain fixateur, contenant des sels d'argent dissous, il s'y produisait une *décomposition, constatée par la formation d'un dépôt noir de sulfure d'argent ;* puis il devint actif en tonifiant les épreuves.

La présence de ce dépôt de sulfure d'argent indiquait qu'une partie de l'hyposulfite d'argent s'était décomposée spontanément, et, connaissant les produits qui sont engendrés par la décomposition spontanée de ce sel, on donnait une idée de la difficulté. Un atome d'hyposulfite d'argent comprend les éléments d'un atome de sulfure d'argent et d'un atome d'acide sulfurique. L'acide sulfurique en contact avec l'hyposulfite de soude produit de *l'acide sulfureux* par un processus de déplacement ; et Plessy a montré que l'acide sulfureux réagit sur un excès d'hyposulfite de soude, formant deux de cette intéressante série de composés soufrés désignés par Berzelius les « acides polythioniques ».

Il semblait donc probable, sur des bases théoriques, que les penta-, tétra- et trithionates pourraient produire un certain effet dans le bain fixateur d'hyposulfite. Lors de l'essai, ces attentes se sont vérifiées ; et on a trouvé que le tétrathionate de soude ajouté à l'hyposulfite de soude donnait un bain fixateur et tonifiant tout à fait égal en activité à celui produit au moyen du chlorure d'or.

Il peut être utile de revoir un instant la composition de la série des acides polythioniques ; il est ainsi représenté : -

	Soufre.		Oxygène.		Formules.
Acide dithionique ou hyposulfurique	2	atomes	5	atomes	S_2O_5
Acide trithionique	3	"	5	"	S_3O_5
Acide tétrathionique	4	"	5	"	S_4O_5
Acide Pentathionique	5	"	5	"	S_5O_5

La quantité d'*oxygène* chez tous est la même, celle de l'autre élément augmente progressivement ; il est donc immédiatement évident que le membre le plus élevé de la série pourrait, *en perdant du soufre,* descendre graduellement jusqu'à atteindre la condition du plus bas.

Cette transition est non seulement théoriquement possible, mais il y a une tendance réelle à y arriver, tous les acides étant instables à l'exception de l'hyposulfurique . Les sels alcalins de ces acides sont plus instables que les acides eux-mêmes ; une solution de tétrathionate de soude devient laiteuse au bout de quelques jours après le dépôt de soufre et, si elle est testée, elle contient alors *du tri* thionate et éventuellement *du di* thionate de soude.

La cause du changement dans les propriétés du bain fixateur étant ainsi clairement attribuée à une décomposition de l'hyposulfite d'argent, et à la génération conséquente de principes instables capables de conférer du soufre aux épreuves immergées, il parut souhaitable de continuer les expériences.

Il existe un *état acide particulier* généralement assumé par les anciens bains de fixation, qui ne pouvait pas être expliqué de manière satisfaisante, car on savait que les acides n'existent pas longtemps à l'état libre dans une solution d'hyposulfite de soude, mais ont tendance à se neutraliser en déplaçant *l'acide hyposulfureux* . spontanément décomposable en acide sulfureux et en soufre. Ce point est réglé par la découverte d'une réaction particulière qui a lieu entre certains sels des acides polythioniques et l'hyposulfite de soude. Une solution de tétrathionate de soude peut être conservée inchangée pendant plusieurs heures ; mais si l'on y ajoute quelques cristaux d'hyposulfite de soude, il commence très bientôt à déposer du soufre, et continue à le faire pendant plusieurs jours. En même temps, le liquide acquiert une réaction acide avec le papier test et produit une effervescence lors de l'addition de carbonate de chaux.

Il est évident qu'il existe un acide soufré qui n'a pas été décrit jusqu'ici, et que cet acide se forme comme un des produits de la décomposition de l'hyposulfite d'argent contenu dans le bain fixateur. Le sujet est important pour les photographes, car on constate que les bains d'hyposulfite qui ont acquis la réaction acide, bien que se tonifiant rapidement, donnent des positifs qui s'estompent en les gardant. L'acide peut peut-être se combiner avec le sel d'argent réduit, ce qui, si l'on permet à l'image de contenir du sous-oxyde d'argent, est théoriquement probable.

Les expériences furent ensuite orientées vers une vérification plus minutieuse de l'effet du bain fixateur acide sur les épreuves positives. Le tétrathionate de soude ajouté à la solution d'hyposulfite de soude produit, au bout de douze heures, un liquide qui, filtré du soufre déposé, rougit lentement le papier de tournesol bleu. Les épreuves positives immergées dans le Bain passent du rouge au noir, se dissolvent dans les demi-teintes, et deviennent jaunes et fanées si l'action se prolonge trop longtemps. En ajoutant du carbonate de soude en quantité suffisante pour éliminer la réaction acide, le pouvoir tonifiant est beaucoup diminué, mais des couleurs sombres peuvent encore être obtenues en continuant l'action. L'effet solvant sur les demi-teintes, évidemment provoqué en grande partie par l'acide, est atténué ; tandis que la tendance au jaunissement dans les parties blanches de l'épreuve disparaît presque. Ces effets se manifestent plus particulièrement lorsque les tirages sont immergés dans le bain dès leur retrait du cadre d'impression ; et il se trouve presque impossible de conserver les blancs de l'impression clairs dans le bain acide, à moins que le nitrate d'argent n'ait été éliminé par lavage.

La solution des demi-teintes et du jaunissement des lumières, toutes deux sources de gêne pour l'opérateur, sont donc attribuées en grande partie à un état acide du bain fixateur et tonifiant ; et le remède est évident.

Les expériences de l'auteur sur les tétrathionates et leur réaction avec l'hyposulfite de soude ont également fait ressortir le fait important que *les alcalis* décomposent le principe sulfuré instable. Si le bain est traité avec de la potasse ou du carbonate de soude, il semble se former graduellement un *sulfure alcalin* qui précipite le sulfure d'argent, et au bout de quelques jours le liquide revient à son état primitif et cesse d'agir comme agent tonifiant. sur la preuve. Le même effet se produit dans une large mesure lorsque la solution est laissée de côté pendant plusieurs semaines ou mois ; un processus de changement spontané en cours, qui aboutit à un dépôt de Soufre et de Sulphure d'Argent, et à une perte partielle des propriétés sulfurantes du liquide.

Il peut être intéressant pour le chercheur scientifique de décrire le mode de préparation d'un bain fixant et tonifiant, illustrant les remarques ci-dessus :

Prise de Nitrate d'Argent	3	drachmes.
Hyposulfite de Soude	4	onces.
Eau	8	onces.

Dissoudre le nitrate d'argent dans 2 onces d'eau, puis de la quantité totale d' hyposulfite de soude, peser

Hyposulfite de Soude 2 drachmes;

dissolvez-le également dans 2 onces d'eau, et le reste de l' hyposulfite dans les 4 autres onces. Ensuite, ayant les trois solutions dans des récipients séparés, versez immédiatement le nitrate d'argent dans la solution de 2 onces d' hyposulfite , en agitant rapidement l' hyposulfite d'argent précipité. En peu de temps, il commencera à se décomposer, passant du blanc au jaune canari, puis au jaune orangé. *Lorsque le jaune orangé commence à virer au brun*, ajoutez 4 onces de solution concentrée d'hyposulfite, ce qui complètera aussitôt la décomposition, une partie du précipité se dissolvant et le reste devenant parfaitement noir. Après avoir filtré le sulfure d'argent noir, la solution est prête à l'emploi.

Un bain préparé par cette formule n'est généralement pas très actif, mais il montre clairement le procédé par lequel un bain fixateur ordinaire peut être transformé en bain tonifiant par l'immersion de positifs ayant du nitrate d'argent libre sur la surface.

La formule suivante est plus économique et donne un meilleur résultat, mais elle ne peut pas être utilisée pour les tirages « Ammonio -Nitrate » ; l'addition d'un alcali précipitant le sulfure de fer.

Solution forte de perchlorure de fer	6 drachmes fluides.
Hyposulfite de Soude	4 onces.
Eau	8 onces.
Nitrate d'argent	30 céréales.

Dissoudre l'hyposulfite de soude dans sept onces d'eau, le nitrate d'argent dans l'once restante ; puis versez le perchlorure de fer dans la solution d'hyposulfite, peu à peu, en remuant toujours. L'ajout du sel de fer donne une belle couleur violette, mais celle-ci disparaît rapidement. Lorsque le liquide est redevenu incolore, ce qui se produit en quelques minutes, ajoutez le nitrate d'argent en remuant vivement. Une solution parfaite aura lieu sans aucune formation de sulfure noir.

Un bain tonifiant préparé avec du chlorure de fer sera prêt à l'emploi douze heures après le mélange, mais il sera plus actif au bout d'une semaine. La solution est acide au papier-test, et *laiteuse* par un dépôt de soufre qu'il faut filtrer.

Le perchlorure de fer doit être préparé en faisant bouillir du peroxyde de fer avec de l'acide chlorhydrique, de préférence en dissolvant du fil de fer dans de l'Aqua-Regia.

L'addition du nitrate d'argent a pour but de produire une portion d'hyposulfite d'argent dans le bain ; la présence d'un sel d'argent ayant été trouvée pour modifier la teinte des positifs et empêcher leur jaunissement rapide.

SECTION IV.

Sur la décoloration des tirages photographiques.

Pendant de nombreuses années après la découverte du procédé d'impression photographique par M. Fox Talbot, on ne savait généralement pas que les images ainsi produites étaient facilement susceptibles d'être endommagées par diverses causes, et en particulier par des traces d' *agent fixateur* restant dans le papier. Ainsi, faute de soins adéquats au nettoyage et à la conservation des épreuves, la majorité d'entre elles se sont estompées.

Cette question devint finalement d'une telle importance que le Conseil de la Société Photographique décida de former un comité chargé d'examiner le sujet. L'auteur a été honoré d'être nommé à ce comité, et les recherches dont un résumé a été donné dans la section précédente ont été entreprises à la demande de la Société.

La présente section a pour but d'expliquer de manière pratique et concise les causes de la décoloration des tirages photographiques et les précautions qui doivent être prises pour assurer leur permanence. La chimie du sujet ayant été pleinement expliquée dans la dernière section, il suffira de renvoyer le lecteur à ses pages pour des informations plus détaillées.

Preuve historique de la permanence des photographies. — Il est intéressant de recueillir des informations sur l'existence d'anciennes photographies qui sont restées inchangées pendant de nombreuses années. Il existe de nombreux exemplaires de Positifs imprimés il y a plus de dix ans, qui n'ont pas sensiblement changé jusqu'à présent. Ces tirages sont pour la plupart sur papier ordinaire, l'albumine n'ayant pas été utilisé à une date aussi précoce. L'impression générale des opérateurs pratiques est cependant que la décoloration s'est produite moins fréquemment depuis l'introduction du papier albuminé.

Les positifs imprimés par développement sur papier préparé selon la méthode de Talbot semblent, en règle générale, avoir remarquablement bien résisté, et les cas de négatifs Talbotype s'estompant sont rares.

Parmi les tirages qui se sont révélés permanents, certains sont de couleur rouge ou brune, mais beaucoup, étant d'une teinte foncée ou violette, ont évidemment été teintés, mais pas avec de l'or, dont l'usage était inconnu des premiers photographes.

Il ressort clairement des données ainsi recueillies que les photographies ne s'estompent pas nécessairement avec le temps ; et le fait que dans un même portefeuille on voit constamment des tirages qui semblent permanents, et d'autres dans un état avancé de changement, ne peut que conduire à inférer que les principales causes de détérioration sont intrinsèques, dépendant de quelques éléments préjudiciables laissés dans le papier; ce qui est confirmé par l'expérience.

Causes de décoloration. — L'auteur estime que la décoloration des épreuves photographiques peut presque invariablement être attribuée à l'une ou l'autre des conditions suivantes : —

un. *Lavage imparfait*. — C'est peut-être le plus important de tous et le plus fréquent. Lorsqu'on laisse l'hyposulfite de soude rester dans le papier, même en quantité infime, il se décompose graduellement, avec libération de soufre, et détruit l'impression de la même manière et tout aussi efficacement qu'une solution d'hydrogène sulfuré ou un sulfure alcalin.

Un lavage imparfait peut être suspecté, si la Photographie, quelques mois après la date de sa préparation, *commence à devenir plus foncée* : les *demi-teintes*, qui sont les premières à manifester l'action, passant ensuite au stade jaune, tandis que les ombres sombres restent noires ou brunes plus longtemps.

Le bon mode de lavage des photographies est parfois mal compris. La durée pendant laquelle l'empreinte reste dans l'eau est un point de moindre importance que le fait que l'eau soit continuellement changée. Lorsqu'un certain nombre de Positifs sont placés ensemble dans une casserole et qu'un robinet est ouvert sur eux, la circulation du fluide ne s'étend pas nécessairement jusqu'au fond. Ceci est prouvé par l'addition d'un peu de matière colorante, qui montre que le courant coule activement au-dessus, mais dans la partie inférieure du récipient, et entre les empreintes, il y a une couche d'eau stationnaire qui est peu utile au lessivage. l' hyposulfite. Il faut donc veiller à ce que les tableaux soient maintenus autant que possible séparés les uns des autres, et lorsqu'il n'est pas possible d'avoir de l'eau courante, à ce qu'ils soient fréquemment déplacés et retournés, de l'eau fraîche étant constamment ajoutée. Lorsque cela est fait, et surtout si l' on enlève l' *encollage* du papier de la manière actuellement conseillée, *quatre ou cinq heures* de lavage suffiront. C'est une erreur de laisser les images rester dans l'eau pendant plusieurs jours ; ce qui ne produit aucun bon effet et peut tendre à favoriser une fermentation putréfactive, ou la formation d'un dépôt blanc sur l'image lorsque l'eau contient du carbonate de chaux.

b. *Des matières acides laissées dans le papier.* — En examinant des collections de photographies anciennes, il n'est pas rare de trouver des tirages qui sont restés inchangés pendant longtemps après leur première production, mais qui, au fil du temps, ont perdu leur éclat et sont devenus pâles et indistincts. Ce type de décoloration commence souvent au niveau des coins et des bords du papier et se poursuit vers le centre. Les expériences de l'auteur ont montré qu'elle est principalement provoquée par un lent processus d' *oxydation*.

L'image photographique ne paraît pas facilement susceptible d'oxydation à moins qu'elle ne soit préalablement obscurcie par l'action du soufre, ou mise en contact avec des acides ou des corps qui agissent comme solvants de l'oxyde d'argent (p. 146). Les matériaux souvent utilisés dans l'encollage des papiers, tels que l'Alun et la Résine, étant de nature acide, sont directement nuisibles à l'image ; et l'élimination de l'ensimage, qui peut facilement être effectuée au moyen d'un alcali dilué ou d'un carbonate alcalin, sans endommager la teinte, a l'avantage supplémentaire d'éliminer les dernières traces d' hyposulfite de soude, ainsi que les germes de *champignons*. , qui, si on les laissait subsister, végéterait et produirait une moisissure destructrice lors de l'exposition à l'humidité (Chap. III. Partie II.).

Le fait que les acides facilitent l'oxydation de l'image indique également que les tirages photographiques ne doivent pas être manipulés trop fréquemment ni touchés avec le doigt plus que nécessaire ; la main chaude peut laisser une trace d'acide [29] qui tendrait avec le temps à produire une marque jaune.

[29] L'auteur a vu du papier de tournesol bleu immédiatement rougi lorsqu'on le posait sur le bras d'une personne souffrant de rhumatisme aigu. Cet acide est probablement de l'acide lactique !

c. *L'humidité comme cause de décoloration*. - Bien que. Les photographies correctement imprimées ne sont pas facilement endommagées par l'air humide (p. 153), mais comme il y a *des impuretés* de diverses sortes flottant constamment dans l'atmosphère, un état de sécheresse relative peut être considéré comme essentiel à la conservation de toutes les photographies. Lors de la collecte de preuves sur le sujet, on allègue souvent que « l'humidité » et « l'humidité » sont à l'origine de la décoloration : les tirages étaient accrochés contre un mur humide par temps glacial, dans une pièce sans feu ; ou bien on avait laissé la pluie couler. pénètre dans le cadre ! Aucune image ne survivra longtemps à un tel traitement, et les photographies, comme les gravures et les aquarelles , nécessitent un soin commun pour leur conservation.

d. *Les modes de montage de la preuve*. — Ce sujet a été évoqué dans le résumé des articles de l'auteur à la p. 155 . Tous les ciments qui sont de nature acide, ou susceptibles de s'aigrir *par* fermentation acéteuse, doivent être évités. La pâte de farine est particulièrement nocive, et de nombreux cas de décoloration ont été attribués à cette cause. L'addition de bichlorure de mercure, qu'on fait souvent pour empêcher la pâte de moisir , la rendrait encore plus impropre à l'usage photographique (p. 151). L'amidon n'est pas de loin préférable. Aucune substance ne semble meilleure que la gélatine , qui ne se décompose pas facilement et ne montre aucune tendance à absorber l'humidité atmosphérique. La nature *déliquescente* de nombreux corps est un point dont il faut tenir compte lors du montage de photographies, et c'est pourquoi l'emploi d'un sel comme *le carbonate de potasse* , que l'auteur a connu pour être ajouté à la pâte pour empêcher la formation d'acide, serait déconseillé.

e. *L'effet de la fixation imparfaite.* — Les premiers photographes n'ont pas toujours réussi à fixer correctement leurs tirages, car on trouve souvent de vieilles photographies couvertes de taches et de taches dans le tissu du papier. Ces impressions ne sont cependant pas invariablement décolorées en surface, et on ne peut donc pas dire qu'une fixation imparfaite aboutira certainement à la destruction totale de l'image. Cependant, un avis sur le sujet peut être introduit à cet endroit, et l'attention du lecteur soit une fois de plus attirée sur l'importance de laver l'impression à l'eau avant de la retirer du cadre d'impression ; une décomposition se produisant invariablement lorsque des positifs en papier *saturés de nitrate d'argent libre* sont plongés dans une solution diluée d' hyposulfite de soude, contenant une quantité insuffisante de sel pour dissoudre l' hyposulfite d'argent avant qu'il ne commence à subir une modification spontanée.

F. *L'exposition à une atmosphère impure comme cause de décoloration.* — Les cinq causes de décoloration qui précèdent se rapportent pour la plupart à un état intrinsèquement défectueux de l'épreuve. Ceci, le sixième, explique la manière dont une photographie soigneusement préparée peut néanmoins subir des dommages dus à des matières délétères souvent présentes dans l'atmosphère. L'air des grandes villes, et particulièrement celui émanant des égouts et des canalisations, contient de l'hydrogène sulfuré, et par conséquent les objets en argenterie se ternissent s'ils ne sont pas placés sous du verre. Le dommage que subit une impression par exposition à l'air contaminé par l'hydrogène sulfuré est moindre que le ternissement produit sur la surface brillante d'une plaque d'argent (voir p. 148) ; mais il est recommandé, par mesure de précaution, que les tableaux photographiques soient protégés par une vitre ou conservés dans un portefeuille, et qu'ils ne soient pas exposés trop librement à l'air.

Les produits de la combustion du gaz de houille sont probablement plus susceptibles que la dernière cause mentionnée d'être une source de dommages aux photographies suspendues sans aucune couverture. Les composés soufrés contenus dans le gaz brûlent en acides sulfureux et sulfurique , dont ce dernier, en combinaison avec l'ammoniac, produit les cristaux étincelants souvent observés sur les vitrines des magasins.

La question de savoir comment l'image photographique peut être au mieux protégée contre ces causes extérieures de décoloration a été évoquée, et de nombreux projets visant à recouvrir les tirages avec un matériau imperméable ont été conçus. Si les tableaux doivent être vernissés ou conservés dans un portfolio, cela suffit, mais dans d'autres cas, il peut être utile d'appliquer une couche d'alcool ou de vernis à la gutta-percha.

L'utilisation de cire, de résine et de tels corps est susceptible, en introduisant des impuretés, d'avoir un effet préjudiciable plutôt que contraire.

g. *La décomposition de la pyroxyline est une source de dommages aux photographies au collodion.* — Les positifs et les négatifs du collodion sont généralement considérés comme permanents ; mais on en a exposé qui, après avoir été rangés dans un endroit humide, sont devenus peu à peu pâles et indistincts. Le changement commence par des aspérités et des points isolés, laissant le centre, en règle générale, le dernier touché. A l'examen, de nombreuses fissures sont souvent visibles, semblant ainsi indiquer que le film de Collodion a subi une décomposition. Le résultat serait la libération d'oxydes d'azote corrosifs, qui détruisent l'image. Les composés de substitution contenant du peroxyde d'azote sont connus pour être susceptibles de se modifier spontanément. La résine amère produite en agissant sur le sucre blanc avec l'acide nitro- sulfurique, si elle n'est pas parfaitement sèche, dégagera quelquefois assez de gaz pour détruire le bouchon de la bouteille dans laquelle elle est conservée ; la solution de résine a alors une forte réaction acide et efface rapidement une impression positive ordinaire.

Ces faits sont intéressants et indiquent que les tableaux au collodion, contenant en eux-mêmes les éléments de leur destruction, doivent être protégés de l'humidité par une couche de vernis.

Permanence comparée des tirages photographiques. — Il y a toutes les raisons de penser que l'image photographique, quelle que soit sa forme, est permanente, si certaines conditions préjudiciables sont évitées ; — en d'autres termes, que les épreuves ne s'estompent pas nécessairement, de la même manière que les couleurs fugitives, par une simple exposition à la lumière et l'air. Mais en supposant un cas, qui est le cas le plus courant, d'influences nuisibles qui ne peuvent pas être complètement éliminées, il peut être utile de rechercher quel mode d'impression donne le plus de stabilité.

On peut s'attendre à ce que les positifs produits par une courte exposition à la lumière et un développement ultérieur avec de l'acide gallique soient plus permanents que les empreintes solaires ordinaires ; non qu'il y ait une quelconque raison de supposer que la composition chimique d'une image développée soit particulière, mais que l'utilisation de l'acide gallique nous permet d'augmenter l'intensité de l'image rouge initialement formée et d'ajouter à sa stabilité en précipitant de l'argent frais. dessus. Ce point n'a pas toujours été pris en compte. Il a été recommandé de retirer l'impression de la solution de développement alors qu'elle est dans le *rouge* et au début du développement, et de produire ensuite les tons sombres au moyen d'or ; mais ce plan, bien que donnant de très bons résultats en ce qui concerne la couleur et la gradation des tons, semble diminuer l'avantage qui résulterait autrement de l'adoption d'un procédé négatif, et laisser le tableau, en ce qui concerne la permanence, dans l'état d'un procédé négatif. impression ordinaire obtenue par action directe de la lumière.

Le procédé original du Talbotype, dans lequel l'image latente est formée sur l'iodure d'argent, produit, après le collodion, l'image la plus stable ; mais la difficulté d'obtenir des teintes vives et chaudes sur l'iodure d'argent fera obstacle à son adoption.

La *coloration* des positifs papier est la partie du processus qui risque de nuire à leur stabilité ; dans la mesure où les résultats les plus fins ne peuvent pas être facilement obtenus sans encourir *la sulfuration* , et que l'action du soufre, si elle est poussée à un degré quelconque, s'est révélée nuisible. Le point à garder à l'esprit est de modifier le moins possible la structure originale de l'image en termes de tonalité ; et il est préférable d'utiliser l'or de préférence au soufre comme agent colorant . D'un point de vue théorique, la tonification par une solution alcaline de chlorure d'or (p. 132) et la fixation par l'ammoniaque sont le meilleur procédé ; mais l'emploi du Sel d'or, qui donne une couleur plus agréable et qui ne nuit pas pratiquement à l'image, sera généralement préféré. En utilisant *un seul bain fixateur et tonifiant,* le même objectif de travail par l'or plutôt que par le soufre peut être mieux atteint en maintenant l'activité du bain par des additions constantes de chlorure d'or.

Les épreuves les *moins stables* sont celles qui ont été teintées dans des bains *acides d'hyposulfite , sans or ;* et la difficulté d'empêcher de telles images de jaunir dans les demi-teintes est très grande. Il est possible qu'une partie de l'acide sulfuré s'unisse au sous-oxyde d'argent et ne puisse être éliminée par le lavage (voir p. 158) ; mais même si tel n'est pas le cas, il est certain qu'aucun soin ordinaire n'évitera l'apparition occasionnelle de décoloration, à moins que le bain d'hyposulfite ne soit maintenu *neutre par rapport au papier test* . Et tous ces plans de tonification dans lesquels l'acide acétique ou chlorhydrique est mélangé avec de l'hyposulfite de soude, et le positif immergé tandis que le liquide est dans un état laiteux par précipitation du soufre, doivent être soigneusement évités.

Il conviendra également d'éviter de pousser l'action du Bain fixateur et tonifiant jusqu'à ses dernières limites, puisque la pratique et la théorie nous enseignent toutes deux que les Positifs qui ont séjourné longtemps dans l' Hyposulfite , et montrent par conséquent une tendance au jaunissement dans les parties claires. , sont les plus susceptibles de perdre leurs demi-teintes en les gardant. Les tirages photographiques s'assombrissent souvent *légèrement* au fil des années ; et par conséquent , en suspendant l'action tonifiante à un stade plus précoce, on laisse une marge pour ce que certains ont appelé « une amélioration avec le temps ».

L'utilisation de papier *albuminé* de préférence au papier ordinaire offre un avantage en matière de protection de l'image contre l'oxydation ; mais s'il est constamment exposé à l'humidité, une décomposition putréfiante de la matière animale peut se produire. La couleur propre de l'image albuminée étant un *rouge pâle* , les tons noirs ne doivent pas être recherchés sur cette variété de papier : leur production, si l'hyposulfite de soude était utilisé dans le virage, impliquerait probablement une quantité de sulfuration qui ferait plus que contrebalancer. tout avantage pouvant autrement être tiré de l'albumine.

Des positifs permanents de couleur noire peuvent facilement être obtenus en sensibilisant du papier ordinaire, exempt de matières animales, avec de l'oxyde d'argent à la place du nitrate. L'image simplement fixée étant dans ce cas une *teinte sépia* , nécessite moins de virage pour la changer en noir. À une certaine époque, l'impression prévalait que les empreintes d'ammonio -nitrate étaient instables ; mais loin d'être le cas, il est prouvé qu'ils résistent mieux à l'action de tous les essais destructifs que les images préparées sur le même genre de papier sensibilisé avec du nitrate d'argent ordinaire.

Mode de test de la permanence des Positifs. — Les épreuves pour l'hyposulfite de soude ne sont pas assez délicates pour indiquer avec certitude quand le processus de lavage a été correctement exécuté. La quantité de ce sel laissée dans le papier est habituellement si petite et tellement mélangée à de la matière organique, que l'application de protonitrate de mercure ou de nitrate d'argent au liquide qui s'écoule du coin de l'impression induirait probablement en erreur le lecteur. opérateur.

Une solution diluée de permanganate de potasse, préparée en dissolvant un demi-grain ou deux grains de sel, selon sa pureté, dans un gallon d'eau distillée, offre un mode commode pour tester les positifs quant à leur pouvoir de résister à l'oxydation ; et pour un œil exercé, il prouvera la présence ou l'absence d' hyposulfite de soude, dont la plus petite trace suffit pour ôter la couleur rose du permanganate.

Le plan le plus disponible et le plus simple pour tester la permanence consiste à enfermer les images dans une bouteille en verre bouchée avec une petite quantité d'eau. S'ils conservent leurs demi-teintes après une cure de trois mois de ce traitement, et ne moisissent pas , le mode d'impression suivi est satisfaisant.

L'eau bouillante sera également utile pour distinguer les couleurs instables produites par le Soufre de celles qui résultent de l'emploi judicieux de l'Or ; dans tous les cas, l'image sera d'abord rougie par l'eau chaude, mais si elle est teintée sans soufre, elle retrouvera, en règle générale, une grande partie de sa couleur sombre en séchant.

Il faut connaître l'aspect caractéristique des empreintes qui ont été fortement sulfurées dans le bain tonifiant et qui sont très susceptibles de s'estomper. Une couleur jaune dans les lumières est un mauvais signe ; et si les demi-teintes sont un tant soit peu faibles et indistinctes, avec un aspect de début de jaune, il est presque certain que le Positif ne durera pas longtemps.

CHAPITRE IX.

SUR LA THÉORIE DES PROCÉDÉS DAGUERREOTYPE ET TALBOTYPE, ETC.

SECTION I.

Le Daguerréotype.

CE n'était pas l'intention initiale de l'auteur d'inclure une description du processus du daguerréotype dans les limites du présent ouvrage. Le daguerréotype est une branche de l'art photographique si distincte des autres, que, dans les détails de manipulation, il n'a que très peu d'analogie avec eux ; une légère esquisse de la théorie du processus n'est cependant pas inacceptable.

Toutes les remarques nécessaires se répartiront sous trois chefs : — La préparation du film du Daguerréotype ; — les moyens par lesquels l'image latente se développe ; — et le renforcement de l'image par l'Hyposulfite d'Or.

La préparation du film daguerréotype. — Le film sensible du Daguerréotypiste est à bien des égards différent de celui du Calotype ou du Collodiotype. Ces derniers peuvent être appelés procédés humides, par opposition aux premiers, dans lesquels des solutions aqueuses ne sont pas utilisées. Le film du Daguerréotype est un Iodure d'Argent pur et isolé, formé par l'action directe de l'Iode sur le métal. Il lui manque donc un élément de sensibilité que possèdent les autres, à savoir. la présence de Nitrate d'Argent soluble au contact des particules d'Iodure d'Argent.

Il est important de se rappeler que l'iodure d'argent préparé en agissant avec de la vapeur d'iode sur l'argent métallique, est différent dans son action photographique du sel jaune obtenu par double décomposition entre l'iodure de potassium et le nitrate d'argent. Un film de daguerréotype, lorsqu'il est exposé à une lumière vive, s'assombrit d'abord jusqu'à prendre une couleur gris cendré, puis devient presque blanc ; la solubilité dans l'hyposulfite de soude étant en même temps diminuée. Au contraire, une pellicule au collodion, si l'on enlève l'excès de nitrate d'argent, bien qu'elle soit encore capable de recevoir l'impression rayonnante dans l'appareil photo, ne change ni en couleur ni en solubilité, même par exposition aux rayons du soleil. des rayons.

Détails du processus de préparation d'une plaque de daguerréotype. — Une plaque de cuivre d'épaisseur modérée est recouverte en surface d'une couche d'argent pur, soit par électrotype, soit de toute autre manière commode. Il est ensuite poli avec le plus grand soin, jusqu'à ce que la surface prenne un éclat métallique brillant . Cette opération préliminaire de polissage est d'une grande importance pratique, et les détails gênants qui l'accompagnent constituent l'une des principales difficultés à surmonter.

Une fois le polissage terminé, la plaque est prête à recevoir le revêtement sensible. Cette partie du processus se déroule d'une manière particulière. Un simple morceau de carton ou une mince feuille de bois, préalablement trempée dans une solution d'iode, dégage suffisamment de vapeur pour attaquer la plaque d'argent ; qui, placé immédiatement au-dessus, et laissé y rester pendant un court moment, acquiert une teinte violet pâle, due à la formation d' *une couche excessivement délicate* d'iodure d'argent. En prolongeant l'action de l' iode , la teinte violette disparaît et une variété de couleurs prismatiques se produisent, de la même manière que lorsque la lumière est décomposée par de fines plaques de mica ou par la surface de la nacre. Du violet, la plaque devient jaune paille, puis rose , et ensuite gris acier. En poursuivant l'exposition, la même séquence de teintes se répète ; le gris acier disparaît et les couleurs jaune et rose réapparaissent. Le dépôt d'iodure d'argent augmente progressivement en épaisseur au cours de ces changements ; mais jusqu'au bout il reste excessivement fin et délicat. A cet égard, il contraste fortement avec la couche dense et crémeuse souvent employée dans le procédé au collodion, et montre qu'une grande proportion d'iodure d'argent doit dans un tel cas être superflue, en ce qui concerne toute influence produite par la lumière. Une inspection d'une plaque de daguerréotype sensible révèle la nature microscopique des changements actiniques impliqués dans l'art photographique et enseigne une leçon utile.

Augmentation de la sensibilité obtenue en combinant l'action conjointe du Brome et de l'Iode. — Le procédé original du Daguerre était conduit avec de la vapeur d'iode uniquement ; mais en 1840, M. John Goddard découvrit que la sensibilité de la plaque était grandement améliorée en l'exposant successivement aux vapeurs d'iode et de brome, le temps approprié pour chacune étant réglé par les teintes assumées.

La composition de ce bromo-iodure d'argent, ainsi appelé, est incertaine, et il n'a pas été prouvé qu'elle présente une quelconque analogie avec celle du sel mélangé obtenu en décomposant une solution d'iodure et de bromure de potassium avec du nitrate d'argent. Observez aussi que le Bromo-Iodure d'Argent est plus sensible que le simple Iodure, *car la vapeur de Mercure est employée comme révélateur* . M. Claudet prouve que si l'image est formée par l'action directe de la seule lumière (voir page 174), la condition habituelle est inversée, et que l'emploi du brome dans de telles circonstances en retarde l'effet.

Le développement et les propriétés de l' image. — L'image latente du Daguerréotype se développe d'une manière différente de celle des processus humides en général, à savoir. par l'action de la vapeur Mercuriale . Le mercure, ou Quicksilver, est un fluide métallique qui bout à 662° Fahrenheit. Il ne faut cependant pas supposer que la plaque iodée soit soumise à la vapeur de Mercure à une température approchant du tout 662°. La coupe contenant le Vif-Argent est préalablement chauffée au moyen d'une lampe à alcool à environ 140°, température facilement supportée par la main, dans la plupart des cas, sans inconvénient. La quantité de vapeur mercurielle dégagée à 140° est très petite, mais elle est suffisante pour le but recherché, et après avoir continué l'action pendant un court moment, l'image est parfaitement développée.

Il y a peu de questions qui ont donné lieu à plus de discussions parmi les chimistes que la nature de l'image du daguerréotype. Malheureusement, la quantité de matériau à opérer est si petite qu'il devient presque impossible de déterminer sa composition par analyse directe. Certains supposent qu'il s'agit uniquement de Mercure. D'autres ont pensé que le Mercure était en combinaison avec l'Argent métallique. La présence du premier métal est certaine, puisque M. Claudet montre que, par l'application d'une forte chaleur, il peut effectivement se volatiliser de l'image en quantité suffisante pour développer une seconde impression immédiatement superposée.

C'est un fait remarquable qu'une image plus ou moins ressemblante à celle développée par Mercure peut être obtenue par *l'action prolongée* de la lumière seule sur la lame iodée. La substance ainsi formée est une poudre blanche, insoluble dans la solution d' hyposulfite de soude ; amorphe à l'œil, mais présentant l'apparence de minuscules cristaux réfléchissants lorsqu'ils sont fortement grossis. Sa composition est incertaine.

À toutes fins pratiques, la production de l'image du daguerréotype par la seule lumière est inutile, en raison du temps nécessaire pour la réaliser. Cela a été évoqué dans le troisième chapitre, où il a été montré que dans le cas du bromo-iodure d'argent, une intensité de lumière 3000 fois plus grande est nécessaire, si l'emploi de la vapeur mercurielle est omis.

M. Éd. Découverte par Becquerel de l'action continue des rayons de lumière jaune. — La lumière jaune pure et homogène n'a aucune action sur la plaque du Daguerréotype ; mais si la surface iodée est d'abord exposée à la lumière blanche pendant un temps suffisant pour imprimer une image latente, puis ensuite *à* la lumière jaune, l'action déjà commencée se *continue* , et même au point de former un dépôt blanc particulier, insoluble dans Hyposulfite de Soude, déjà mentionné.

La lumière jaune peut donc, dans ce sens, être considérée comme un agent *révélateur* , puisqu'elle produit le même effet que la vapeur mercurielle en faisant ressortir l'image latente.

Une anomalie singulière mérite cependant d'être notée, à savoir. que si la plaque est préparée avec les vapeurs mélangées de brome et d'iode, à la place de l'iode seul, alors la lumière jaune ne peut pas être amenée à développer l'image. En effet, le même rayon coloré qui continue l'action de la lumière blanche sur une surface d' *Iodure* d'Argent, la *détruit en réalité* et rétablit les particules dans leur état originel, avec une surface de *Bromo* -Iodure d'Argent.

Ces faits, bien que sans grande importance pratique, sont intéressants car ils illustrent la nature délicate et complexe des transformations chimiques produites par la lumière.

Le renforcement de l'image du daguerréotype au moyen de l'hyposulfite d' or. — L'emploi de l' hyposulfite d'or pour blanchir l'image du daguerréotype et la rendre plus durable et indestructible, a été introduit par M. Fizeau, postérieurement à la découverte originale du procédé.

Après avoir enlevé l'iodure d'argent non altéré au moyen de l'hyposulfite de soude, la plaque est placée sur un support niveleur et recouverte d'une solution d' hyposulfite d'or contenant environ une partie du sel dissous dans 500 parties d'eau. La flamme d'une lampe à alcool est ensuite appliquée jusqu'à ce que le liquide commence à bouillir. Bientôt, on constate un changement dans l'apparence de l'image ; il devient plus blanc qu'auparavant et acquiert une grande force. Ce fait semble prouver de manière concluante que le Mercure métallique entre dans sa composition, puisqu'une surface d'Argent, telle, par exemple, celle de l'image du Collodion, est *obscurcie* par l'Hyposulfite d'Or.

La différence dans l'action de la solution de dorure sur l'image et de l'argent pur qui l'entoure illustre le même fait. Cet argent, qui paraît d'une couleur sombre et forme les ombres de l'image, est rendu encore plus foncé ; une croûte très délicate d'or métallique se forme *progressivement* dessus, tandis qu'avec l'image l'effet blanchissant est immédiat et saisissant.

SECTION II.

Théorie des processus de talbotype et d'albumine.

Le Talbotype ou Calotype. — Ce procédé, tel que beaucoup le pratiquent actuellement, est presque identique à celui décrit initialement par M. Fox Talbot. Le but est d'obtenir une couche uniforme et finement divisée d'iodure d'argent sur la surface d'une feuille de papier ; les particules d'iodure étant mises en contact avec un excès de nitrate d'argent et ordinairement avec une petite proportion d'acide gallique, pour augmenter encore la sensibilité à la lumière.

Les papiers anglais encollés avec de la gélatine sont couramment utilisés pour le procédé Calotype ; ils retiennent plus parfaitement la pellicule à la surface, et la gélatine aide, selon toute vraisemblance, à former l'image. Avec un papier d'amidon étranger, à moins qu'il ne soit recollé avec quelque substance organique, les solutions s'enfoncent trop profondément et l'image manque de clarté et de définition.

Il y a deux modes d'iodation et de sensibilisation des feuilles : premièrement, en flottant alternativement sur de l'iodure de potassium et du nitrate d'argent, de la même manière que dans la préparation des papiers pour l'impression positive ; et deuxièmement, par ce qu'on appelle « le lavage unique », qui est considéré par beaucoup comme donnant des résultats supérieurs en ce qui concerne la sensibilité et l'intensité de l'image. Pour ioder par ce mode, l'iodure d'argent jaune, préparé en mélangeant des solutions d'iodure de potassium et de nitrate d'argent, est dissous dans une solution forte d'iodure de potassium ; les feuilles flottent un instant sur ce liquide et sont séchées ; on les transfère ensuite dans un plat d'eau, par l'action duquel l'iodure d'argent est précipité à la surface du papier à l'état finement divisé.

Les propriétés d'une solution d'iodure d'argent dans l'iodure de potassium, ou de l'iodure double de potassium et d'argent, sont décrites à [la page 43](), dont la référence montrera que le sel double est décomposé par une grande quantité d'eau, avec précipitation de l'iodure d'argent, cette substance étant insoluble dans une solution diluée d'iodure de potassium, quoique soluble dans une solution forte.

Le papier enduit d'iodure d'argent par ce mode, après un lavage approprié à l'eau pour éliminer les sels solubles (qui, s'ils restaient, attireraient l'humidité), se conservera longtemps. La couche d'iodure apparaît d'une couleur pâle de primevère et est parfaitement insensible à la lumière. Même l'exposition aux rayons du soleil ne produit aucun changement, ce qui indique qu'un excès de nitrate d'argent est essentiel à l'assombrissement visible de l'iodure d'argent par la lumière. Le papier est également insensible à la réception d'une image invisible, différant en cela de la plaque de collodion lavée, qui reçoit une impression dans l'appareil photo, bien qu'apparemment débarrassée du nitrate d'argent.

Pour rendre le papier Calotype sensible à la lumière, il est brossé avec une solution de nitrate d'argent contenant à la fois des acides acétique et gallique, appelée solution « Acéto-Nitrate » et « Gallo-Nitrate ». L'acide gallique diminue la conservation du papier, mais augmente la sensibilité. L'acide acétique évite au papier de noircir entièrement pendant le développement, et préserve la netteté des parties blanches ; son emploi est indispensable.

Le papier est généralement excité le matin du jour où il est destiné à être utilisé ; et plus elle est conservée longtemps, moins elle devient active et certaine. Une exposition de cinq à huit minutes dans l'appareil photo est la durée moyenne avec un objectif de visualisation ordinaire.

Le tableau est développé avec une solution saturée d'acide gallique, à laquelle on ajoute une portion d'acéto-nitrate d'argent pour en accroître l'intensité. Le sulfate de fer et l'acide pyrogallique ont également été utilisés, mais ils sont inutilement forts, l'image invisible se développant plus facilement sur le papier que sur le collodion (voir page 143).

Après avoir fixé le négatif en enlevant l'iodure d'argent non altéré avec l'hyposulfite de soude, il est bien lavé et séché. La cire blanche est ensuite fondue au fer chaud, de manière à rendre le papier transparent et à faciliter la suite de l'impression.

Le Calotype n'est pas comparable au procédé Collodion pour la sensibilité et la délicatesse des détails, mais il présente des avantages pour les touristes et ceux qui ne souhaitent pas s'encombrer de grandes plaques de verre. La principale difficulté semble être d'obtenir un papier uniformément bon, de nombreux échantillons donnant un aspect moucheté dans les parties noires du négatif.

Le procédé Papier Ciré de Le Grey. — C'est une modification utile du Talbotype introduit par M. Le Grey. Le papier est ciré avant d'être iodé, ce qui permet d'obtenir, sans aucune opération supplémentaire, une très fine couche superficielle d'iodure d'argent. Le procédé du papier ciré est bien adapté aux touristes, de par son extrême simplicité et la durée pendant laquelle le film peut être conservé dans un état sensible.

On emploie des journaux anglais et étrangers : mais les premiers acceptent difficilement la cire. M. Crookes, qui a consacré son attention à ce procédé, donne des instructions claires pour le cirage du papier ; il est essentiel que la cire blanche pure provienne directement des gradins, car les galettes vendues dans les magasins sont communément frelatées. La *température* doit également être soigneusement maintenue en dessous du point auquel la décomposition de la cire a lieu ; l'utilisation d'un fer trop chaud étant une source courante d'échec (voir « Photographic Journal », vol. ii. p. 231).

Les feuilles de papier, convenablement cirées, sont trempées pendant *deux heures dans une solution contenant de l'iodure et du bromure de potassium, avec suffisamment d'iode libre pour teinter le liquide d'une* couleur de porto . La nature grasse de la cire empêche la pénétration des liquides et nécessite donc une longue immersion. Les formules iodantes des photographes français ont été encombrées par l'addition d'une variété de substances qui semblent introduire des complications sans donner d'avantages proportionnels, et M. Townshend a rendu service à l'art en prouvant que l'iodure et le bromure de potassium, avec libre L'iode suffit. Ce dernier ingrédient a été utilisé pour la première fois par M. Crookes ; cela semble ajouter à la clarté et à la netteté des négatifs ; et comme les papiers sont *colorés* par l'iode, les bulles d'air ne peuvent échapper à la détection. Le procédé d'excitation avec le nitrate d'argent est également rendu plus sûr par l'emploi de l'iode libre, l'action du bain étant continuée jusqu'à ce que la couleur pourpre cède la place à la teinte jaune caractéristique de l'iodure d'argent.

Le papier ciré est rendu sensible par immersion dans un bain de nitrate d'argent contenant de l'acide acétique ; la quantité de ce dernier ingrédient doit être augmentée lorsque les papiers doivent être conservés longtemps. Comme l'excès de nitrate est ensuite éliminé, la solution peut être utilisée plus faiblement que dans le procédé Calotype ou Collodion.

Après excitation, les papiers sont lavés à l'eau pour réduire au minimum la quantité de nitrate d'argent libre. Cela diminue la sensibilité, mais augmente considérablement les qualités de conservation, et le papier reste souvent bon pendant dix jours ou plus.

C'est un point très important, lorsque l'on travaille avec du papier ciré, de garder les plats de développement propres. Le développement est réalisé par immersion dans un bain d'acide gallique contenant de l'acide acétique et du nitrate d'argent ; et étant retardé par la couche superficielle de cire, il y a toujours une tendance à une réduction irrégulière de l'argent sur les parties blanches du négatif. Lorsque le révélateur devient brun et décoloré, cela se produit presque certainement ; et il est bien connu des chimistes que le temps pendant lequel l'acide gallique et le nitrate d'argent peuvent rester mélangés sans se décomposer, est beaucoup diminué en utilisant des récipients qui sont sales parce qu'ils ont été employés auparavant à un usage similaire. Le dépôt noir de l'Argent exerce une action *catalytique* (κατα λυσις, décomposition par contact) sur la portion fraîchement mélangée, et accélère sa décoloration.

Le procédé du papier ciré est extrêmement simple et peu coûteux, très approprié pour les touristes, car il nécessite peu d'expérience et un minimum d'appareil. Elle est cependant lente et fastidieuse dans toutes ses étapes, les journaux sensibles prenant fréquemment une pose de vingt minutes à l'appareil photo, et le développement s'étendant sur une heure ou une heure et demie. Plusieurs négatifs peuvent cependant être développés en même temps ; et comme l'élimination du nitrate d'argent libre donne au procédé un grand avantage par temps chaud, il continuera selon toute probabilité à être largement suivi. Les tirages qui ont été envoyés à l'exposition de la Société photographique montrent que du papier ciré, entre les mains d'un opérateur habile, peut être fabriqué pour délimiter des sujets architecturaux avec une grande fidélité, et aussi pour donner avec précision les détails de la photographie de feuillage et de paysage.

Le processus d'albumine sur verre. — Le procédé à l'albumine est né du désir d'obtenir une couche superficielle d'iodure d'argent plus uniforme que ne le permet la structure grossière du tissu du papier. Elle se fait avec de l'albumine simple, ou « blanc d'œuf », dilué avec une quantité convenable d'eau. Dans ce liquide gluant, l'iodure de potassium est dissous ; et la solution, après avoir été soigneusement secouée, est mise de côté, la partie supérieure étant retirée pour être utilisée, de la même manière que dans la préparation du papier albuminé pour l'impression.

Les verres sont enduits d'albumine iodé, puis placés horizontalement dans une boîte pour sécher. Cette partie du processus est considérée comme la plus gênante, l'albumine humide attirant facilement les particules de poussière et étant susceptible de se cloquer et de se séparer du verre. Si une couche uniforme de matériau séché et iodé peut être obtenue, la principale difficulté du processus est surmontée.

Les plaques sont sensibilisées par immersion dans un bain de nitrate d'argent additionné d'acide acétique, puis lavées à l'eau et séchées. Ils peuvent rester longtemps dans un état excité.

L'exposition dans l'appareil photo doit être inhabituellement longue ; le nitrate d'argent libre ayant été éliminé par lavage, et l'albumine exerçant une influence retardatrice directe sur la sensibilité de l'iodure d'argent.

Le développement se fait de la manière ordinaire par un mélange d'acide gallique et de nitrate d'argent, auquel on ajoute de l'acide acétique pour conserver la clarté des lumières. Cela prend généralement une heure ou plus, mais peut être accéléré par une légère application de chaleur.

Les images à l'albumine sont remarquables par la distinction élaborée des ombres et des détails mineurs, et sont admirablement adaptées pour être visualisées au stéréoscope ; mais ils n'ont pas souvent la *douceur particulière et caractéristique* de la photographie sur collodion. Le procédé est bien adapté aux climats chauds, étant très peu sujet au trouble et à la réduction irrégulière de l'argent dont on se plaint souvent avec le collodion humide dans de telles circonstances.

M. Taupenot Procédé Collodio-Albumen. — Il s'agit d'une découverte récente qui semble impliquer un nouveau principe dans l'art et qui promet d'être d'une grande utilité.

L'une des plus grandes objections au procédé à l'albumine a été son manque de sensibilité ; mais M. Taupenot a trouvé que cela était évité dans une grande mesure en versant l'albumine sur une plaque *préalablement enduite d'iodure d'argent*. De cette manière, deux couches de ce sel sensible se forment, et la sensibilité de la couche superficielle, qui seule reçoit l'image, est favorisée par le fait qu'elle repose sur un substrat d'iodure plutôt que sur la surface inerte du verre. De ce point de vue, si la théorie est correcte, la particule inférieure d'iodure d'argent favorise la perturbation moléculaire de la particule supérieure, elle-même restant inchangée.

D'autres expérimentateurs, poussant plus loin le sujet, ont affirmé qu'un résultat positif pouvait être obtenu en recouvrant la plaque de collodion ordinaire, puis d'albumine iodée. Si cette observation s'avère exacte, le processus s'en trouvera simplifié et son utilité accrue.

Dans le sixième chapitre de la partie II. les détails pratiques du procédé Collodio -Albumen seront décrits.

FIN DE LA PARTIE I.

DEUXIEME PARTIE.

DÉTAILS PRATIQUES DU PROCÉDÉ AU COLLODION.

CHAPITRE I.

PRÉPARATION DU COLLODION.

Cela comprend : le papier soluble ; l'alcool et l'éther ; et les composés iodés.

Les formules pour le collodion négatif et positif, ainsi que pour le bain de nitrate et les fluides de développement, sont données dans le deuxième chapitre.

LE PAPIER SOLUBLE.

La pyroxyline peut être préparée soit à partir de coton, soit à partir de papier filtre suédois. La plupart des opérateurs préfèrent cette dernière solution, car elle donne un produit de solubilité constante et donne une solution fluide. [30] La laine de coton est cependant mieux adaptée pour être utilisée avec l' acide sulfurique et le nitre , puisque le papier, à cause de sa texture proche, nécessite une immersion plus longue dans le mélange.

[30] On peut se procurer du papier filtre suédois chez les pharmaciens, à environ cinq shillings le livre. Chaque demi-feuille porte le filigrane "JH Munktell ".

Préparation d'un acide nitro- sulfurique de concentration appropriée . — Il existe deux modes de préparation de l'acide nitro- sulfurique : d'abord, en mélangeant les acides ; deuxièmement, par le procédé à l'huile de vitriol et au nitre . Le premier est le meilleur dans les cas où de grandes quantités de matériau sont utilisées, mais il est recommandé à l'amateur de commencer par essayer le procédé Nitre (p. 190), qui est le plus simple .

PREPARATION DE L'ACIDE NITRO-SULFURIQUE PAR LES ACIDES MIXTES.

L'opérateur peut procéder de deux manières ; premièrement, en prenant la force de chaque échantillon d'acide et en mélangeant selon une règle fixe ; deuxièmement, par un plan plus simple, qui peut être utilisé lorsque la force exacte des acides n'est pas connue. Chacun d'eux sera décrit successivement.

un. *Instructions pour mélanger selon une règle fixe.* — Ce processus est tiré de l'article original de M. Hadow dans le « Quarterly Journal of the Chemical Society ». Ses résultats sont certains si la force des deux acides est déterminée avec précision.

Un procédé très parfait pour prendre la force de l'acide nitrique consiste à utiliser du marbre ou du carbonate de chaux en poudre, comme décrit dans divers ouvrages de chimie pratique. L'acide sulfurique peut être estimé en précipitant avec du nitrate de baryte et en pesant le sulfate insoluble avec les précautions appropriées.

La densité n'est pas un critère de résistance sur lequel on peut se fier parfaitement, mais si elle est adoptée comme test, il faut prêter attention aux points suivants.

1er. Que la température de l'acide soit égale ou proche de 60° Fahrenheit ; la densité de l'acide sulfurique en particulier, à cause de sa faible chaleur spécifique, influence grandement un changement de température.

2ème. L'échantillon d'acide nitrique doit être exempt de peroxyde d'azote ou peu coloré par celui-ci. Cette substance, lorsqu'elle est présente, augmente la densité de l'acide sans ajouter à ses propriétés disponibles. Un échantillon jaune d'acide nitrique sera donc un peu plus faible que ce qui est indiqué par la densité.

3ème. L'huile de vitriol ne doit produire aucun résidu solide à l'évaporation. Le sulfate de plomb et le bisulfate de potasse se trouvent souvent dans l'acide commercial et ajoutent beaucoup à sa densité. L'huile de vitriol contenant du sulfate de plomb devient laiteuse à la dilution.

La formule d'un acide nitro- sulfurique défini, ayant la force appropriée pour fabriquer la pyroxyline soluble, peut être énoncée ainsi : -

$$HO\ NO_5, 2\ (HO\ SO_3) + 3½\ HO$$

ou

	Des atomes.	Poids atomique.
Acide nitrique	1	54
Acide sulfurique	2	80
Eau	6½	58
		192

Après avoir trouvé le pourcentage d'acide réel présent, [31] le calcul suivant donnera les poids relatifs des ingrédients nécessaires pour produire la formule : -

Laisser	☐	un	=	pourcentage de réel	Acide nitrique,
		b	=	" "	sulfurique,
	alors	$\dfrac{5400}{une}$	=	quantité de	Acide nitrique,

	$\dfrac{8000}{p}$	=	"	sulfurique,
192 -	$\dfrac{5400}{une} - \dfrac{8000}{p}$	=	"	Eau.

[31] Des tableaux sont donnés en annexe pour le calcul par densité ; mais l'analyse directe des acides est la plus sûre.

Observez que les nombres dans le calcul correspondent aux poids atomiques récemment donnés ; et que la quantité d'eau est dérivée du *poids atomique total*, à savoir. 192, *moins* la somme des poids des deux acides.

Ainsi, si les échantillons d'acide employés sont trop faibles pour cet usage, la formule de l'eau donne une quantité négative.

Le poids des acides mélangés produits par la formule est de 192 grains, ce qui mesurerait environ deux drachmes liquides. Dix fois cette quantité forme une masse de liquide commode dans laquelle environ 50 à 60 grains de papier peuvent être immergés.

Lors de la pesée de liquides corrosifs, tels que l'acide sulfurique et l'acide nitrique, un petit verre peut être contrebalancé dans le plateau de la balance et l'acide y est versé avec précaution. Si l'on en ajoute trop, l'excédent peut être éliminé à l'aide d'une tige de verre ou de "la pipette" couramment utilisée à cet effet.

L'exemple suivant d'un calcul similaire à celui ci-dessus peut être donné : -

100	les parties de la	Huile de Vitriol	=	76·65	du vrai acide.
"	"	Acide nitrique	=	65·4	du vrai acide.
donc	$\dfrac{8000}{76·65}$	=	104·3	grains de	Huile de Vitriol.
	$\dfrac{5400}{65,4}$	=	82·5	"	Acide nitrique
192 - 104·3 - 82·5	=	5·2	"	Eau.

En multipliant ces poids par dix, nous avons

Huile de Vitriol	1043	céréales.
Acide nitrique	825	"

Eau	52	"
Poids total de l'acide nitro- sulfurique }	1920	céréales.

Après avoir préparé le mélange acide d'une force définie selon la formule ci-dessus, le papier doit être immergé selon les instructions données à la page 191 .

b. *Procédé de mélange d'acide nitro- sulfurique , la force des deux acides n'ayant pas été déterminée au préalable.* — Prenez un fort échantillon d'acide nitrique (l'acide nitreux jaune, ainsi appelé, réussit bien), et mélangez-le avec de l'huile de vitriol comme suit : —

Acide sulfurique dix drachmes fluides,

Acide nitrique   dix   "

Plongez maintenant un thermomètre et notez la température ; [32] il devrait faire 130° Fahr . à 150°. S'il descend en dessous de 120°, placez le mélange dans une capsule et flottez sur l'eau bouillante pendant quelques minutes.

[32] Dans la préparation du coton soluble, et même dans toutes les manipulations photographiques, un thermomètre est presque indispensable. Des instruments suffisamment délicats pour des usages courants sont vendus à Hatton Garden et ailleurs, à bas prix. L'ampoule doit être découverte pour pouvoir être plongée dans des acides, etc., sans endommager le tartre.

Une expérience préliminaire avec une petite touffe de coton (le coton le montre mieux que le papier) indiquera alors la force réelle de l'acide nitro-sulfurique . Incorporer la touffe dans le mélange pendant cinq minutes. Retirer avec une tige en verre et laver à l'eau pendant une courte période, jusqu'à ce qu'aucun goût acide ne soit perceptible. Si la laine s'emmêle *et* se gélatinise légèrement lors de sa première immersion dans l'acide, ou si, lors du lavage ultérieur, les fibres semblent adhérer et se désagréger sous l'action de l'eau, *l'acide nitro- sulfurique est trop faible* . Dans ce cas, ajoutez au mélange acide.

Huile de Vitriol, 3 drachmes.

Si le coton a été effectivement *dissous* lors du premier essai, un ajout d'une demi-once liquide d'huile de vitriol peut être nécessaire.

Supposons que le coton ne soit pas gélatinisé et qu'il soit bien lavé, puis essorez-le bien à sec, arrachez les fibres, et traitez-le dans une éprouvette avec de l'Ether rectifié [33] auquel on a ajouté quelques gouttes d'alcool. S'il est *insoluble*, séchez-le à feu doux et appliquez une flamme : une forte explosion indique que l'acide nitro-sulfurique employé est *trop fort*. Dans ce cas, ajoutez aux vingt drachmes d'acides mélangés, une drachme d'eau, et essayez encore, en répétant l'opération jusqu'à l'obtention d'un produit soluble.

[33] Observez que l'Éther soit pur ; s'il contient trop d'eau et d'alcool, il ne dissoudra pas la Pyroxyline ou donnera une solution opalescente.

Il existe une troisième condition de la Pyroxyline, différente de l'une ou l'autre des précédentes, qui peut être déconcertante : les fibres du tapis de coton se rassemblent très légèrement ou pas du tout à l'immersion, et le lavage se déroule assez bien ; le composé formé est à peine explosif et se dissout imparfaitement dans l'éther, laissant de petits nodules ou des grumeaux durs. La solution éthérée donne, par évaporation, un film opaque au lieu de transparent. Dans ce cas (en supposant que l'Ether soit bon) le mélange acide est légèrement trop faible, ou la température est trop basse, étant probablement d'environ 90°, au lieu de 130° à 140° (?).

Lorsque le mélange d'acides a été amené à la force appropriée par quelques essais préliminaires, procédez selon les instructions données à la page suivante.

PREPARATION DE L'ACIDE NITRO-SULFURIQUE PAR L'HUILE DE VITRIOL ET DE NITRE.

Ce procédé est recommandé, de préférence à l'autre, à l'amateur qui ne parvient pas à obtenir de l'acide nitrique de concentration convenable. L'huile de vitriol commune vendue dans les magasins est souvent très bonne pour des fins photographiques ; mais il est préférable, si possible, de prendre la gravité spécifique, lorsqu'il existe un doute sur son authenticité. A une température de 58° à 60°, la densité spécifique de 1,833 est la résistance habituelle, et si elle tombe en dessous, elle doit être rejetée. (Voir la partie III pour les « Impuretés de l'acide sulfurique commercial ».)

Le Nitre doit être l'échantillon le plus pur qui puisse être obtenu. Le nitre commercial contient souvent une grande quantité de *chlorure de potassium*, détecté en dissolvant le nitre dans de l'eau distillée et en ajoutant une ou deux gouttes de solution de nitrate d'argent. Si un dépôt laiteux suivi de caillé se forme. Des chlorures sont présents. Ces chlorures sont nuisibles ; après avoir ajouté l'huile de vitriol, ils détruisent une partie de l'acide nitrique en le transformant en vapeurs brunes de peroxyde d'azote, et altèrent ainsi la force de la solution.

Le nitrate de potasse est un sel anhydre ; il contient simplement de l'acide nitrique et de la potasse, sans aucune eau de cristallisation ; cependant, dans de nombreux cas, un peu d'eau est retenu mécaniquement entre les interstices des cristaux, et il est donc préférable de la sécher avant utilisation. Cela peut être fait en le déposant à l'état de poudre fine sur un papier buvard, près d'un feu ou sur une plaque métallique chauffée.

L'échantillon doit également être réduit en poudre fine avant d'ajouter l'Huile de Vitriol ; sinon, des parties du sel échappent à la décomposition.

Ces préliminaires ayant été dûment observés, pèsent

Nitre pur , en poudre et séché, 600 grains.

Cette quantité équivaut à 1¼ once du poids de Troie ou des Apothicaires ; — et à 1¼ once du poids d'Avoirdupois *plus* 54 grains. Placez-le dans une tasse à thé ou dans tout autre récipient pratique et versez dessus.

Eau   1½ drachmes fluides

melanger avec Huile de Vitriol 12   "

Bien mélanger avec une tige de verre pendant deux ou trois minutes, jusqu'à ce que toute effervescence ait cessé et que l'on obtienne un mélange homogène, pâteux, sans grumeaux.

Pendant tout le processus, d'abondantes fumées denses d'acide nitrique seront dégagées, qu'il faudra laisser s'échapper par le conduit de fumée ou à l'air libre.

Une modification de la formule. — La formule ci-dessus réussira invariablement avec un bon échantillon d'acide et de nitre pur . Cependant, lorsqu'il est essayé avec de l'huile de vitriol, il est plutôt plus faible que l'ordinaire et *commercial*. Nitre , il peut échouer, le coton étant gélatinisé et dissous. Lorsque tel est le cas, l'addition d'eau doit être omise ou la quantité réduite d'une drachme et demie à une demi-drachme.

DIRECTIVES GÉNÉRALES POUR L'IMMERSION, LE LAVAGE ET LE SÉCHAGE DE LA PYROXYLINE.

Le mélange d' acide sulfurique et de nitre doit être utilisé immédiatement après sa préparation, car il se solidifie en une masse rigide lors du refroidissement ; mais les acides mélangés peuvent être conservés pendant un temps quelconque dans un flacon bouché.

Lorsqu'on utilise du coton, les fibres doivent être bien arrachées et de petites touffes ajoutées une à une au mélange acide, en remuant avec une tige de verre afin de maintenir un changement constant de particules. Le papier est découpé en carrés ou en bandes, introduits individuellement.

Dans les deux cas, la quantité ne doit pas être trop grande, sinon certaines portions ne seraient pas parfaitement exploitées ; environ 20 grains pour chaque once liquide du mélange suffiront.

Le *temps d'immersion nécessaire* varie de dix minutes avec le Coton, à vingt minutes voire une demi-heure avec le Papier. Lorsqu'une proportion inhabituellement grande d' acide sulfurique est utilisée, comme dans le cas d'un faible échantillon d'acide nitrique, le coton doit être retiré au bout de six ou sept minutes, car il y a une tendance à une solution partielle de la pyroxyline dans le mélange acide dans ces circonstances.

C'est un avantage dans certains cas de préparer la matière à haute température, mais à moins que les proportions des acides ne soient strictement d'après la formule de M. Hadow , la dissolution du coton peut avoir lieu si le thermomètre indique plus de 140°.

Une fois l'action terminée, l'acide nitro- sulfurique reste plus faible qu'auparavant, à cause de l'addition de divers atomes d'eau nécessairement formés lors du changement. Par conséquent, si la même portion est utilisée plus d'une fois, un ajout d' acide sulfurique sera nécessaire.

Instructions pour le lavage. — En retirant la Pyroxyline de l'acide nitro-sulfurique , essorez le plus de liquide possible, et lavez-le rapidement dans une grande quantité d'eau froide, en vous servant d'une tige de verre pour préserver les doigts des blessures. S'il était simplement jeté dans une petite quantité d'eau et laissé y rester, l'augmentation de la température et l'affaiblissement du mélange acide pourraient avoir des conséquences néfastes.

Le lavage doit être poursuivi pendant au moins un quart d' heure, voire plus pour le papier, car il est essentiel d'éliminer toute trace d'acide. Lorsque le plan Nitre a été adopté, une partie du *bisulfate de potasse* formé adhère aux fibres , et s'il n'est pas soigneusement lavé, on voit dans le collodion un aspect opalescent, résultant de l'insolubilité de ce sel dans le mélange éthéré.

Si aucun goût acide n'est perceptible et qu'un morceau de papier tournesol bleu reste en contact avec les fibres pendant cinq minutes sans changer de couleur , le produit est soigneusement lavé. Il est cependant prudent de placer la Pyroxyline dans l'eau courante et de la laisser agir pendant plusieurs heures.

Enfin, essorez-le dans un chiffon, ôtez les fibres et séchez-le lentement, à feu modéré. Après séchage, il peut être conservé toute durée dans un flacon bouché.

RÉCAPITULATION DES CARACTÈRES GÉNÉRAUX DE LA PYROXYLINE PRÉPARÉE DANS DE L'ACIDE NITRO-SULFURIQUE À DIFFÉRENTS DEGRÉS DE CONCENTRATION.

Le mélange acide est trop fort. — L'aspect du coton n'est pas beaucoup altéré lors de sa première immersion dans le mélange. Il se lave bien, sans aucune désintégration. En séchant, on constate qu'il a une texture forte et produit une sensation particulière de crépitement entre les doigts, comme l'amidon. Il explose à l'application d'une flamme, sans laisser de cendres. Il est insoluble dans le mélange d'éther et d'alcool, mais se dissout s'il est traité avec de l'éther acétique.

Le mélange acide de la force appropriée. — Pas d'agglutination des fibres du coton par immersion et le produit se lave bien ; soluble dans le mélange éthéré et donne un film *transparent* à l'évaporation.

Le mélange acide est trop faible. — Les fibres du coton s'agglutinent et la Pyroxyline se lave difficilement. Au séchage, la texture se révèle courte et pourrie. Il n'explose pas lorsqu'on le chauffe, mais ou bien il brûle doucement avec une flamme, laissant derrière lui une cendre noire — auquel cas il s'agit simplement de coton non altéré — ou bien il n'est que légèrement combustible et n'est pas explosif. Il se dissout plus ou moins parfaitement dans l'acide acétique glacial. Lorsqu'il est traité avec le mélange éthéré, il agit *partiellement*, laissant derrière lui des morceaux de coton inchangé ; la solution ne forme pas une couche transparente uniforme lors de l'évaporation, mais devient opaque et trouble en séchant. Cette opacité peut cependant être observée dans une faible mesure avec n'importe quel échantillon de Pyroxyline, si les solvants contiennent trop d'eau.

En utilisant du papier suédois à la place du coton, la pyroxyline formée dans un acide nitro-sulfurique trop faible est généralement insoluble dans l'éther et l'alcool et brûle lentement comme du papier inchangé.

En étudiant ces caractères, et en considérant en même temps qu'une *drachme et demie d'eau* dans les quantités d'acide données dans la formule (p. 188) suffira à faire la différence, l'opérateur surmontera toutes les difficultés.

PURIFICATION DES SOLVANTS NÉCESSAIRES AU COLLODION.

La pureté de l'éther employé est une question aussi importante dans la fabrication d'un bon collodion que celle de tout autre ingrédient ; il faut veiller à ce point pour obtenir un bon résultat.

Il existe quatre types d'éther vendus par les chimistes fabricants ; d'abord de l'éther sulfurique rectifié ordinaire, contenant un certain pourcentage d'alcool et d'eau ; densité d'environ ·750. Deuxièmement, l'éther lavé, qui est le même, est agité avec une quantité égale d'eau, pour éliminer l'alcool : par ce procédé, la densité du fluide est considérablement réduite. Troisièmement, l'éther est à la fois lavé et rerectifié à partir d'un alcali caustique, de manière à ne contenir ni alcool ni eau ; dans ce cas, la densité ne doit pas être supérieure à ·720. Quatrièmement, l'éther « méthylé », fabriqué à un prix inférieur aux autres.

L'éther rectifié à 750° n'est pas fiable, dans la mesure où la densité est souvent compensée par l'ajout d'eau au lieu d'alcool. L'éther méthylé ne doit être utilisé que lorsque l'économie est un objectif, car il est sujet à l'acidité et ses propriétés sont moins certaines.

Quelques-unes des qualités qui rendent l'éther impropre aux usages photographiques sont les suivantes : — une odeur particulière et désagréable, soit de quelque huile essentielle, soit d'éther acétique ; une réaction acide au papier test ; une propriété de faire brunir la solution alcoolique d'iodure de potassium avec une rapidité inhabituelle ; une réaction alcaline au papier test ; une densité élevée, due à une surabondance d'alcool et d'eau.

L'éther qui a été à la fois lavé et redistillé a toujours la composition la plus uniforme, et particulièrement si la seconde distillation est effectuée à partir de chaux vive, de carbonate de potasse ou de potasse caustique. Ces substances alcalines retiennent les impuretés, qui sont souvent de nature acide, et laissent l'éther dans un état apte à l'utilisation.

La redistillation de l'Ether est un procédé simple : il faut cependant faire preuve de la plus grande prudence en manipulant ce fluide, en raison de son caractère inflammable. Même en versant de l'éther d'une bouteille dans une autre, si une lumière, quelle qu'elle soit, se trouve à proximité, la vapeur est susceptible de s'enflammer ; et de graves blessures ont été causées par cette cause.

Purification de l'éther par redistillation à partir d'un alcali caustique ou carboné. — Prenez de l'éther sulfurique rectifié ordinaire et agitez-le avec une quantité égale d'eau pour éliminer l'alcool ; laisser reposer quelques minutes jusqu'à ce que le contenu de la bouteille se sépare en deux couches distinctes, dont la couche inférieure, c'est-à- *dire la* couche aqueuse, doit être soutirée et rejetée. Introduisez ensuite la potasse caustique, finement pulvérisée, dans la proportion d'environ une once pour une pinte d'éther lavé ; agitez encore plusieurs fois le flacon, afin que l'eau, dont une petite partie est encore présente en solution dans l'éther, soit complètement absorbée. Ensuite, laissez reposer vingt-quatre heures (pas plus , sinon la potasse pourrait commencer à décomposer l'éther), où l'on remarquera probablement que le liquide est devenu jaune et qu'un dépôt floculant s'est formé en petite quantité. Transférer dans une cornue de capacité modérée, soutenue dans une casserole d'eau tiède et correctement reliée à un condenseur. En appliquant une douce chaleur, l'éther distille tranquillement et se condense avec très peu de perte ; il faut veiller à ce qu'aucun liquide alcalin contenu dans le corps de la cornue ne pénètre, par projection ou autrement, dans le col, de manière à couler et à contaminer le liquide distillé.

Un moyen plus économique de purifier l'éther consiste, sans lavage préalable à l'eau, à l'agiter avec du carbonate de potasse ou avec de la chaux vive, et à redistiller à une température modérée.

Afin de préserver l'éther de la décomposition, il faut le conserver dans des flacons bouchés, presque pleins, et dans un endroit sombre. Les bouchons doivent être attachés avec une vessie et lutés , sinon une évaporation considérable se produira, à moins que le goulot de la bouteille n'ait été meulé avec un soin inhabituel. Après quelques mois, on constatera probablement qu'une certaine décomposition, attestée par la libération d'iode lors de l'ajout d'iodure de potassium, s'est produite. Cependant, cette quantité est faible et n'est pas de nature à endommager le fluide.

Rectification de l'esprit de vin à partir du carbonate de potasse . — Le but de cette opération est d'enlever une partie de l'eau à l'esprit, et d'augmenter ainsi sa force. L'alcool ainsi purifié peut être ajouté au Collodion presque dans n'importe quelle mesure, sans produire de glutinosité ni de pourriture du film.

Le sel appelé Carbonate de Potasse est un sel déliquescent, c'est-à-dire qu'il a une grande attraction pour l'eau ; par conséquent, lorsque l'on agite l'esprit de vin avec le carbonate de potasse, une partie de l'eau s'enlève, le sel s'y dissout et forme un liquide dense, qui refuse de se mélanger à l'alcool, et coule au fond. Au bout de deux ou trois jours, si le flacon a été secoué fréquemment, l'action est complète, et la couche inférieure de liquide peut être soutirée et rejetée. Le carbonate de potasse *pur* est un sel coûteux et une variété plus courante peut être consommée. Il doit être bien séché sur une plaque métallique chauffée et réduit en poudre avant utilisation.

La quantité peut être d'environ deux onces pour une pinte d'alcool ; ou plus, si un alcool inhabituellement concentré est requis.

Une fois la distillation terminée, on obtient un fluide contenant environ 90 pour cent d'alcool absolu, les 10 pour cent restants étant de l'eau. La densité spécifique à 60° Fahrenheit doit être comprise entre ·815 et ·825 ; l'Esprit de Vin commercial étant de ·836 à ·840.

PREPARATION DES COMPOSES IODANTS EN ETAT DE PURETE.

Ce sont les iodures de potassium, d'ammonium et de cadmium. Les propriétés de chacun sont décrites plus en détail dans la partie III.

un. *L'iodure de potassium.* — L'iodure de potassium, tel qu'il est vendu dans les magasins, est souvent contaminé par diverses impuretés. Le premier et le plus remarquable est *le Carbonate de Potasse*. Lorsqu'un échantillon d'iodure de potassium contient beaucoup de carbonate de potasse, il forme de petits cristaux imparfaits, qui sont fortement alcalins pour le papier-test, et deviennent humides lors de l'exposition à l'air, à cause de la nature déliquescente du carbonate alcalin. *Le sulfate de potasse* est également une impureté courante ; il peut être détecté par le chlorure de baryum.

Une troisième impureté de l'iodure de potassium est *le chlorure* de potassium ; on le détecte de la manière suivante : précipitez le sel par un poids égal de nitrate d'argent, et traitez la masse jaune avec une dissolution d'ammoniaque ; s'il y a du chlorure d'argent, il se dissout dans l'ammoniaque, et, après filtration, est précipité en caillé blanc par l'addition d'un excès d'acide nitrique pur. Si l'acide nitrique employé n'est pas pur, mais contient des traces de chlore libre, il faut bien laver l'iodure d'argent avec de l'eau distillée avant de le traiter avec de l'ammoniaque, sinon l'excès de nitrate d'argent libre dissous dans l'ammoniaque, en le neutralisant, produire du chlorure d'argent et provoquer ainsi une erreur.

L'iodate de potasse est une quatrième impureté souvent trouvée dans l'iodure de potassium : pour la détecter, ajoutez une goutte d'acide sulfurique dilué, ou un cristal d'acide citrique, à la solution d'iodure ; lorsque, s'il y a beaucoup d'iodate, le liquide deviendra jaune à cause de la libération d'iode libre. La logique de cette réaction est la suivante :— L'acide sulfurique s'unit à la base du sel et libère de l'acide iodhydrique (HI), *un composé incolore ;* mais si l'acide iodique (IO_5) est également présent, il décompose l'acide iodique formé en premier, oxydant l'hydrogène en eau (HO) et libérant l'iode. La production immédiate d'une couleur jaune lors de l'ajout d'un acide faible à une solution aqueuse d'iodure de potassium est donc une preuve de la présence d'un iodate. Comme l'iodate de potasse rend le collodion insensible, ce point doit être pris en compte.

L'iodure de potassium peut être rendu très pur par recristallisation dans l'alcool ou par dissolution dans de l'alcool fort de sp. gr. ·823, dans lequel le sulfate, le carbonate et l'iodate de potasse sont insolubles. La proportion d'Iodure de Potassium contenue dans les solutions alcooliques saturées varie avec la force de l'alcool (*voir* Partie III., article Iodure de Potassium).

La solution de chlorure de baryum est couramment utilisée pour détecter les impuretés dans l'iodure de potassium ; il forme un précipité blanc en présence de carbonate, d'iodate ou de sulfate. Dans les deux premiers cas, le précipité se dissout par addition d'acide nitrique dilué pur, mais dans le second il est insoluble. L'iodure commercial est cependant rarement si pur qu'il reste tout à fait clair lors de l'ajout de chlorure de baryum.

b. *L'iodure d' ammonium.* — Ce sel peut être préparé en ajoutant du carbonate d'ammoniaque à l'iodure de fer, mais plus facilement par le procédé suivant : — On prépare d'abord une solution forte d' hydrosulfate d'ammoniaque, en faisant passer de l'hydrogène gazeux sulfuré dans de la liqueur d'ammoniaque . A ce liquide, on ajoute de l'iode jusqu'à ce que la totalité du sulfure d'ammonium soit convertie en iodure. Lorsque ce point est atteint, la solution se colore immédiatement en brun à partir d'une solution d'iode libre. Lors du premier ajout d'iode, il se produit une fuite d'hydrogène gazeux sulfuré et un dépôt dense de soufre. Après que la décomposition de l' hydrosulfate d'ammoniaque soit complète, une portion d'acide iodhydrique, formée par la réaction mutuelle de l'hydrogène sulfuré et de l'iode, attaque tout carbonate d'ammoniaque qui pourrait être présent et provoque une effervescence. L'effervescence passée, le liquide est encore acide au papier-test, par excès d'acide iodhydrique ; il doit être soigneusement neutralisé avec de l'ammoniaque et évaporé par la chaleur d'un bain-marie jusqu'au point de cristallisation.

Les cristaux doivent être soigneusement séchés sur une boîte d' acide sulfurique , puis scellés dans des tubes ; de cette manière, il sera conservé incolore .

L'iodure d'ammonium est très soluble dans l'alcool, mais il n'est pas conseillé de le conserver en solution, à cause de la rapidité avec laquelle il se décompose et brunit.

L'impureté la plus courante de l'iodure d'ammonium commercial est le sulfate d'ammoniac ; on le détecte par sa solubilité modérée dans l'alcool. Le carbonate d'ammoniac est également fréquemment présent dans une large mesure, auquel cas un collodion alcalin et éventuellement un bain de nitrate alcalin seront produits.

e. *Iodure de Cadmium.* — Ce sel se forme en chauffant de la limaille de cadmium métallique avec de l'iode, ou en mélangeant les deux avec addition d'eau.

L'iodure de cadmium est très soluble dans l'alcool et dans l'eau ; la solution donnant par évaporation de grandes tables à six faces d'un éclat nacré , qui sont permanentes dans l'air. L'iodure commercial est parfois contaminé par l'iodure de zinc ; les cristaux étant imparfaitement formés et libérant lentement de l'iode lorsqu'ils sont dissous dans l'éther et l'alcool. L'iodure de cadmium pur reste presque ou tout à fait incolore dans le collodion, si le fluide est conservé dans un endroit frais et sombre.

CHAPITRE II.

FORMULE POUR LES SOLUTIONS REQUISES DANS LE PROCÉDÉ AU COLLODION.

Section I.—Solutions pour les positifs directs.
Section II.— Solutions pour les photographies négatives.

SECTION I.

Formules de solutions pour les positifs directs.

Les solutions sont prises dans l'ordre suivant : — Le collodion. — Le bain de nitrate. — Fluides révélateurs. — Liquides fixateurs. — Solution blanchissante.

LE COLLODION.

Formule n°1.

Éther purifié, sp. gr. ·720	5	drachmes fluides.
Alcool purifié, sp. gr. ·825	3	" "
Pyroxyline	3 à 5	céréales.
Iodure pur de cadmium ou d'ammonium	4	céréales.

Formule n°2.

Éther rectifié, sp. gr. ·750	6	drachmes fluides.
Spiritueux de vin, sp. gr. ·836	2	" "
Pyroxyline	2 à 4	céréales.
Iodure de potassium ou d'ammonium	3 à 4	"

Si l'opérateur souhaite préparer un bouillon de collodion nature et l'ioder selon les besoins, la dernière formule sera la suivante : -

Éther rectifié, ·750	3	onces liquides.
Alcool de ·836	2	drachmes fluides.
Pyroxyline	8 à 14	céréales.

Dissolvez la Pyroxyline et laissez le liquide reposer pendant quarante-huit heures pour s'apaiser, puis retirez-le clair avec un siphon.

À chaque once liquide de ce collodion ordinaire, ajoutez environ deux drachmes liquides du mélange iodé suivant : -

Alcool, sp. gr. ·836   1 once liquide.

Iodure de Potassium 16 céréales.

Des deux formules données ci-dessus, la première est considérée comme la meilleure, mais la seconde peut lui être substituée lorsqu'on ne peut obtenir d'eau-de-vie hautement rectifiée. L'iodure d'ammonium chimiquement pur est peut-être supérieur à tout autre iodure pour préparer un collodion portrait, mais l'iodure de cadmium, additionné d'iode libre, possède de meilleures propriétés de conservation et donne de très bons résultats. On peut aussi utiliser avantageusement un mélange des deux iodures, ou bien l'iodure de *potassium* peut être combiné avec l'iodure de cadmium : cette préparation a été très recommandée, mais le collodion sera susceptible de produire une pellicule tachetée à moins que les sels ne soient tout à fait purs.

La quantité exacte de Pyroxyline variera en fonction de la température à laquelle la préparation a été réalisée. Le collodion doit couler doucement sur le verre et rester exempt de lignes sales lors de la prise. Lorsqu'on utilise de l'iodure de cadmium, la tendance à la glutinosité sera un peu plus grande que d'habitude, ce qui doit être évité par les instructions données à la page 83 .

Le film, après trempage dans le bain, doit paraître opalescent et pas trop jaune et crémeux. Les films bleu pâle donnent de très bons positifs, mais avec plus de risque d'échec que les films plus épais (p. 109).

Si les Positifs ne sont pas parfaitement clairs et transparents dans l'ombre, dissolvez 5 grains d'Iode dans une once d'Esprit de Vin (non méthylé), et ajoutez-en quelques gouttes jusqu'à ce que le Collodion prenne une couleur jaune d'or .

Par temps chaud, il sera avantageux d'augmenter quelque peu la quantité d'alcool dans le collodion ; l'évaporation des solvants étant retardée et le film rendu moins susceptible de sécher avant son développement. Alcool *anhydre* de Sp. Gr. ·796, peut être mélangé avec de l'éther pur de ·715, même à parts égales ; mais c'est la limite extrême, et avec l'alcool le plus fort qu'on puisse ordinairement obtenir, le collodion deviendra souvent quelque peu gluant si les proportions (par mesure) de 5 parties d'éther pour 3 d'alcool sont dépassées.

Le collodion préparé par la formule n° 1 et iodé avec de l'iodure de cadmium peut être conservé pendant des semaines ou des mois sans grande perte de sensibilité ; mais lorsqu'on emploie des iodures alcalins, comme dans la seconde formule, l'iode se libère, et le liquide devient enfin brun et insensible.

LE BAIN DE NITRATE.

Nitrate d'argent	30	céréales.
Acide Nitrique 1/20 minimum , ou _{Acide} Acétique (glacial)	1 / 6	blanche.
Alcool	15	minimes.
Eau distillée	1	once liquide.

Le nitrate d'argent qu'on a fondu, pour expulser les oxydes d'azote, est toujours le plus sûr dans son action : mais il ne faut pas élever trop la chaleur, sinon le sel serait contaminé par le *nitrite* d'argent.

Dans le vocabulaire (voir partie III.), des instructions sont données pour la préparation et la purification du nitrate d'argent ; également pour tester l'eau distillée et les meilleurs substituts lorsqu'elle ne peut être obtenue.

Le bain doit être saturé d'iodure d'argent et d'acide nitrique neutralisé s'il est présent. Le nitrate d'argent qui a subi une fusion est cependant exempt d'acide nitrique.

Pesez la quantité totale de cristaux de nitrate nécessaire pour le bain et dissolvez-la dans environ deux parties d'eau. Prenez ensuite un quart de grain d'iodure de potassium pour 100 grains de nitrate, dissolvez-le dans une demi-drachme d'eau et ajoutez-le à la solution forte ; il se forme d'abord un dépôt jaune d'iodure d'argent, mais, en l'agitant, il se redissout complètement. Lorsque le liquide est clair, testez la présence d'acide nitrique libre en y laissant tomber un morceau de papier tournesol bleu. Si au bout de deux minutes le papier paraît *rougi* , de l'acide nitrique est présent, pour le neutraliser, ajouter une solution de potasse ou de carbonate de soude (et non d'ammoniaque) jusqu'à ce qu'une turbidité distincte, subsistant après agitation, se produise (un excès ne nuit pas).). Diluez ensuite la solution concentrée avec le reste de l'eau en remuant constamment et filtrez le dépôt laiteux. Si le liquide n'est pas clair au premier abord, il le deviendra probablement en le repassant à travers le même filtre.

Enfin, ajoutez l'acide acétique (préalablement testé pour les impuretés, voir partie III.) et l'alcool au liquide filtré.

À mesure que la masse du bain diminue par l'usage, remplissez-le d'une solution contenant 40 grains de nitrate par once, ce qui sera suffisant pour maintenir la force presque au point original.

La pratique courante consistant à verser occasionnellement de l'ammoniaque ou de la potasse dans la solution, pour éliminer l'acide nitrique libéré par l'iode libre dans le collodion, n'est pas recommandée (voir p. 89).

Lorsque le bain devient vieux et donne des positifs très intenses ou tachés, légèrement brumeux, avec un défaut de demi- teinte , il conviendra de le précipiter avec un chlorure et d'en préparer un nouveau.

LES FLUIDES EN DÉVELOPPEMENT.

L'une ou l'autre des trois formules suivantes peuvent être utilisées, selon le goût de l' opérateur :

FORMULE N°1.

Sulfate de fer, recristallisé	12	à 20 grains.
Acide acétique (glaciaire)	20	minimes.
Alcool	dix	minimes.
Eau	1	once liquide.

FORMULE N°2.

Acide pyrogallique	2	céréales.
Acide nitrique	1	baisse.
Eau	1	once liquide.

FORMULE N°3.

Solution de protonitrate de fer	1	once liquide.
Alcool	20	minimes.

Dans toutes ces formules , si l'eau distillée n'est pas à portée de main, lisez les instructions du Vocabulaire, Partie III, Article « Eau », pour trouver le meilleur substitut.

Remarques sur ces formules . — *La formule n° 1* est la plus simple, puisque la solution peut être utilisée *comme bain* , la même portion étant employée plusieurs fois successivement. S'il agit trop rapidement, diminuer la proportion de sulfate de fer. Un ajout d'acide nitrique, un demi-minime par once, rend l'image plus blanche et plus métallique ; mais si l'on en utilise trop, le développement se fait irrégulièrement et des paillettes d'argent se forment.

L'alcool et l'acide acétique uniformisent le développement en faisant en sorte que la solution de protosulfate se combine plus facilement avec la pellicule. Ce dernier a également pour effet de blanchir l'image et d'augmenter sa luminosité.

La solution de sulfate de fer devient rouge au maintien, par suite d'une formation graduelle de *persel*. Lorsqu'il est trop faible, ajoutez davantage de protosulfate. Le dépôt boueux qui se dépose au fond du bain est de l'argent métallique, réduit du nitrate soluble sur les plaques.

Certains opérateurs ajoutent du nitrate de potasse pur à cette solution de développement, pour former une *petite partie* de protonitrate de fer. On dit qu'il améliore légèrement la couleur. Les proportions sont de 10 grains de nitrate de potasse pour environ 14 ou 15 grains de protosulfate de fer.

Formule n° 2. — Dans cette formule, si la couleur de l'image n'est pas suffisamment blanche, essayez l'effet d'augmenter légèrement la quantité d'acide nitrique. Au contraire, si le développement est imparfait par endroits et qu'on observe des taches de couleur verte, emploie *trois grains* d'acide pyrogallique par once, avec moins d'acide nitrique. Quelques gouttes de solution de nitrate d'argent ajoutées au Pyrogallic, immédiatement avant utilisation, augmenteront l'énergie de développement lorsque des taches bleues et vertes apparaîtront.

La formule n° 3, ou protonitrate de fer, ne nécessite aucun ajout d'acide ; mais il conviendra, dans quelques cas, d'y ajouter quelques gouttes de nitrate d'argent immédiatement avant le développement. Il donne une image métallique brillante, ressemblant à celle obtenue en ajoutant de l'acide nitrique au protosulfate de fer.

Le processus suivant est couramment suivi pour préparer le protonitrate de fer : -

Prenez 300 grains de nitrate de baryte, en poudre, et dissolvez-le à l'aide de la chaleur dans trois onces d'eau. Puis jetez peu à peu, sous agitation constante, du sulfate de fer cristallisé *en poudre*, 320 grains. Continuez à remuer pendant environ cinq ou dix minutes. Laisser refroidir et filtrer le dépôt blanc, qui est le sulfate insoluble de baryte.

A la place du nitrate de baryte, le nitrate de plomb peut être utilisé (le sulfate de plomb étant un sel insoluble), mais la quantité nécessaire sera différente. Les poids atomiques du nitrate de baryte et du nitrate de plomb sont compris entre 131 et 166 ; par conséquent, 300 grains du premier équivalent à 380 grains du second.

LA SOLUTION DE FIXATION.

Cyanure de Potassium 2 à 12 céréales.

Eau commune   1 once liquide.

Le cyanure de potassium est habituellement préféré à l'hyposulfite de soude pour fixer les positifs directs ; il est moins susceptible de nuire à la pureté de la couleur blanche . Le pourcentage de *carbonate de potasse* dans le cyanure de potassium commercial est si variable qu'aucune instruction exacte ne peut être donnée pour la formule. Il est cependant préférable de l'utiliser plutôt dilué, d'une force telle que la plaque se nettoie progressivement en une demi-minute à une minute.

La solution de Cyanure de Potassium se décompose lentement en se conservant, mais elle conserve habituellement son pouvoir solvant pendant plusieurs semaines. Afin d'échapper aux inconvénients de l' odeur âcre dégagée par ce sel, beaucoup emploient un bain vertical pour contenir la solution ; mais dans ce cas il faut laver soigneusement les plaques avant de les fixer, car les sels de fer hâtent la décomposition du cyanure.

LA SOLUTION DE BLANCHIMENT.

Bichlorure de Mercure 30 céréales.

Eau distillée   1 once liquide.

Par une légère application de chaleur, le sublimé corrosif se dissout et forme une solution aussi saturée que possible aux températures courantes. L'ajout d'une portion d'acide muriatique permet à l'eau d'absorber une plus grande quantité de bichlorure ; mais cette solution concentrée, en même temps qu'elle blanchit plus vite que l'autre, est susceptible d'agir inégalement sur les différentes parties de l'image.

Avant d'appliquer le Bichlorure, l'image doit être fixée et la plaque bien lavée. Pour le développement, on peut utiliser soit le protosulfate de fer, soit l'acide pyrogallique avec acétique (p. 223) ; mais le processus de blanchiment est plus rapide et plus uniforme dans ce dernier cas.

SECTION II.

Formules , etc., pour les solutions négatives. [34]

[34] Le même bain de collodion et de nitrate peut être utilisé à la fois pour les positifs et les négatifs si nécessaire ; mais il y a quelques points de différence mineurs qui sont inclus dans les remarques suivantes.

LE COLLODION.

FORMULE N°1.

Éther purifié, sp. gr. ·720	5	drachmes fluides.
Alcool purifié, sp. gr. ·825	3	drachmes fluides.
Pyroxyline soluble	4 à 8	céréales.
Iodure pur de cadmium ou d'ammonium	4 à 5	céréales.

FORMULE N°2.

Éther rectifié, sp. gr. ·750	6	drachmes fluides.
Alcool, sp. gr. ·836	2	drachmes fluides.
Pyroxyline soluble	4 à 8	céréales.
Iodure de Potassium ou d'Ammonium	4	céréales.

Lorsque le mélange de collodion et d'iodage sont maintenus séparés, la deuxième formule s'affichera ainsi : -

Éther rectifié ·750	3	onces liquides.
Alcool de ·836	2	drachmes fluides.
Pyroxyline	15 à 30	céréales.

À chaque once liquide de ce collodion nature, ajoutez 2 drachmes liquides de la solution iodante suivante : -

Alcool, sp. gr. ·836	1	once liquide.
Iodure de Potassium	20	céréales.

Lorsque la température de l'acide nitro- sulfurique utilisé pour fabriquer la Pyroxyline est élevée (140° à 155°), il arrive souvent que le collodion soit trop fluide avec 4 grains de papier soluble par once, et forme une pellicule bleue transparente de Iodure en trempant la plaque dans le bain. Dans ce cas , augmentez la quantité de Pyroxyline de 4 grains à 6, voire à 8 grains par once.

Si le collodion est gluant et produit une surface ondulée, avec moins de 4 grains de pyroxyline par once, il est probable que l'alcool est trop faible, ou que le coton soluble est mal fait.

Si des flocons d'iodure d'argent se détachent à la surface de la pellicule et tombent dans le bain, le collodion est trop iodé et il sera impossible d'obtenir une bonne image.

Après que le collodion a été employé pour revêtir un certain nombre de plaques, les proportions relatives d'alcool et d'éther qu'il contient deviennent modifiées, à cause de la volatilité supérieure de ce dernier fluide : lorsqu'il cesse de s'écouler facilement et donne un film plus dense que d'habitude. , diluez-le par addition d'un peu d'Ether rectifié.

Lors de la dissolution de la Pyroxyline , toute matière fibreuse ou floculante qui résiste à l'action de l'éther doit être laissée tomber, la partie claire étant décantée pour être utilisée. L'iodure de potassium doit être finement réduit en poudre et digéré avec l'alcool jusqu'à dissolution ; il vaut mieux ne pas appliquer de chaleur. L'iodure d'ammonium et l'iodure de cadmium se dissolvent presque immédiatement si les sels sont purs.

Le Collodion doit être conservé dans un endroit frais et sombre. Lorsqu'il est préparé avec de l'iodure d'ammonium ou de potassium, il devient enfin très coloré et insensible. L'iode libre peut ensuite être éliminé par une bande de zinc pur ou une feuille d'argent.

Lorsque la sensibilité n'est pas un objet, beaucoup préfèrent travailler avec un vieux collodion coloré , trouvant qu'il donne plus d'intensité. Il a été démontré à la page 97 qu'un changement particulier se produit dans le collodion après l'iodation, par lequel l'intensité de l'image est augmentée.

Mode d'emploi de la Glycyrrhizine dans le Collodion. — L'action de ce matériau a été décrite à la page 114 . Le collodion doit être iodé avec de l'iodure de cadmium seulement , ou avec un mélange d'iodures et de bromures d' alcalis . La condition qui nécessite l'emploi de la Glycyrrhizine est celle que l'on trouve souvent dans un Collodion nouvellement fabriqué et plutôt gluant, à savoir. sensibilité du film, avec de bonnes demi-teintes, mais une intensité insuffisante dans les hautes lumières. Dissoudre la glycyrrhizine dans l'alcool (non méthylé) dans la proportion de 5 grains par once : cette solution pourra peut-être se conserver inchangée pendant trois ou quatre mois. À chaque once de collodion, ajoutez une à quatre gouttes et exposez dans l'appareil photo quelques secondes de plus qu'auparavant. L'effet de la Glycyrrhizine sur le Collodion peut ne pas être pleinement produit immédiatement ; si tel est le cas, le liquide doit être mis de côté pendant vingt-quatre heures.

Utilisation du Nitro-glucose dans le Collodion. — Le nitro-glucose est une substance analogue à la Pyroxyline , mais plus instable. Lorsqu'on l'ajoute au collodion iodé avec les iodures alcalins, il se décompose lentement, libère de l'iode, diminue dans une certaine mesure la sensibilité et confère de l'intensité. Comme la Glycyrrhizine , elle peut être utilisée pour remédier à la faiblesse de l'image, et pour donner de l'opacité aux noirs. Préparez le nitro-glucose selon les instructions données dans le Vocabulaire, Partie III. Dissoudre vingt grains dans une once d'alcool pur et agiter avec de la craie en poudre pour éliminer l'acide libre. Ajoutez de cinq à huit gouttes à chaque once de collodion. Au bout de quelques jours, plus ou moins selon la température, le collodion deviendra plus foncé en couleur et on le trouvera à l'essai pour produire un tableau plus vigoureux.

Collodion pour les climats chauds. — Dans ce cas, l'iodure d'ammonium doit être évité, car instable et susceptible de changer de couleur. L'iodure de cadmium peut être remplacé, qui reste tout à fait incolore lorsqu'il est dissous dans l'alcool et l'éther.

Le collodion iodé avec l'iodure de potassium se conserve généralement environ six semaines ou deux mois ; mais aucune règle certaine ne peut être donnée, cela dépend beaucoup de l'état de l'éther et de la chaleur du temps.

Le collodion ordinaire peut conserver ses propriétés intactes pendant cinq ou six mois, parfois beaucoup plus longtemps ; mais il y a une tendance à la formation du principe acide (p. 85) ; et par conséquent, lors de l'addition d'un iodure alcalin au vieux collodion, la coloration est ordinairement très rapide. La structure du film transparent peut également être endommagée par une conservation trop longue du collodion pur.

Les photographes qui désirent opérer au Collodion dans des climats chauds trouveront avantageux d'emporter avec eux la Pyroxyline préparée et les solvants spiritueux, en observant que les flacons sont soigneusement *lutés*, et qu'une bulle d'air est laissée dans le goulot de chacun, pour permettre pour l'expansion nécessaire, qui pourrait autrement faire éclater le verre ou faire sortir le bouchon.

LE BAIN DE NITRATE.

Cette solution peut être préparée selon la même formule que celle donnée pour les positifs directs à la page 203, en acidifiant la solution avec de l'acide acétique de préférence à l'acide nitrique.

LA SOLUTION EN DÉVELOPPEMENT.

Acide pyrogallique	1	grain.
Acide acétique (glaciaire)	dix	à 20 minimes,
ou le fort d'acide acétique de Beaufoy.	1	drachme fluide.
Alcool	dix	minimes.
Eau distillée	1	once liquide.

À la place de l'eau distillée, de l'eau de pluie pure peut être utilisée (voir Partie III, Art. "Eau").

La quantité d'acide acétique nécessaire varie en fonction de la force de l'acide et de la température de l'atmosphère. Un excès permet au manipulateur de recouvrir plus facilement la plaque avant le début de l'action, mais lorsque la photo est prise dans une lumière terne, il est susceptible de donner une teinte bleutée et d'encre à l'image. Par temps froid, utilisez moins d'acétique et deux fois plus d'acide pyrogallique. Avec du collodion préparé à partir d'alcool presque anhydre et iodé avec de l'iodure de cadmium, il faudra toute la quantité d'acide acétique, car il y a quelquefois un peu de difficulté à faire couler le révélateur jusqu'au bord de la feuille.

Si l'image ne peut pas être rendue suffisamment noire, deux ou trois minimes de solution de bain de nitrate peuvent être ajoutés à chaque drachme vers la fin du développement.

Si la solution est conservée quelque temps après sa première préparation, elle devient brune et décolorée. Dans cet état, il développera toujours l'image, mais il est moins susceptible de donner une image claire et vigoureuse. Une solution d'acide pyrogallique dans l'acide acétique se conserve pendant plusieurs semaines et peut être diluée si nécessaire.

Voici une bonne formule : –

| Acide pyrogallique | 12 | céréales. |
| Acide acétique de Beaufoy | 1 | once liquide. |

À une drachme, ajoutez sept drachmes d'eau.

LE LIQUIDE FIXANT.

Cyanure de Potassium	2	à 12 à 20 grains
Eau	1	once liquide.
ou, hyposulfite de soude	½	once.
Eau	1	once liquide.

Pour les remarques sur le bain fixateur au cyanure de potassium, voir la dernière section, page 207.

CHAPITRE III.

MANIPULATIONS DU PROCÉDÉ DU COLLODION.

CEUX-CI peuvent être classés sous cinq chefs : - Nettoyage des plaques. - Revêtement avec de l'iodure d'argent. - Exposition dans l'appareil photo. - Développement de l'image. - Fixation de l'image. instructions pour le choix et la gestion des objectifs, pour copier des gravures, des manuscrits, etc., et pour prendre des photographies stéréoscopiques et microscopiques.

NETTOYAGE DES PLAQUES DE VERRE.

Des précautions doivent être prises lors de la sélection du verre à utiliser en photographie. Le verre à fenêtre ordinaire est de qualité inférieure, ayant des rayures sur la surface, dont chacune peut provoquer une action irrégulière du fluide en développement ; et les carrés sont rarement plats, de sorte qu'ils sont susceptibles d'être brisés par la compression pendant le processus d'impression.

La plaque brevetée répond mieux que toute autre description du verre ; mais s'il n'est pas possible de se le procurer, le « verre à couronne plate » peut être remplacé.

Avant de laver les verres, chaque carré doit être dépoli sur les bords au moyen d'une lime ou d'une feuille de papier émeri ; ou plus simplement, en dessinant les bords de deux plaques l'un sur l'autre. Si cette précaution est omise, les doigts risquent de se blesser et le film de Collodion peut se contracter et se séparer des côtés.

Pour nettoyer les verres, il ne suffit généralement pas de les laver simplement à l'eau ; d'autres liquides sont nécessaires pour éliminer *la graisse*, le cas échéant. Une crème de poudre de Tripoli et d'alcool de vin, additionnée d'un peu d'ammoniaque, est couramment employée. Une touffe de coton est trempée dans ce mélange et les verres en sont bien frottés pendant quelques minutes. Ils sont ensuite rincés à l'eau claire et essuyés avec un chiffon.

Les chiffons utilisés pour nettoyer les lunettes doivent être réservés expressément à cet effet ; il est préférable qu'ils soient fabriqués à partir d'un matériau vendu sous le nom de « couche » fine et très exempt de floccus et de fibres faiblement adhérentes . Ils ne doivent pas être lavés *à l'eau et au savon*, mais toujours à l'eau pure ou à l'eau additionnée d'un peu de Carbonate de Soude.

Après avoir soigneusement essuyé le verre, terminez le processus en le polissant avec un vieux mouchoir en soie, en évitant tout contact avec la peau de la main. Certains objectent à *la soie* , car elle tend à rendre le verre électrique, et ainsi à attirer les particules de poussière, mais en pratique aucun inconvénient ne sera ressenti de cette source.

Avant de décider que le verre est propre, tenez-le dans une position angulaire et *respirez* dessus. L' importance de prêter attention à cette règle simple sera immédiatement comprise en se référant aux remarques faites à la page 39 . Dans les procédés de conservation du miel et de Collodio - Albumen, il est particulièrement nécessaire que les verres soient soigneusement nettoyés, en raison de la tendance du film à se détacher ou à former des cloques pendant le développement et les lavages. La potasse caustique, vendue par les pharmaciens sous le nom de « Liqueur Potasse », est très efficace, ou à sa place, une solution tiède de « soude de lavage » (carbonate de soude). La liqueur Potasse , étant un liquide caustique et alcalin, adoucit la peau et la dissout ; il faut donc le diluer avec environ quatre parties d'eau et l'appliquer sur le verre au moyen d'un rouleau cylindrique de flanelle. Après avoir soigneusement mouillé les deux faces, laissez le verre reposer un certain temps jusqu'à ce que plusieurs aient été traités de la même manière ; puis laver à l'eau et sécher avec un chiffon.

L'utilisation d'une solution alcaline suffit généralement pour nettoyer le verre, mais certaines plaques sont parsemées en surface de petites taches blanches, non éliminables par la potasse. Ces taches peuvent être constituées de particules dures de *carbonate de chaux* , et lorsque tel est le cas, elles se dissolvent facilement dans un acide dilué , de l'huile de vitriol, avec environ quatre parties d'eau ajoutées, ou de l'acide nitrique dilué.

L'objection à l'emploi de l'acide nitrique est que s'il entre en contact avec la robe, il produit des taches qui ne peuvent être enlevées à moins d'être *immédiatement* traitées avec un alcali. Une goutte d'ammoniaque doit être appliquée sur la tache avant qu'elle ne jaunisse et ne se fane.

Lorsque des positifs doivent être prélevés, il est conseillé de faire preuve de précautions supplémentaires dans la préparation du verre, en particulier avec des films transparents pâles et un bain de nitrate neutre.

Après qu'un verre a été enduit une fois de Collodion, il n'est pas nécessaire, pour le nettoyer une seconde fois, d'utiliser autre chose que de l'eau pure ; mais si le film a durci et séché, il faudra éventuellement diluer de l'huile de vitriol ou du cyanure de potassium pour éliminer les taches.

Lorsque les verres ont été utilisés à plusieurs reprises en photographie , ils finissent souvent par devenir si ternes et tachés qu'il vaut mieux les rejeter.

REVÊTEMENT DE LA PLAQUE AVEC LE COLLODIO-IODURE D'ARGENT.

Cette partie du processus, ainsi que celle qui suit, doivent être réalisées dans une pièce d'où les rayons lumineux chimiques sont exclus. On en déduit donc que l'exploitant s'est doté d'un appartement de ce type.

Le plan le plus simple pour préparer la pièce consiste à clouer une triple épaisseur de calicot jaune sur toute la fenêtre, ou sur une partie de celle-ci, le reste étant obscurci. A cela, on peut ajouter une seule épaisseur d'un matériau imperméable fabriqué en enduisant le lin de gutta-percha, comme sécurité supplémentaire contre l'entrée de la lumière blanche, dont le plus petit crayon admis dans la pièce provoquerait de la buée.

Il est souvent commode de s'éclairer au moyen d'une bougie protégée par un verre jaune. Un jaune orange foncé, proche du brun, est plus imperméable aux rayons chimiques qu'un jaune canari plus clair. Les lampes adaptées à cet effet sont vendues par les fabricants d'appareils et de produits chimiques.

Avant d'enduire la plaque de Collodion, vérifiez que le fluide est parfaitement clair et transparent, et que toutes les particules se sont déposées au fond ; aussi que le goulot de la bouteille est exempt de croûtes dures et sèches qui, si on les laissait subsister, se dissoudraient partiellement et produiraient des stries sur le film. Lors de la prise de petits portraits et de sujets stéréoscopiques, ces points revêtent une importance particulière, et chaque photo sera gâchée si on n'y prête pas attention.

Un appareil utile pour éliminer le collodion est celui représenté dans la gravure sur bois suivante.

Le collodion, iodé quelques heures auparavant, est laissé se décanter et devenir clair dans cette bouteille ; puis, en soufflant doucement à la pointe du tube le plus court, le petit siphon en verre est rempli et le liquide est aspiré plus étroitement qu'on ne pourrait le faire en le versant simplement d'une bouteille à l'autre.

Lorsque le Collodion est bien débarrassé des sédiments, l'opérateur prend une plaque de verre préalablement nettoyée et l'essuie délicatement avec un mouchoir en soie, afin d'éliminer les particules de poussière qui auraient pu s'accumuler ultérieurement. S'il s'agit d'une assiette de dimensions moyennes, elle peut être tenue par les coins en position horizontale, entre l'index et le pouce de la main gauche. Le Collodion doit être versé régulièrement jusqu'à ce qu'une flaque circulaire se forme, s'étendant presque jusqu'aux bords du verre.

Par une légère inclinaison de la plaque, le liquide est amené à s'écouler vers le coin marqué 1, dans le schéma ci-dessus, jusqu'à ce qu'il touche presque le pouce par lequel est tenu le verre : du coin 1, il passe au coin 2, tenu par le index; de 2 à 3, et enfin, l'excédent reversé dans la bouteille à partir du coin marqué n° 4. On le maintiendra alors verticalement au-dessus de la bouteille pendant un moment, jusqu'à ce qu'il cesse *presque* de s'égoutter, puis, en soulevant le pouce, la direction de la plaque est modifiée, de manière à faire fusionner les lignes diagonales et à produire une surface lisse. L'opération de revêtement d'une plaque avec du Collodion ne doit pas être faite à la hâte, et rien n'est nécessaire pour assurer le succès si ce n'est la fermeté de la main et une quantité suffisante de liquide versé en premier lieu sur la plaque.

Pour le revêtement de plaques plus grandes, le support *pneumatique*, qui se fixe par aspiration, sera le plus simple et le plus utile.

Le bon moment pour plonger le film dans le bain. — Après avoir exposé pendant un court instant une couche de Collodion à l'air, la plus grande partie de l'Ether s'évapore et laisse la Pyroxyline dans un état où elle n'est ni humide ni sèche, mais reçoit l'empreinte du doigt sans y adhérer. . Les photographes appellent cette *mise en scène*, et lorsqu'elle se produit, c'est le signe que le moment est venu de la soumettre à l'action du Bain.

Si l'on plonge le film dans le nitrate avant qu'il ait pris, l'effet est le même que celui produit en ajoutant de l'eau au collodion. La Pyroxyline précipite en partie, il y a par conséquent des fissures et le révélateur ne remonte pas toujours jusqu'au bord du film. Au contraire, si on le laisse trop sécher, l'iodure d'argent ne se forme pas parfaitement, et la pellicule, lavée et exposée à la lumière, présente un aspect irisé particulier, et est plus pâle dans certaines parties que chez les autres.

Aucune règle ne peut être donnée sur le temps exact qui doit s'écouler : il varie avec la température de l'atmosphère et avec les proportions d'éther et de pyroxyline ; Collodion mince ne contenant que peu d'alcool et nécessitant une immersion plus rapide. Vingt secondes de manière courante, ou dix secondes par temps chaud, constitueront un temps moyen.

Lorsque la plaque est prête, posez-la sur la louche en verre, côté collodion en haut, et abaissez-la dans la solution par un mouvement lent et régulier : si une pause est faite, une ligne horizontale correspondant à la surface du liquide se formera. Placez ensuite le couvercle sur la goulotte verticale [35] et assombrissez la pièce, si ce n'est pas déjà fait. Comme la présence de lumière blanche ne nuit pas à la plaque avant son immersion dans le bain, il n'est pas nécessaire de l'exclure pendant le temps d'enduction au Collodion.

[35] Les auges en gutta-percha, en verre ou en porcelaine sont couramment utilisées ; ces derniers sont les meilleurs, étant assez opaques et non sujets aux fissures ou aux fuites.

Lorsque la plaque est restée dans la solution une vingtaine de secondes, soulevez-la partiellement deux ou trois fois, afin d'éliminer l'éther de la surface. Une immersion d'une minute à une minute et demie sera généralement suffisante ; ou deux minutes par temps froid, et avec du collodion contenant peu d'alcool. Continuez à déplacer la plaque jusqu'à ce que le liquide s'écoule en une feuille uniforme, alors que la décomposition peut être considérée comme suffisamment parfaite. Le principal obstacle à cette partie du processus réside dans la difficulté avec laquelle l'éther et l'eau se mélangent, ce qui fait que la surface du collodion, lors de sa première immersion, apparaît huileuse et couverte de stries. Par un mouvement doux, l'éther est éliminé et une couche lisse et homogène est obtenue.

La plaque est ensuite retirée de la louche et tenue verticalement dans la main pendant quelques secondes sur du papier buvard, pour égoutter autant que possible de la solution de nitrate d'argent. [36] Il est ensuite essuyé sur le dos avec du papier filtre, placé sur une lame propre et sèche, et est prêt pour l'appareil photo.

[36] Ce papier buvard doit être changé fréquemment, sinon des taches se produiront au bord inférieur de la plaque pendant le développement.

Il est fortement recommandé à l'amateur de ne pas prendre de photos avec l'appareil photo avant qu'avec un peu de pratique il ait réussi à produire un film parfait, uniforme dans toutes ses parties et qui résistera à l'inspection une fois lavé et exposé à la lumière.

S'il est correctement préparé, il doit présenter l' aspect suivant : – Lisse et uniforme, tant à la lumière réfléchie qu'à la lumière transmise ; exempt de lignes ondulées ou de marquages tels que ceux qui seraient provoqués par une Pyroxyline glutineuse , et de points opaques dus à de petites particules de poussière ou d'Iodure d'Argent en suspension dans le Collodion.

Les traces d'une immersion trop rapide dans le bain sont recherchées sur le côté de la plaque d'où le collodion a été coulé. Cette partie reste mouillée plus longtemps que l'autre, et c'est toujours elle qui souffre le plus ; On voit des fissures horizontales ou des marques ressemblant à de la végétation, dont chacune provoquerait une action irrégulière du fluide en développement. En revanche, il faut examiner la partie supérieure de la plaque pour y déceler la couleur pâle caractéristique d'une pellicule devenue trop sèche avant l'immersion, le collodion étant plus fin en cet endroit qu'en tout autre.

EXPOSITION DE LA PLAQUE DANS LA CAMÉRA.

Après que la plaque ait été rendue sensible, elle doit être exposée et développée avec toute la diligence voulue ; l'intensité des Négatifs étant, avec du Collodion, sensiblement diminuée en négligeant ce point (voir p. 100).

Assurez-vous que les joints de l'appareil photo sont serrés dans toutes leurs parties, que la plaque sensible, lorsqu'elle est placée dans la diapositive, tombe précisément dans le même plan que celui occupé par le verre dépoli, et que les foyers chimiques et visuels de l'objectif correspondent exactement. [37]

[37] Voir la deuxième section de ce chapitre.

Supposons qu'il s'agisse d'un portrait, procédez ensuite à disposer le modèle le plus près possible en position verticale, afin que chaque partie puisse être à égale distance de l'objectif. Ensuite, en traçant une ligne imaginaire de la tête au genou, pointez l'appareil photo légèrement vers le bas, de manière à ce qu'il soit perpendiculaire à la ligne. Si ce point est négligé, la figure risque d'être déformée d'une manière que nous allons maintenant montrer (p. 228).

Pour réussir ses portraits, le modèle doit être éclairé par une lumière uniforme et diffuse tombant horizontalement. Une lumière verticale provoque une ombre profonde sur les yeux et fait paraître les cheveux gris : il faut donc les couper par un rideau de calicot bleu ou blanc suspendu au-dessus de la tête. Les rayons directs du soleil sont généralement à éviter, car ils provoquent un trop grand contraste d'ombre et de lumière. C'est un point sur lequel l'exploitant doit exercer son jugement. Avec un collodion faible, une meilleure image négative peut souvent être obtenue en plaçant le sujet tout à fait à l'air libre, mais lorsque le collodion et le bain sont en état de donner une grande intensité d'image, la gradation des tons sera inférieure à moins que la lumière ne soit appliquée. être empêché de tomber trop fortement sur le visage et les mains.

Lors de la mise au point de l'objet, couvrez la tête et la partie arrière de l'appareil photo avec un tissu noir et déplacez doucement l'objectif jusqu'à obtenir la plus grande netteté possible. Insérez ensuite la plaque sensible, et après avoir relevé la porte de la diapositive, couvrez le tout d'un tissu noir pendant l'exposition, comme garantie contre la lumière blanche qui ne trouverait aucune entrée sauf à travers la lentille.

En ce qui concerne le moment approprié pour l'exposition, beaucoup de choses dépendent de l'éclat de la lumière et de la nature du collodion, qu'il faut s'en remettre presque entièrement à l'expérience. Les règles générales suivantes peuvent cependant être utiles : -

Par une journée assez lumineuse au printemps ou en été, et avec un collodion nouvellement mélangé, comptez quatre secondes pour un portrait positif et huit secondes pour un négatif. Avec un objectif à double combinaison de grande ouverture et de mise au point courte, trois secondes, voire six secondes, voire moins, peuvent suffire.

Pendant les mois d'hiver maussades, dans l'atmosphère enfumée des grandes villes, ou lorsque vous utilisez un vieux collodion brun à base d'iode libre, multipliez ces chiffres par trois ou quatre, ce qui sera une approximation de l'exposition requise. C'est par l'aspect présenté sous l'influence du révélateur, qui sera immédiatement décrit, que l'opérateur connaît le bon temps d'exposition à la lumière.

LE DÉVELOPPEMENT DE L'IMAGE.

Les détails du développement de l'image latente diffèrent tellement dans le cas des images positives et négatives qu'il est préférable de décrire les deux séparément.

Le développement des positifs directs. — Avec le sulfate de fer comme révélateur, il est très simple de développer l'image par immersion. La solution peut commodément être versée dans une auge verticale, telle que celle utilisée pour l'excitation, et la plaque immergée au moyen d'une louche en verre de la manière habituelle. Sauf temps froid, l'image apparaît en trois ou quatre secondes, puis le film est immédiatement lavé à l'eau claire. Pendant qu'elle est dans le bain, la plaque est maintenue en mouvement doux, et l'opérateur ne doit pas s'attendre à voir l'image très distinctement, à l'exception des hautes lumières ; les ombres, étant faibles, sont partiellement masquées par l'iodure non altéré, mais elles ressortent lors de la fixation. L'action du sulfate de fer est arrêtée de bonne heure, sinon un excès de développement se produira. Le bain peut être utilisé à plusieurs reprises.

En utilisant de l'acide pyrogallique ou du nitrate de fer pour développer des positifs en verre, la plaque peut être placée sur un support de nivellement, ou tenue à la main, ou par le support pneumatique, et la solution versée rapidement dans un coin ; en soufflant doucement ou en inclinant la main, selon le cas, on la répartit uniformément sur le film avant le début du développement.

Si une difficulté est rencontrée pour recouvrir uniformément une plaque avec un révélateur puissant avant le début de l'action, elle peut être surmontée en utilisant une cellule peu profonde formée en cimentant deux ou trois épaisseurs de verre à vitre sur un morceau de plaque brevetée à la profondeur d'un mètre. quart de pouce. La taille de la cellule ne doit être que légèrement supérieure à celle de la plaque destinée à être développée, afin que le gaspillage de fluide soit le plus faible possible.

La cellule est tenue dans la main gauche, et la plaque étant placée dedans, on verse par un coin une quantité suffisante de révélateur. Par une légère inclinaison, le fluide s'écoule en une feuille uniforme sur la surface du film, d'avant en arrière. L'image démarre rapidement, puis le révélateur est immédiatement versé et le film lavé comme auparavant.

Il est très important lors du développement de Positifs d'utiliser une quantité suffisante de solution pour recouvrir facilement la plaque ; sinon des taches et des marques huileuses se forment, dues au révélateur qui ne se combine pas correctement avec la surface du film. Pour une assiette de cinq pouces sur quatre, il faudra trois ou quatre drachms, et cela en proportion pour les plus grandes dimensions.

L'apparence de l'image positive après développement, comme guide pour le temps d'exposition approprié. — Lorsque la plaque a été développée, elle est lavée, fixée et posée sur un fond sombre, tel qu'un morceau de velours noir, pour inspection. .

Dans le cas d'un portrait, si les traits ont un aspect anormalement noir et sombre, les parties sombres des draperies, etc., étant invisibles, l'image a été *sous-exposée*.

En revanche, dans une planche surexposée, le visage est généralement pâle et blanc, et les drapés brumeux et indistincts. Cependant, à cet égard, beaucoup dépend de la tenue vestimentaire du modèle (voir p. 66) et de la manière dont la lumière est projetée ; si la partie supérieure de la figure est trop ombrée, le visage sera peut-être le dernier à être vu. L'opérateur doit s'habituer à se donner du mal lors de la mise au point préliminaire sur le verre dépoli, et à s'assurer alors que chaque partie de l'objet est également éclairée. Pour cette raison, les photos prises dans une pièce sont rarement réussies ; la lumière tombe entièrement d'un côté, et par conséquent les ombres sont sombres et indistinctes.

Le développement d' images négatives. — Ce processus diffère à bien des égards de celui des Positifs. Dans ce dernier cas, on a tendance à surdévelopper l' image ; mais dans le premier cas, arrêter l'action trop tôt ; il est donc courant de trouver des images négatives insuffisamment développées et trop pâles pour être bien imprimées.

Lors du développement de négatifs, de nombreux opérateurs placent la plaque sur un support de mise à niveau et distribuent le fluide en soufflant doucement sur la surface ; d'autres préfèrent le tenir dans la main et verser et retirer le liquide à partir d'une mesure en verre. La quantité de révélateur nécessaire sera inférieure à celle utilisée pour les Positifs, dans la mesure où, si l'acide acétique est présent en excès suffisant, il est facile de recouvrir la plaque avant le début de l'action. Cependant, un peu de collodion, notamment gluant, semble repousser le révélateur et l'empêcher de remonter jusqu'au bord de la plaque. Lorsque tel est le cas, ou lorsqu'un aspect huileux et des taches se produisent, du fait que le bain est vieux et contient de l'éther, il faut ajouter de l'alcool à la solution d'acide pyrogallique.

Avec le collodion négatif ordinaire, un ajout de nitrate d'argent au révélateur sera souvent nécessaire ; mais l'acide pyrogallique doit être utilisé seul jusqu'à ce que l'image ait atteint son maximum d'intensité, ce qu'elle fera en une minute environ, selon la température de la pièce de développement. La plaque peut ensuite être examinée tranquillement en la plaçant devant et à une certaine distance d'une feuille de papier blanc. S'il n'est pas suffisamment noir, ajoutez environ quatre gouttes de bain de nitrate à chaque drachme de révélateur, mélangez bien avec une tige de verre et continuez l'action jusqu'à ce que l'intensité requise soit obtenue. Lorsqu'il y a une tendance à *la buée dans la plaque* vers la fin du développement, on peut l'éviter en fixant avec du cyanure de potassium (et non de l'hyposulfite), puis, après un lavage soigneux, en intensifiant avec de l'acide pyrogallique et du nitrate d'argent dans le Manière habituelle. Le verre qui contient le mélange d'acide pyrogallique et de nitrate d'argent doit être lavé après chaque plaque, car le dépôt noir hâte la décoloration de la solution fraîche (p. 179).

Apparition de l'image négative pendant et après le processus de réduction, comme guide pour l'exposition à la lumière. — Une plaque sous-exposée se développe lentement. En continuant l'action de l'acide pyrogallique, les hautes lumières *deviennent très noires*, mais les ombres sont invisibles, on ne voit que l'iodure jaune sur ces parties de la plaque. Après traitement au cyanure, l'image apparaît bien comme un positif, mais par lumière transmise tous les détails mineurs sont invisibles ; l'image est en noir et blanc, sans aucune demi-teinte.

Un négatif surexposé se développe rapidement au début, mais commence bientôt à noircir légèrement sur chaque partie de la plaque. Une fois la fixation terminée, la lumière réfléchie ne permet souvent de voir qu'une surface grise uniforme d'argent métallique, sans aucune apparence (ou, tout au plus, indistincte) d'image. En lumière transmise, la plaque peut apparaître d'une couleur rouge ou brune et l'image est *faible* et terne. Les parties claires du Négatif étant obscurcies par la buée, et les demi-ombres ayant agi si longtemps qu'elles ont presque dépassé les lumières, il y a un manque de *contraste convenable ;* la plaque surexposée est donc l'exact inverse de la plaque sous-exposée, où le contraste entre les lumières et les ombres est trop marqué, faute de teintes intermédiaires.

Un négatif qui a reçu la quantité appropriée d'exposition possède généralement les caractères suivants une fois le développement terminé : — L'image est partiellement mais pas entièrement vue par la lumière réfléchie. Dans le cas d'un portrait, toutes les parties sombres de la draperie apparaissent bien comme un positif, mais les traits du modèle sont à peine discernables. La plaque a un aspect général de buée *sur le point de commencer*, mais non réellement établie. En lumière transmise, la figure est lumineuse et semble se détacher du verre : les ombres sombres sont claires, sans aucun dépôt brumeux d'argent métallique ; les hautes lumières sont noires *presque* pour compléter l'opacité. La *couleur* de l'image varie cependant beaucoup avec l'état du bain et du collodion et avec l'intensité de la lumière.

Les remarques déjà faites sous le titre des Positifs s'appliquent également bien aux Négatifs ; c'est-à-dire qu'il sera difficile d'obtenir une gradation de ton, à moins que l'objet ne soit *également* éclairé, sans aucun fort contraste d'ombre et de lumière. C'est pourquoi les rayons directs du soleil doivent, en règle générale, être évités et des rideaux, etc., doivent être utilisés lorsque cela est possible.

FIXATION ET VERNISSAGE DE L'IMAGE.

Une fois le développement terminé et la plaque soigneusement lavée par un courant d'eau, on peut la mettre à la lumière et la traiter avec de l'hyposulfite ou du cyanure, jusqu'à ce que l'iodure non altéré soit entièrement éliminé. Certains utilisent un bain pour le cyanure ; mais il est douteux que cela permette de réaliser de grandes économies. La plaque est à nouveau à laver soigneusement après la fixation ; et surtout si l'on utilise de l'hyposulfite de soude. Trois ou quatre minutes dans l'eau courante ne seront pas trop longues, ou le verre peut être laissé dans un plat d'eau pendant une heure ou deux. Si ces précautions sont négligées, des cristaux se forment en séchant et l'image est endommagée.

Les images au collodion doivent être protégées par une couche de vernis, les négatifs et les positifs étant connus pour se décolorer lorsqu'ils sont exposés à l'air humide sans aucun revêtement (voir p. 166). Préparer du vernis transparent. L'ambre peut être dissous dans le chloroforme selon la formule du Dr Diamond ; environ 80 grains de perles d'ambre ou de tiges de pipe doivent être digérés avec une once de chloroforme, et la partie claire séparée par filtration. Il peut être versé sur la plaque de la même manière que le collodion et sèche rapidement en une couche dure et transparente. Le vernis spirituel habituellement vendu pour les négatifs nécessite l'aide de la chaleur pour empêcher la gomme de refroidir en séchant ; la plaque est d'abord chauffée doucement et le vernis est coulé et retiré de la manière habituelle ; il est ensuite, tout en dégoulinant, maintenu au feu jusqu'à ce que l'Esprit se soit évaporé. Quelques essais rendront l'opération facile à réaliser. Le White Lac dissous dans de l'alcool fort ou dans du benzole a également été recommandé pour les vernis transparents.

Les Positifs Directs sont à vernir, d'abord avec une couche de vernis transparent, puis avec du japon noir . Le jet breveté de Suggett est parfois employé, mais il a une odeur désagréable et est susceptible de se fissurer en séchant. Le meilleur japon noir utilisé par les carrossiers est plus élastique et moins susceptible de se fissurer. On dit également que l'asphalte (4 onces) dissous dans du naphta minéral (10 onces), additionné de 30 grains de Caoutchouc dissous dans une demi-once du même menstruum, résiste bien. Une troisième formule contient de la cire à cacheter noire dissoute dans de l'alcool. Dans les deux cas, il sera préférable d'appliquer d'abord une couche de vernis transparent sur le film, puis le vernis noir, qui devra se combiner avec l'autre sans le dissoudre.

Les positifs blanchis au bichlorure de mercure sont endommagés par le vernissage ; ils doivent donc être soutenus par du velours noir ou du Japon posé sur le côté opposé du verre. Beaucoup préfèrent prendre la photo sur du verre coloré , en utilisant seulement une couche de vernis transparent ; mais dans ce cas le côté Collodion étant laissé en haut, l'image est nécessairement inversée.

SECTION II.

Mode d'emploi des objectifs photographiques.

Ceux qui sont relativement peu familiers avec la science de l'optique ont besoin de règles simples pour les guider dans le choix d'un objectif photographique et dans la manière appropriée de l'utiliser.

Deux types d'objectifs achromatiques sont vendus, l'objectif Portrait et l'objectif View ; dont le premier est construit pour admettre un grand volume de lumière, dans le but de copier des objets vivants, etc.

Un appareil photo de taille pratique pour les petits portraits est "la demi-plaque" avec un objectif d'environ 2¼ pouces de diamètre et donnant un champ assez plat sur une surface de 5 pouces sur 4. Cependant, à cet égard, beaucoup dépendra de la qualité de l'appareil photo. le verre et également sur sa focale ; un objectif à focale courte prenant une photo plus rapidement, mais donnant une image plus petite, et un champ brumeux vers le bord. Il existe également une grande tendance à *la distorsion* de l'image dans les objectifs pour portraits à grande ouverture et à focale courte, tels que ceux utilisés pour fonctionner dans une lumière terne.

On peut s'attendre à ce que l'objectif portrait « à plaque entière » couvre 6½ sur 4¾ pouces et ait un diamètre d'environ 3¼ pouces. Il faudra des photos plus grandes que la précédente, mais pas nécessairement dans un délai plus court ; car, quoique l'ouverture pour laisser passer la lumière soit plus grande, la distance focale est proportionnellement plus grande et la lumière moins condensée.

L'objectif portrait « quart de plaque » de 1¼ de pouce de diamètre est utile pour les sujets stéréoscopiques et les petits portraits ; qui sont généralement plus nettement définis lorsqu'ils sont pris avec un petit objectif.

La distance à laquelle l'appareil photo doit être placé par rapport au modèle lors de la prise d'un portrait dépendra de la distance focale de l'objectif. Le fait de rapprocher la caméra a pour effet d'augmenter la taille de l'image, mais en même temps d'augmenter le risque de distorsion ; par conséquent, avec chaque objectif à pleine ouverture, il existe une limite pratique à la taille de la photo qui peut être prise.

Lorsqu'on veut obtenir une grande image avec un petit objectif, il faut placer devant l'objectif une butée à ouverture centrale (qui peut être facilement constituée d'un morceau de carton circulaire noirci à l'encre de Chine). Cela diminuera la quantité de lumière, mais rendra l'image plus distincte vers le bord et mettra au point en même temps une variété d'objets situés à différentes distances. Avec une butée fixée, l'objectif peut également être rapproché de l'objet sans se déformer.

En ce qui concerne la distorsion souvent produite par les objectifs, observez particulièrement qu'avec la combinaison de portraits à pleine ouverture, et surtout lorsque les puissances du verre sont plutôt mises à rude épreuve parce qu'il est avancé trop près du modèle, tous les objets proches la lentille sera *agrandie*, et celles qui sont plus éloignées paraîtront diminuées ; par conséquent, comme la position du sujet n'est jamais tout à fait verticale, la caméra doit être inclinée un peu *vers le bas*, sinon les mains et les pieds seront agrandis, la figure devenant en fait pyramidale avec la base en dessous ; tandis qu'au contraire, si l'inclinaison de la caméra est trop grande, la tête et le front seront agrandis, et la figure deviendra une pyramide avec la base au-dessus.

Lorsque des groupes sont pris, disposez les objets aussi près que possible à égale distance de l'objectif et utilisez un arrêt si possible. Les objectifs à longue focale sont les meilleurs à cet effet, permettant de prendre la photo plus loin et donnant en même temps une plus grande variété d'objets mis au point.

Les objectifs de portrait peuvent souvent remplacer avantageusement les objectifs de visualisation pour copier des objets de nature morte *mal éclairés*. L'ouverture de l'objectif étant grande, un négatif peut être obtenu avec une quantité de lumière qui ne suffirait pas si l'on utilisait un petit stop. D'un autre côté, si la lumière est inhabituellement brillante, l'objectif à pleine ouverture est toujours le plus susceptible, de par l'étendue de sa surface réfléchissante, de produire une image brumeuse et indistincte. Par conséquent, l'objet doit être bien soutenu avec une couleur neutre ou, si cela ne peut être fait, un entonnoir en carton, dépassant d'environ un pied et demi, peut être fixé devant la lentille, afin d'exclure les rayons de lumière non visibles. immédiatement impliqué dans la formation de l'image. Si la lentille était tournée vers des objets éloignés fortement éclairés, et une partie du ciel incluse, il y aurait probablement une lumière diffuse, et par conséquent une buée sur la plaque lors de l'application du révélateur. Cet effet se produira également invariablement si les rayons du soleil peuvent tomber directement sur le verre.

Instructions pour trouver le plan dans lequel l'image la plus nette peut être obtenue. — Il est entendu par tous que les lentilles non achromatiques nécessitent une correction du foyer chimique ; mais on dit ordinairement des verres composés que leurs deux foyers se correspondent. Il est recommandé à l'amateur, afin d'éviter toute déception, de tester l'exactitude de cette affirmation, et aussi de s'assurer que son appareil photo est construit avec soin. Pour ce faire, procédez comme suit : -

S'assurer d'abord que la plaque sensible préparée tombe précisément dans le plan occupé par le verre dépoli. Suspendez un journal ou une petite gravure à une distance d'environ trois pieds de la caméra, et concentrez les lettres occupant le centre du champ ; insérez ensuite la lame, en remplaçant la plaque ordinaire par un carré de *verre dépoli* (la surface rugueuse du verre tournée vers l'intérieur), et observez si les lettres sont encore distinctes. Au lieu du verre dépoli, on peut utiliser une plaque transparente avec un carré de papier argenté huilé ou mouillé, mais la première est préférable.

Si le résultat de cet essai semble montrer que l'appareil photo fonctionne correctement, procédez au test de l'exactitude de l' objectif .

Prenez une photo positive avec la pleine ouverture de l'objectif portrait, les lettres centrales du journal étant soigneusement mises au point comme auparavant. Examinez ensuite à quelle partie de la plaque se trouve le contour le plus distinctif. Il arrive parfois que, alors que le centre exact a été mis au point visuellement, les lettres situées à mi-chemin entre le centre et le bord sont les plus nettes de la photographie. Dans ce cas, le foyer chimique est plus long que l'autre et d'une distance équivalente, mais dans la direction opposée, à l'espace dans lequel le verre dépoli doit être déplacé, afin de définir clairement ces lettres particulières à l'œil.

Lorsque le foyer chimique est le plus court des deux, les lettres de la photographie sont indistinctes dans chaque partie de la plaque ; l'expérience doit donc être répétée, la lentille étant décalée d'un huitième de pouce ou moins. En effet , il conviendra de prendre de nombreuses photographies avec des variations infimes de distance focale avant que les capacités de l'objectif ne soient pleinement démontrées.

La recherche du point auquel l'image la plus nette est obtenue sera également facilitée en plaçant plusieurs petites figures dans différents plans et en focalisant celles du centre . Cela étant fait, si les figures les plus éloignées ressortent distinctement sur la Photographie, le foyer chimique est *plus long* que le Visuel, ou *vice versa* , lorsque les plus proches sont les plus nettement définies.

La lentille achromatique unique. — Un objectif utile pour la photographie de paysage est un objectif d'environ 3 pouces de diamètre et de 15 pouces de distance focale, dont on peut s'attendre à ce qu'il couvre un champ de 10 pouces sur 8. Avec l'objectif, des butées sont fournies de différents diamètres, dont le plus grand sera être utile par temps maussade; le plus petit lorsque le champ doit être rendu net jusqu'au bord.

La butée est disposée à une certaine distance devant l'objectif, et ne doit pas être déplacée. S'il était rapproché de la vitre, le champ ne serait pas si plat

; l'effet étant alors le même que celui d'une butée placée devant un objectif portrait, à savoir. simplement pour couper la partie extérieure du verre. [38]

[38] Voir ce sujet expliqué dans « Photographic Journal », vol. ii. p. 133.

Lorsque vous prenez des photos de sujets architecturaux et autres avec des contours verticaux, il est très important que l'appareil photo soit placé parfaitement horizontal ; car, s'il est incliné vers le haut ou vers le bas, les perpendiculaires seront détruites et l'objet apparaîtra comme une forme pyramidale, tombant vers l'intérieur ou vers l'extérieur, comme nous l'avons montré précédemment. Il est pratique de régler le verre de mise au point au sol avec un certain nombre de lignes parallèles dans les deux directions, ce qui permet à l'opérateur de voir immédiatement que la position de l'instrument est correcte.

SECTION III.

Mode de copie des gravures, gravures, etc.

La gravure à photographier doit être retirée de son cadre (le verre provoquant un reflet irrégulier) et suspendue verticalement et en position inversée, sous une bonne lumière diffuse. Un tissu noir peut être placé avantageusement derrière l'image si une surface susceptible de réfléchir la lumière se présente à l'objectif.

L'appareil photo doit être fixé de manière immobile, afin de ne pas vibrer le moins du monde lorsque le capuchon de l'objectif est retiré. Il doit être pointé perpendiculairement à l'image et la mise au point doit être déterminée de la manière habituelle. Un portrait ou un objectif unique peuvent être utilisés, avec un diaphragme suffisamment petit pour rendre l'image distincte jusqu'au bord.

Il n'est pas souhaitable d'employer un Collodion trop fin, car une parfaite opacité des parties les plus sombres du Négatif est essentielle. Un vieux collodion contenant de l'iode libre est meilleur qu'un collodion contractile, car il donne une image plus intense et plus claire . Le collodion pur iodé avec de l'iodure de cadmium, s'il manque d'intensité, peut être immédiatement rendu apte à être utilisé dans la copie de gravures en ajoutant de la glycyrrhizine (p. 209), jusqu'à ce que les parties sombres du négatif deviennent très opaques, et en adoucissant ensuite l'excès. dureté, si nécessaire, en versant une solution alcoolique d'iode dans le collodion jusqu'à ce qu'elle atteigne une teinte jaune paille. Une deuxième formule utile pour ioder le collodion dans un but similaire est la suivante.

Iodure de Potassium   4 céréales.

Bromure de Potassium 1 grain.

Ceci, avec l'ajout de Glycyrrhizine, donnera une image très noire.

Les gravures, diagrammes et dessins au crayon ou à l'encre, sans beaucoup de teinte moyenne, s'ils sont sur du papier fin, sont facilement copiés sans l'aide de l'appareil photo, en posant simplement le croquis sur une feuille de papier négatif, en l'exposant pendant une brève période à la lumière, et se développant avec de l'acide gallique. Cela donne un négatif qui est utilisé pour imprimer des positifs de la manière habituelle. Des instructions complètes sur ce sujet seront trouvées dans la deuxième section du chapitre suivant.

Un plan plus simple, et qui réussira lorsqu'une grande délicatesse n'est pas requise, consiste à poser l'esquisse sur une feuille de papier pour impression positive (un papier très salé sera le meilleur, car donnant le plus d'intensité) et à l'exposer à la lumière jusqu'à ce qu'elle soit exposée à la lumière. une copie est obtenue. Tous les détails sont ainsi fidèlement rendus, mais il est parfois difficile d'obtenir un négatif suffisamment noir pour donner un tirage *vigoureux*.

SECTION IV.

Règles pour prendre des photographies stéréoscopiques.

Des images binoculaires de grande taille, destinées au stéréoscope à réflexion, peuvent être prises avec un objectif ordinaire d'une mise au point d'environ 15 pouces. Le verre dépoli de l'appareil photo ayant été réglé avec des lignes croisées de la manière décrite à la page 231, la position d'un objet proéminent est marquée sur l'une des lignes avec un crayon, et la première vue est prise. Le support est ensuite déplacé latéralement à la distance appropriée et la caméra est ajustée à sa deuxième position en la déplaçant jusqu'à ce que l'objet marqué occupe la même place qu'auparavant. La distance entre les deux positions doit être d'environ un pied lorsque le premier plan de l'image est à vingt-cinq pieds de l'instrument, ou de quatre pieds lorsqu'il est à trente ou quarante mètres. Mais, comme nous l'avons déjà montré à la page 71, cette règle ne doit pas être suivie implicitement, cela dépend beaucoup du caractère du tableau et de l'effet souhaité.

Les photographies du stéréoscope lenticulaire sont prises avec de petites lentilles d'une mise au point d'environ 4½ pouces. Pour les portraits, un appareil photo peut avantageusement être équipé de deux objectifs à double combinaison, de 1 pouce ¾ de diamètre, exactement égaux en focale et en rapidité d'action. Les capuchons sont retirés simultanément et les images imprimées au même instant. Les centres des lentilles peuvent être séparés de trois pouces lorsque la caméra est placée à environ six pieds du modèle, ou de quatre pouces lorsque la distance est augmentée à huit pieds.

Les photos prises avec un appareil photo binoculaire de ce genre nécessitent d'être montées dans une position inversée par rapport à celle qu'elles occupent sur la vitre : car comme l'image de l'appareil photo est *inversée*, lorsqu'on la retourne et qu'on la redresse, la main droite l'image se trouvera nécessairement sur le côté gauche, et *vice versa*.

M. Latimer Clark a conçu un dispositif extrêmement ingénieux permettant de prendre des photos stéréoscopiques avec un seul appareil photo. Sa caractéristique la plus importante est un dispositif permettant de déplacer rapidement la caméra dans une direction latérale sans perturber la position de l'image sur le verre dépoli. Ceci sera compris par une référence à la gravure sur bois suivante.

"Un support de caméra à charpente solide porte une table plate, d'environ 20 pouces de large sur 16, équipée des réglages habituels. Sur celle-ci sont posées deux barres plates de bois dans la direction de l'objet, et parallèles et à peu près de la largeur de " La caméra se sépare. Ils mesurent 18 pouces de longueur ; leurs extrémités avant portent de solides épingles, qui descendent dans la table et forment des centres sur lesquels ils tournent. Leurs extrémités opposées portent également des épingles similaires, mais celles-ci sont dirigées vers le haut et s'insèrent dans deux correspondants. trous dans le panneau arrière de la caméra.

"Maintenant, lorsque la caméra est placée sur ces broches et déplacée latéralement, l'ensemble du système ressemble exactement à la règle parallèle commune. Les deux barres forment les guides, et la caméra, bien que capable d'un mouvement latéral libre, maintient toujours un parallèle. Dans cet état de choses, il ne convient que de prendre des images stéréoscopiques d'un objet à une distance infinie; mais pour le faire se déplacer en arc de cercle, *convergeant* vers un objet plus proche, il suffit de faire en sorte que les deux guides -les barres se rapprochent à leur extrémité la plus proche de manière à converger légèrement vers l'objet ; et par quelques essais, on trouvera facilement un certain degré de convergence auquel l'image restera pour ainsi dire *fixée* sur le verre de mise au point pendant que l'appareil photo est déplacé vers et Pour permettre ce réglage, l'une des broches descend à travers une fente de la table et porte une vis de serrage, au moyen de laquelle elle est facilement fixée dans n'importe quelle position requise.

" Toutefois, afin de rendre le mouvement de la caméra plus fluide, il est conseillé de ne pas la placer directement sur les deux guides, mais d'interposer deux fines planches de bois, posées en travers d'elles à angle droit, sous l'avant et l'arrière de la caméra. respectivement (et qui peut être fixé à l'appareil photo si vous préférez), et de dépoussiérer les surfaces avec de la stéatite en poudre ou de la craie française.

Outre cette disposition permettant de déplacer latéralement la Caméra, la *glissière* de maintien des plaques sensibles doit être modifiée par rapport à la forme commune. Il est de forme oblongue et mesure environ dix ou onze pouces de long et nécessite une petite adaptation pour l'adapter à l'extrémité d'un appareil photo ordinaire. Les verres sont coupés à environ 6¾ pouces sur 3¼ ; et lorsqu'elles sont enduites d'iodure d'argent, les deux images sont imprimées côte à côte, la plaque étant décalée latéralement d'environ 2 pouces et demi, en même temps et dans la même direction que la caméra elle-même.

L'opération de prise de portrait est ainsi réalisée. La mise au point ayant été réglée pour les deux positions, et la caméra et la glissière toutes deux tirées vers la gauche, la porte est relevée et la plaque exposée ; la caméra et la glissière sont alors décalées vers la droite, et la plaque dans sa nouvelle position ayant été de nouveau exposée, la porte est fermée et l'opération terminée. [39]

[39] Voir « Journal photographique », vol. je . page 59.

Les photos prises avec cet instrument ne nécessitent pas d'être inversées lors du montage, l'image de gauche étant volontairement formée sur le côté droit du verre.

SECTION V.

Sur la délimitation photographique des objets microscopiques .

De nombreux spécimens de microphotographie qui ont été exposés sont extrêmement élaborés et beaux ; et leur production n'est pas difficile pour quelqu'un qui est parfaitement familiarisé avec l'utilisation du microscope et avec les manipulations du procédé au collodion. Il est cependant important de posséder un bon appareil et de le faire bien disposer.

Le verre-objet du microscope composé ordinaire est la seule pièce réellement nécessaire en photographie, mais il est utile de conserver le *corps* pour les réglages et les miroirs utilisés pour l'éclairage. L'*oculaire* cependant, il n'est pas nécessaire d'agrandir simplement l'image formée par le verre de l'objet, puisque le même effet d'agrandissement peut être obtenu en allongeant la chambre noire et en projetant l'image plus loin.

Disposition de l'appareil. — Le microscope est placé avec son corps en position horizontale, et l'oculaire étant retiré, un tube de papier convenablement noirci à l'intérieur, ou doublé de velours noir, est inséré dans l'instrument, pour empêcher une réflexion irrégulière de la lumière. des côtés.

Une chambre sombre d'environ deux pieds de longueur, ayant à une extrémité une ouverture pour l'insertion de l'extrémité oculaire du corps, et à l'autre une rainure pour porter la glissière contenant la plaque sensible, est ensuite fixée ; on aura soin d'obturer toutes les crevasses susceptibles de laisser entrer une lumière diffuse. Un appareil photo ordinaire peut être utilisé comme chambre noire, la lentille étant retirée et le corps allongé si nécessaire par un tube conique de gutta-percha, fait pour se fixer dans la bride de la lentille à l'avant. L'ensemble de l'appareil doit être placé exactement en ligne droite, afin que le verre dépoli utilisé pour la mise au point puisse tomber perpendiculairement à l'axe du microscope.

La longueur de la chambre, mesurée à partir du verre de l'objet, peut être de deux à trois pieds, selon la taille de l'image requise ; mais s'il s'étend au-delà de cette limite, le faisceau de lumière transmis par le verre de l'objet se diffuse sur une trop grande surface, et il en résulte une image faible et insatisfaisante. L'objet doit être éclairé par la lumière du soleil si cela peut être obtenu, mais une lumière du jour diffuse et brillante réussira avec des lunettes à faible puissance, et en particulier lorsque des positifs sont pris. Utilisez le miroir concave pour réfléchir la lumière sur l'objet dans ce dernier cas ; mais dans le premier cas, le *miroir plan* est le meilleur, sauf avec des puissances dépassant un quart de pouce et une grande ouverture angulaire.

L'image sur le verre dépoli doit apparaître brillante et distincte, et le champ de forme circulaire et uniformément éclairé ; lorsque c'est le cas, tout est prêt pour l'insertion de la plaque sensible.

Le temps d'exposition doit être varié suivant l'intensité de la lumière, la sensibilité du collodion et le degré du pouvoir grossissant ; quelques secondes à une minute correspondront aux extrêmes ; mais des instructions minutieuses ne sont pas nécessaires, car l'opérateur, s'il est un bon photographe, déterminera facilement le moment approprié pour l'exposition (voir page 224).

A ce stade, une difficulté surviendra probablement du fait du plan du foyer chimique qui ne correspond pas, en règle générale, à celui du foyer visuel. Cela vient du fait que les verres-objets des microscopes sont "sur-corrigés" en couleur , afin de compenser une petite aberration chromatique dans l'oculaire. Les rayons violets, par suite de la surcorrection, sont projetés *au-delà* du jaune, et donc le foyer de l'action chimique est plus éloigné du verre que l'image visible.

La tolérance peut être faite en déplaçant la plaque sensible, ou, ce qui revient au même, en éloignant un peu le verre-objet *de* l'objet avec la vis de réglage fin ; ce dernier est le plus pratique. La distance exacte doit être déterminée par une expérience minutieuse pour chaque verre ; mais il est plus grand avec les puissances basses et diminue à mesure qu'elles montent.

M. Shadbolt donne ce qui suit à titre indicatif : « Un objectif d'un pouce et demi fabriqué par Smith et Beck devait être décalé de $1/50$ ème de pouce, ou de deux tours de leur *réglage* fin ; un $2/3$ ème de pouce. ", $1/200$ ème de pouce, ou un demi-tour ; et $4/10$ ème de pouce, $1/1000$ ème de pouce, ou environ deux divisions de réglage. Avec les puissances ¼ et supérieures, la différence entre les foyers était si petit qu'il était pratiquement sans importance. »

Il y a aussi des raisons de penser que le *type de lumière* employée a une influence sur la séparation des foyers. M. Delves trouve qu'avec la lumière du soleil, la différence entre eux est très petite, même avec les puissances faibles, et inappréciable avec les puissances plus élevées ; alors qu'en utilisant la lumière du jour diffuse qui a subi une réflexion préalable des nuages blancs, elle est considérable.

Les objets-verres d'un même fabricant, et particulièrement ceux de différents fabricants, varient également beaucoup ; de sorte qu'il sera nécessaire de tester chaque verre séparément et d'enregistrer la tolérance requise.

Après avoir trouvé le foyer chimique, la difficulté principale a été surmontée, et les étapes restantes sont les mêmes à tous égards que pour les photographies ordinaires au collodion.

Pour ceux qui ne peuvent pas consacrer leur temps à la photographie pendant la journée, les observations de M. Shadbolt sur l'utilisation de la lumière artificielle peuvent être utiles. Il emploie *la Camphine* , qui donne une flamme plus blanche que le gaz, ou une lampe modératrice ; placer la source de lumière au foyer d'une lentille plan-convexe de 2½ à 3 pouces de diamètre (le côté plat vers la lampe), et condenser les rayons parallèles ainsi obtenus sur l'objet, par une seconde lentille d'environ 1½ pouce de diamètre et mise au point de 3 pouces.

Ce mode d'éclairage, faible en rayons chimiques, est le mieux adapté aux lunettes-objets de faible puissance. L'exposition nécessaire pour produire une impression négative avec le verre d'un pouce peut être de trois à cinq minutes. Comme la plaque sensible risquerait de sécher pendant ce temps, il est recommandé de l'enduire d'une solution de conservation selon les modes décrits dans le sixième chapitre. M. Crookes ayant montré dernièrement que le bromure d'argent est plus sensible que l'iodure à la lumière artificielle, on peut commodément utiliser un mélange des deux sels (voir pp. 66 et 232).

Le développement peut être réalisé de la même manière que celui des plaques sensibles conservées ; fixation au Cyanure de Potassium avant que le développement ne soit complètement terminé, si une tendance à la buée est observée (voir page 224).

Le révérend W. Towler Kingsley a communiqué un procédé par lequel de très belles photographies microscopiques ont été obtenues. Il éclaire (en l'absence de lumière du soleil) avec la lumière brillante produite en jetant un jet de gaz mélangés d'oxygène et d'hydrogène sur un petit cône de chaux ou de magnésie. Un accent particulier est mis sur le fait que le verre de l'objet du microscope est adapté à cet objectif ; et en effet, tous ceux qui ont prêté attention à ce sujet sont d'accord sur ce point : il y a une différence considérable dans la valeur photographique des objectifs, et cela indépendamment de l'ouverture angulaire du verre.

CHAPITRE IV.

LES DÉTAILS PRATIQUES DE L'IMPRESSION PHOTOGRAPHIQUE.

Ce chapitre est divisé comme suit : –

Section I.—Le processus direct ordinaire d'impression positive.
Section II. — Impression positive par développement.
Section III.—Le mode de tonification des Positifs par Sel d'or.
Section IV.—De l'impression de positifs agrandis ou réduits, de transparents, etc.

SECTION I.

Impression positive par action directe de la Lumière.

Cela comprend : la préparation du papier sensible, les bains de fixation et de tonification et les détails de manipulation du processus.

Sélection de papier pour l'impression photographique. — Les variétés ordinaires de papier vendues dans le commerce ne sont pas bien adaptées à la production d'épreuves positives. Les papiers sont fabriqués exprès et ont une texture plus lisse et uniforme. De nombreux échantillons, même du papier le plus fin, sont cependant défectueux, et c'est pourquoi chaque feuille doit être examinée séparément en la tenant à contre-jour, et si des taches ou des irrégularités de texture sont visibles, elle doit être rejetée. Ces taches sont ordinairement constituées de petites particules de laiton ou de fer qui, lorsque le papier est rendu sensible, décomposent le nitrate d'argent et laissent une marque circulaire très visible après fixation.

Les journaux étrangers, français et allemands, sont différents des journaux anglais. Ils sont poreux et encollés avec de l'amidon, les Anglais étant encollés avec de la matière animale gélatineuse. Dans tous les cas, il existe une différence de lissé entre les deux faces du papier, qui peut être détectée en tenant chaque feuille de telle manière que la lumière la frappe sous un angle ; l'envers est celui sur lequel on voit des bandes ondulées sombres, d'un pouce à un pouce et demi de largeur, causées par les bandes de feutre sur lesquelles le papier a été séché. Avec la plupart des qualités de papier, aucune difficulté ne sera rencontrée pour détecter les bandes larges et régulières mentionnées ci-dessus ; mais lorsqu'ils ne sont pas visibles, l'envers de la feuille peut être reconnu par des marques de fils qui se croisent, ou si le papier est mouillé au coin, un côté peut paraître évidemment plus lisse que l'autre.

PRÉPARATION DU PAPIER SENSIBLE.

Il existe trois principales variétés de papier sensible d'usage courant, à savoir. le papier albuminé, le papier ordinaire et le papier ammoniac -nitrate.

Formule I. *Préparation de papier albuminé.* — Cela comprend le salage et l'albuminisation, ainsi que la sensibilisation au nitrate d'argent.

Le salage et l'albuminisation. — Prendre de

Chlorure d'ammonium ou chlorure de sodium pur	200 céréales.
Eau	dix onces liquides.
Albumen	dix onces liquides.

S'il n'est pas possible de se procurer de l'eau distillée, l'eau de pluie ou même l'eau de source commune [40] suffiront. Pour obtenir l'albumine, utilisez des œufs nouvellement pondus, et veillez à ce qu'en ouvrant la coquille, le jaune ne se brise pas ; chaque œuf produira environ une once liquide d'albumine.

[40] Si l'eau contenait beaucoup de sulfate de chaux, il est probable que la sensibilité du papier serait altérée (?).

Lorsque les ingrédients sont mélangés, prenez un paquet de plumes ou une fourchette et battez le tout pour obtenir une mousse parfaite. Au fur et à mesure que la mousse se forme, elle doit être écumée et placée dans un plat plat pour qu'elle se calme. Le succès de l'opération dépend entièrement de la manière dont cette partie du processus est conduite ; si l'albumine n'est pas complètement battu, des flocons de membrane animale resteront dans le liquide et causeront des stries sur le papier. Lorsque la mousse s'est partiellement calmée, transférez-la dans un pot haut et étroit et laissez reposer plusieurs heures, afin que les lambeaux membraneux puissent se déposer au fond. Versez ensuite la partie supérieure transparente, qui est prête à l'emploi. Les liquides albumineux sont trop gluants pour passer correctement à travers un filtre en papier et sont mieux éliminés par affaissement.

Un plan plus simple que celui ci-dessus, et tout aussi efficace, consiste à remplir une bouteille aux trois parties environ avec le mélange salé d'albumine et d'eau, et à bien l'agiter pendant dix minutes ou un quart d'heure jusqu'à ce qu'elle perde sa glutinosité. et peut être versé en douceur depuis le goulot de la bouteille. Il doit ensuite être transféré dans un pot ouvert et laissé décanter comme auparavant.

La solution préparée selon les instructions ci-dessus contiendra exactement dix grains de sel par once, dissous dans une quantité égale d'albumine et d'eau. Certains opérateurs emploient l'albumine seul sans ajout d'eau ; mais cela donne généralement un aspect très verni, ce qui est considéré par la plupart comme répréhensible. Beaucoup dépendra cependant du type de papier employé, certaines variétés étant plus brillantes que d'autres ; Papier Rive, par exemple, exige souvent que l'albumine soit presque ou absolument non diluée.

La principale difficulté de l'albuminisation du papier est d'éviter l'apparition de *lignes striées* qui, lorsque le papier est rendu sensible, *bronzent* fortement sous l'influence de la lumière. Pour les éviter, utilisez les œufs bien frais, et abaissez le papier sur le liquide d'un mouvement régulier ; si une pause est faite, une ligne se formera probablement. Certains papiers ne sont pas facilement mouillés par l'albumine, et lorsque tel est le cas, quelques gouttes de solution spiritueuse de bile, ou un fragment de Ox-Gall préparé vendu par les coloristes des artistes , seront un complément utile. . Il faut cependant prendre garde à ne pas en ajouter trop, sinon l'albumine serait rendu trop fluide et coulerait dans le papier sans laisser de brillant.

En salant et en albuminant du papier photographique selon la formule donnée ci-dessus, on constate que chaque quart de feuille, mesurant onze pouces sur neuf pouces, enlève du bain une drachme liquide et demie, équivalente à environ un grain et trois quarts de sel. (y compris les déjections). En salant du papier ordinaire, chaque quart de feuille ne prend qu'une drachme ; de sorte que la nature gluante de l'albumine fait retenir au papier un tiers de plus de sel.

Les papiers anglais ne conviennent pas à l'albuminisation ; ils ne prennent pas correctement l'albumine et se recroquevillent lorsqu'ils sont posés sur le liquide : le processus de coloration des empreintes est également lent et fastidieux. Les papiers négatifs minces de Canson , le Papier Rive et le Papier Saxe, ont mieux réussi à l'écrivain que le papier positif de Canson , qui est souvent recommandé ; ils ont une texture plus fine et donnent plus de douceur au grain.

Pour appliquer l'albumine, versez une partie de la solution dans un plat plat jusqu'à une profondeur d'un demi-pouce. Puis, après avoir préalablement coupé le papier aux dimensions convenables, prenez une feuille par les deux coins, pliez-la en forme courbe, convexité vers le bas, et posez-la sur l'albumine, la partie centrale touchant d'abord le liquide, et les coins étant abaissés. progressivement. De cette façon, toutes les bulles du mur d'air sont poussées vers l'avant et exclues. Une seule face du papier est mouillée : l'autre reste sèche. Laissez la feuille reposer sur la solution pendant *une minute et demie*, puis soulevez-la et épinglez-la par deux coins. Si des taches circulaires, exemptes d'albumine, apparaissent, causées par des bulles d'air, remplacez la feuille pendant la même durée qu'au début.

Le papier ne doit pas rester dans le bain de salage beaucoup plus longtemps que le temps spécifié, car la solution d'albumine étant alcaline (comme le montre la forte odeur d'ammoniaque dégagée lors de l'addition du chlorure d'ammonium) a tendance à éliminer le papier. taille du papier et s'enfoncer trop profondément ; perdant ainsi son brillant de surface.

Le papier albuminé se conserve longtemps dans un endroit sec. Quelques-uns ont recommandé de le presser avec un fer chauffé, afin de coaguler la couche d'albumine à la surface ; mais cette précaution est inutile, puisque la coagulation est parfaitement effectuée par le nitrate d'argent employé dans la sensibilisation ; et il est douteux qu'une couche d'albumine *sèche* permette une coagulation par la simple application d'un fer chauffé.

Pour rendre le papier sensible. — Cette opération doit être effectuée à la lueur d'une bougie ou à la lumière jaune. Prendre de

Nitrate d'argent fondu   60 céréales.

L'acide acétique glacial 1 / 3 blanche.

Eau distillée   1 once.

Préparez une quantité suffisante de cette solution et posez la feuille dessus de la même manière que précédemment. Trois minutes de contact suffiront avec le papier fin Négatif, mais si l'on utilise du papier Canson Positif, il faudra prévoir quatre ou cinq minutes pour la décomposition. Les papiers sont retirés de la solution à l'aide d'une pince à os ou d'une pince à épiler commune garnie de cire à cacheter ; ou une épingle peut être utilisée pour soulever le coin, qui est ensuite pris par le doigt et le pouce et laissé *s'égoutter un peu* avant de remettre l'épingle, sinon une marque blanche sera produite sur le papier, à cause de la décomposition du nitrate. d'Argent. Lorsque la feuille est suspendue, une petite bande de papier buvard suspendue au bord inférieur du papier servira à égoutter la dernière goutte de liquide.

Un bain préparé selon la formule ci-dessus est plus fort que ce qui est réellement nécessaire. Quarante grains de nitrate par once d'eau suffisent amplement si l'échantillon est pur ; mais il faut garder à l'esprit que la *force* du bain diminue *rapidement* avec l'usage, et c'est pourquoi, lorsque les impressions commencent à manquer de vigueur , avec des ombres pâles et peut-être un aspect tacheté, il faut ajouter du nitrate d'argent. Le nitrate d'argent fondu est recommandé de préférence au nitrate cristallisé, car ce dernier est occasionnellement contaminé par une impureté mentionnée à la page 101 . Celui-ci, lorsqu'il est présent, risque de rougir les clichés et de gêner la rapidité du bronzage.

La solution de nitrate d'argent devient après un certain temps décolorée par l'albumine, mais peut être utilisée pour sensibiliser jusqu'à ce qu'elle soit presque noire. La couleur peut être enlevée avec du charbon animal [41], mais un meilleur plan consiste à utiliser du « kaolin » ou de l'argile à porcelaine blanche pure . Cette substance contient souvent du carbonate de chaux et efferve avec les acides : il faut dans ce cas la purifier par un lavage au vinaigre, sinon le bain deviendra alcalin et dissoudra l' albumine. Il a été déclaré qu'un ajout d'alcool au bain de nitrate l'empêche de se décolorer avec l'albumine.

[41] Le charbon animal commun contient du carbonate et du phosphate de chaux, dont le premier rend le nitrate d'argent alcalin ; Le charbon animal purifié est généralement un acide provenant de l'acide chlorhydrique.

Le papier albuminé sensible se conserve généralement plusieurs jours s'il est protégé de la lumière, mais jaunit ensuite à cause d'une décomposition partielle.

Formule II. *Préparation du papier ordinaire* . — Prendre de

Chlorure d'ammonium ou de sodium	160 céréales.
Gélatine purifiée	20 céréales.
Mousse d'Islande [42]	60 céréales.
Eau	20 onces.

[42] La mousse d'Islande est recommandée parce que l'auteur trouve que les positifs ainsi imprimés résistent mieux à l'action des tests destructifs que les impressions sur papier ordinaire, et sont égales aux impressions sur papier Ammonio -Nitrate.

Versez de l'eau bouillante sur la mousse et la gélatine et remuez jusqu'à ce que cette dernière soit dissoute, puis couvrez le récipient et réservez jusqu'à ce qu'il soit froid ; ajoutez le sel et filtrez.

Utilisez du Papier Saxe ou du papier Towgood, [43] flotté sur le bain de salage de la même manière que celui indiqué pour l'albumine à la p. 243 .

[43] L'auteur ne recommande pas le papier Positif de De Canson , ayant remarqué que les impressions sur ce papier résistent moins bien que d'autres (?) à l'action des agents sulfurants.

Rendu sensible en faisant flotter pendant deux ou trois minutes sur une solution de nitrate d'argent à 40 grains par once. Trente grains par once, ou moins, suffiront si l'échantillon est pur ; mais dans ce cas, il faut ajouter occasionnellement du nitrate d'argent frais, à mesure que le bain perd de sa force.

Une deuxième formule pour le papier ordinaire. — Prendre de

Chlorure d'Ammonium 200 céréales.

Citrate de soude [44]   200   "

Gélatine   20   "

Eau   20 onces liquides.

[44] Ce sel peut être obtenu chez les pharmaciens opérants ; ou il peut être préparé extemporanément en neutralisant 112 grains d'acide citrique pur, exempt d'acide tartrique, avec 133 grains de bicarbonate séché ou « sesquicarbonate » de soude, utilisé pour les boissons effervescentes.

Si du papier Towgood ou tout autre papier anglais est utilisé, l'acide citrique, le carbonate de soude et la gélatine peuvent être omis. Avec un papier étranger le Citrate a tendance à donner un ton pourpre au Positif, lorsqu'il est tonifié par le Sel d'or, mais le Bain de tonification à l'or doit être en ordre actif, sinon les épreuves seront trop rouges. L'acide citrique ne doit pas non plus être en excès par rapport au carbonate alcalin.

Rendu sensible en flottant pendant trois minutes sur un bain de nitrate de soixante grains par once d'eau.

Formule III. *Papier ammonio-nitrate.* — Celui-ci se prépare toujours sans albumine, qui est dissous par l'ammonio-nitrate d'argent. Prendre de

Chlorure d'Ammonium 100 céréales.

Citrate de soude   200   "

Gélatine   20   "

Eau   20 onces liquides.

Dissoudre la gélatine à l'aide de la chaleur ; ajoutez les autres ingrédients et filtrez. La solution ne peut pas être conservée plus de deux ou trois semaines sans moisir. Le journal de Saxe, ou le journal anglais de Towgood, peut être employé ; la Gélatine et le Citrate étant retenus ou omis, selon le goût de l'opérateur et le mode de tonification qui est adopté.

Rendu sensible par une solution d'Ammonio-Nitrate d'Argent, à 60 grains par once d'eau, qu'on prépare ainsi :

Dissoudre le nitrate d'argent dans la moitié de la quantité totale d'eau. Prenez ensuite une solution pure d'ammoniaque et déposez-la délicatement, en remuant entre-temps avec une tige de verre. Un précipité brun d'oxyde d'argent se forme d'abord, mais en y ajoutant davantage d'ammoniaque, il se dissout à nouveau. [45] Lorsque le liquide paraît s'éclaircir, ajoutez l'ammoniaque avec beaucoup de précaution, afin de ne pas encourir d'excès. Afin de garantir encore davantage l'absence d'ammoniaque libre, il est habituel d'ordonner que, lorsque le liquide devient parfaitement clair, on ajoute une ou deux gouttes de solution de nitrate d'argent jusqu'à ce qu'une *légère turbidité* se produise de nouveau. Enfin, diluez avec de l'eau jusqu'à obtenir la quantité appropriée. Si les cristaux de nitrate d'argent employés contiennent un large excès d'acide nitrique libre, aucun précipité ne se formera lors de la première addition d'ammoniaque. L' acide nitrique libre, produisant *du nitrate d'ammoniaque* avec l'alcali, maintient l'oxyde d'argent en solution. Cette cause d'erreur n'est cependant pas susceptible de se produire fréquemment, car la quantité de nitrate d'ammoniaque nécessaire pour empêcher toute précipitation serait considérable. Pour la même raison, à savoir. En raison de la présence de Nitrate d'Ammoniaque, il est souvent inutile de tenter de transformer un ancien Bain de Nitrate déjà utilisé pour la sensibilisation, en Ammonio -Nitrate.

[45] Si l'excès d'ammoniaque ne le dissout pas facilement, il est probable que le nitrate d'argent soit impur.

L'ammonio -nitrate d'argent doit être conservé dans un endroit sombre, étant plus sujet à la réduction que le nitrate d'argent.

Papier sensibilisant à l'Ammonio - Nitrate.— Il n'est pas habituel de faire flotter le papier lorsqu'on utilise de l' Ammonio - Nitrate d'Argent. Si un bain de ce liquide était employé, non seulement il serait rapidement décoloré par l'action de la matière organique dissoute hors des papiers, mais il contiendrait bientôt une abondance d'ammoniaque libre (voir le Vocabulaire, Partie III., art. " Ammonio - Nitrate"); et un excès d'ammoniaque dans le liquide produit un effet nuisible en dissolvant le chlorure d'argent sensible.

L' Ammonio -Nitrate s'applique donc avec un bâtonnet de verre, ou au pinceau, et dans aucun des cas le liquide qui a touché le papier ne peut rentrer dans le flacon.

Les pinceaux sont fabriqués spécialement pour l'application des solutions d'argent , mais les cheveux sont rapidement détruits à moins que le pinceau ne soit maintenu scrupuleusement propre. Posez la feuille salée sur du papier buvard et mouillez-la soigneusement en passant le pinceau d'abord dans le sens de la longueur, puis dans le sens travers. Laissez-le rester à plat pendant environ une minute, afin qu'une quantité suffisante de solution puisse être absorbée (vous verrez quand il est uniformément mouillé en regardant le long de la surface), puis épinglez-le par le coin de la manière habituelle. . Si, au séchage, des lignes blanches apparaissent aux derniers points touchés par le pinceau, il est probable que l' Ammonio -Nitrate contienne de l'Ammoniaque libre.

L'emploi d'une tige de verre est un mode très simple et économique d'application des solutions d'argent . Procurez-vous un morceau de carton plat un peu plus petit que la feuille sur laquelle vous allez opérer, et après avoir retourné les bords du papier, fixez-les avec une épingle. Approchez ensuite la planche du coin de la table, et en posant la tige de verre le long du bord du papier, laissez tomber le liquide dans la rainure ainsi formée ; puis portez la tige directement sur la feuille, lorsqu'une vague uniforme de fluide se répandra sur la surface. Une pipette faite d'un tube de verre, une fois plongée dans la bouteille et dont l'extrémité supérieure est fermée avec le doigt, retirera autant de nitrate d'ammonium qu'il est nécessaire ; et si l'on fait une rayure sur le tube en un point correspondant à 30 ou 40 minimes, on la trouvera suffisante pour un quart de feuille de Papier Saxe.

Ammonio -Nitrate, quelle que soit sa préparation, ne peut être conservé plusieurs heures sans devenir brun et décoloré .

Utilisation d'une solution d'oxyde d'argent dans du nitrate d' ammoniaque. — La grande objection à l'emploi de l'Ammonio -Nitrate d'Argent est la *décomposition* qu'il éprouve parfois en se gardant, l'Argent métallique se séparant et l'Ammoniac étant libéré. Pour éviter ce dégagement d'ammoniaque, l'auteur emploie le nitrate d'ammoniaque comme solvant de l'oxyde d'argent. La solution est préparée comme suit : Dissolvez 60 grains de *nitrate d'argent* dans une demi-once d'eau, et ajoutez-y de l'ammoniaque jusqu'à ce que l'oxyde d'argent précipité soit exactement dissous. Divisez ensuite cette solution d' Ammonio -Nitrate d'Argent en deux parties égales, à l'une desquelles ajoutez avec précaution de l'acide nitrique, jusqu'à ce qu'un morceau de papier de tournesol immergé soit rougi par un excès d'acide ; puis mélangez les deux ensemble, remplissez jusqu'à une once d'eau et filtrez pour éliminer le dépôt laiteux de chlorure ou de carbonate d'argent, s'il s'en forme.

Cette solution d'oxyde d'argent dans le nitrate d'ammoniaque paraît posséder tous les avantages de l' ammoniaque -nitrate, sans l'inconvénient de libérer autant d'ammoniaque libre à la surface des feuilles sensibles.

Conseils pour sélectionner parmi les formules ci-dessus . — Le papier albuminé est le plus simple et généralement le plus utile ; il est bien adapté aux petits portraits et aux photographies stéréoscopiques. Le procédé Ammonio -Nitrate nécessite plus d'expérience, mais donne d'excellents résultats lorsque des tons noirs sont requis : il peut être utilisé pour des portraits plus grands, des gravures, etc.

Le papier ordinaire rendu sensible par flottage sur un bain de nitrate d'argent est plus facile à manipuler que le nitrate d' ammonium , et se révèle mieux adapté à la coloration par le bain de sel d'or (p. 267) que le papier albuminé.

PRÉPARATION DU BAIN FIXATEUR ET TONIQUE.

Prendre de

Chlorure d'Or   4 céréales.

Nitrate d'argent   16 céréales.

Hyposulfite de Soude [46] 4 onces.

Eau   8 onces liquides.

[46] Le type commun d' hyposulfite de soude se présentant en masses jaunes et décolorées , est trop impur pour être utilisé en photographie et nécessite une recristallisation.

Dissolvez l' hyposulfite de soude dans quatre onces d'eau, le chlorure d'or dans trois onces, le nitrate d'argent dans l'once restante ; puis versez peu à peu le chlorure dilué dans l' hyposulfite en remuant avec une tige de verre ; et ensuite le nitrate d'argent de la même manière. Cet ordre de mélange des solutions est à observer strictement : s'il était inversé, l' hyposulfite de soude étant ajouté au chlorure d'or, le résultat serait la réduction de l'or métallique ; L'hyposulfite d'or, qui se forme, est une substance instable et incapable d'exister en contact avec du chlorure d'or non altéré. Si toutefois il est dissous par l'hyposulfite de soude immédiatement après sa formation, il est rendu plus permanent par conversion en un sel double de soude et d'or.

A la place du nitrate d'argent, recommandé dans la formule, on peut utiliser du chlorure d'argent, mais non de l'iodure d'argent, car la formation d'iodure de sodium serait répréhensible (p. 136). Pour la même raison, il est préférable de n'ajouter aucune partie du bain d'hyposulfite utilisé pour fixer les négatifs à la solution colorante positive .

Ce bain tonifiant ne doit pas être employé immédiatement après le mélange, mais doit être mis de côté jusqu'à ce qu'une partie du soufre (produit par l'acide chlorhydrique libre et le tétrathionate de soude réagissant sur l' hyposulfite) se soit calmée. Il sera très actif au bout de quelques jours ou d'une semaine ; mais lorsqu'il est conservé pendant une période plus longue, il perd une grande partie de son efficacité par un processus de changement spontané.

L'immersion des estampes diminue également la quantité d'or ; et par conséquent, lorsque le bain commence à fonctionner lentement, il faut ajouter davantage de chlorure, en laissant le soufre se déposer comme auparavant. Une filtration sur papier buvard ne sera pas nécessaire.

L'auteur trouve qu'après un certain temps, lorsque le bain a été longtemps utilisé et que des matières organiques, de l'albumine, etc., s'y sont accumulées, il est préférable et plus économique de jeter ce qui reste et d'en préparer un nouveau. solution. L'ajout de chlorure d'or à un vieux bain ne le fera pas toujours agir aussi rapidement qu'un bain récemment mélangé.

LES DÉTAILS MANIPULATEURS DE L'IMPRESSION PHOTOGRAPHIQUE.

Ceux-ci incluent : l'exposition à la lumière, ou l'impression proprement dite ; la fixation et la tonification ; et le lavage, le séchage et le montage de l'épreuve.

L'exposition à la lumière. — On vend à cet effet des cadres inversés, qui peuvent être ouverts par l'arrière, afin d'examiner les progrès de l'obscurcissement par la lumière, sans produire aucun trouble de position.

Mais de simples carrés de verre réussissent tout aussi bien, lorsqu'un peu d'expérience a été acquise. Ils peuvent être maintenus ensemble par des pinces en bois vendues dans les entrepôts américains à un shilling la douzaine. La plaque inférieure doit être recouverte de tissu noir ou de velours.

En supposant que le cadre soit utilisé, le volet arrière est retiré et le négatif posé à plat sur le verre, le côté collodion vers le haut. Une feuille de papier sensible est ensuite placée sur le côté négatif, sensible vers le bas, et le tout est étroitement comprimé en replaçant et en boulonnant l'obturateur.

Cette opération peut être réalisée en chambre noire ; mais à moins que la lumière ne soit forte, une telle précaution ne sera pas requise. Le temps d'exposition à la lumière varie beaucoup en fonction de la densité du négatif et de la puissance des rayons actiniques, influencé par la saison de l'année et d'autres considérations évidentes. En règle générale, les meilleurs négatifs s'impriment lentement ; tandis que les négatifs sous-exposés et sous-développés s'impriment plus rapidement.

Au début du printemps ou en été, lorsque la lumière est puissante, il faudra probablement environ dix à quinze minutes ; mais de trois quarts d'heure à une heure et demie peuvent être accordées dans les mois d'hiver, même sous les rayons directs du soleil.

Il est toujours facile de juger du temps qui sera suffisant, en exposant, sans protection, une petite lambeau de papier sensible aux rayons du soleil, et en observant combien de temps il faut pour atteindre le stade cuivré de réduction. Quel que soit ce temps, il en faudra presque autant pour l'impression, si le négatif est bon.

Lorsque le noircissement du papier semble avoir atteint un degré considérable, il faut prendre le cadre et examiner l'image. Si des carrés de verre plat sont utilisés pour maintenir le papier négatif et sensible en contact, on peut éprouver au début certaines difficultés à le remettre précisément dans sa position initiale une fois l'examen terminé, mais cela sera facilement surmonté par la pratique. Le doigt et le pouce doivent être fixés sur les coins ou le bord inférieurs et la plaque soulevée uniformément et rapidement.

Si l'exposition à la lumière a été suffisamment longue, l'impression apparaît légèrement plus sombre qu'elle ne devrait le rester. Le bain tonifiant dissout les tons plus clairs et en réduit l'intensité, en tenant compte de l'exposition à la lumière. Un peu d'expérience enseigne bientôt quel est le bon point ; mais beaucoup dépendra de l'état du bain tonifiant ; et le papier albuminé devra être imprimé un peu plus profondément que le papier ordinaire.

Si, lors du retrait du cadre d'impression, on constate un aspect *tacheté particulier*, produit par un noircissement inégal du chlorure d'argent, soit le bain de nitrate est trop faible, la feuille s'enlève trop rapidement de sa surface, soit le papier est de qualité inférieure. qualité.

En revanche, si l'aspect général de l'impression est d'un riche brun chocolat dans le cas de l'albumine, d'un bleu ardoise foncé avec du papier ammonio-nitrate, ou d'un violet rougeâtre avec du papier préparé avec du chlorure et du citrate d'argent, il est probable que les parties suivantes du processus se dérouleront bien.

Si, lors de l'exposition à la lumière, les ombres de l'épreuve deviennent très nettement *cuivrées* avant que les lumières ne soient suffisamment imprimées, le négatif est en faute. Le papier ammonio-nitrate fortement salé est particulièrement sujet à ce défaut d'excès de réduction, et surtout si la lumière est puissante ; il est donc préférable, pendant les mois d'été, de ne pas imprimer sous les rayons directs du soleil. Ce point est important aussi, car la chaleur excessive des rayons du Soleil craque souvent les verres par expansion inégale, et colle fermement le Négatif au papier sensible. Une exception peut cependant être faite dans le cas de négatifs de grande intensité ; qui sont imprimés avec le plus de succès sur un papier faiblement sensibilisé (p. 124) exposé aux pleins rayons du soleil ; une faible lumière ne pénétrant pas complètement les parties sombres.

La fixation et la tonification de l' épreuve. — Aucun dommage ne résulte d'un report de cette partie du processus pendant plusieurs heures, à condition que l'impression soit conservée dans un endroit sombre.

Le mode souvent suivi est de plonger le positif dans le bain d'hyposulfite dans l'état où il sort du cadre d'impression ; le déplacer dans le liquide afin de déplacer les bulles d'air qui, si on les laisse rester, produisent des taches. Mais l'Auteur, pour les raisons données dans la première partie de l'ouvrage (pp. 129 et 165), recommande que l'épreuve soit d'abord lavée à l'eau courante jusqu'à ce que le nitrate d'argent soluble ait été éliminé. [47] On sait que c'est le cas lorsque le liquide s'écoule clair ; le premier lait étant causé par les carbonates et chlorures solubles dans l'eau précipitant le nitrate d'argent. On a ainsi une plus grande sécurité que l'épreuve sera tonique d'une manière vraiment permanente, puisqu'après avoir retiré le nitrate d'argent de l'épreuve, le bain ne fonctionne pas rapidement à moins que l'apport d'or ne soit bien maintenu.

[47] Cette eau doit être exempte d' hyposulfite de soude, sinon l'impression se décolorera .

Immédiatement au contact de l' Hyposulfite de Soude dans le Bain fixateur et tonifiant, la teinte brun chocolat ou violette du Positif disparaît et laisse l'image d'un ton rouge. Les épreuves albuminées deviennent rouge brique ; Ammonio -Nitrate sépia ou brun-noir. Si la couleur est inhabituellement *pâle* à ce stade, il est probable que le bain d'argent soit trop faible ou que la quantité de chlorure d'ammonium ou de sodium soit insuffisante.

Une fois que l'impression est complètement rougie, l' action *tonifiante* commence et doit être poursuivie jusqu'à l'obtention de l'effet souhaité. Cela peut se produire en dix minutes jusqu'à un quart d'heure, si la solution est en bon état et le thermomètre à 60° ; mais beaucoup dépend de la température et de l'activité du bain. Les papiers anglais, et surtout ceux préparés à l'albumine, tonifient plus lentement que les papiers étrangers nature salés.

Les teintes brunes et violettes sont un stade de coloration plus précoce que les tons noirs, et donc ces derniers nécessitent plus de temps. Il faut cependant garder à l'esprit qu'une immersion prolongée dans le Bain est favorable à la sulfuration et au jaunissement ; tendant également à rendre l'image instable et susceptible de s'estomper dans les demi-teintes. Cette décoloration peut ne pas être clairement visible lorsque l'impression est dans le bain, mais elle se manifestera lors des processus ultérieurs de lavage et de séchage.

couleur finale du tirage variera beaucoup en fonction de la densité du négatif et du caractère du sujet ; des copies de gravures au trait, ayant peu de demi- teintes , sont facilement obtenues d'une teinte sombre ressemblant à l'impression originale.

Certains conseillent qu'une fois retirée du bain tonifiant, l'empreinte soit trempée dans de l'hyposulfite neuf pendant dix minutes, pour compléter la fixation ; mais cette précaution n'est pas requise avec un bain de la force indiquée dans la formule. L'analyse d'un vieux bain qui avait été très utilisé, n'indiquait que dix grains d' hyposulfite d'argent par once, de sorte qu'il était loin d'être saturé.

L'addition occasionnelle de cristaux frais d' hyposulfite de soude pour maintenir la force du bain est utile, la quantité exacte ajoutée n'étant pas importante.

Le lavage, le séchage et le montage des épreuves positives. — Il est essentiel d'éliminer toute trace d' hyposulfite de soude de l'empreinte si l'on veut la préserver de la décoloration, et cela nécessite un soin considérable.

Lavez toujours à l'eau courante lorsque cela est possible et choisissez un grand récipient peu profond exposant une surface considérable de préférence à un récipient de moindre diamètre. Un ruissellement d'eau constant doit être maintenu pendant quatre ou cinq heures, et les empreintes ne doivent pas être trop rapprochées, sinon l'eau ne peut pas se frayer un chemin entre elles (voir les remarques de la p. 162).

Lorsqu'on ne peut obtenir d'eau courante, procéder comme suit : — laver d'abord les empreintes doucement, pour éliminer la plus grande partie de la solution d'hyposulfite . Transférez-les ensuite dans un grand plat peu profond, dans lequel vous pouvez placer autant d'empreintes qu'il peut en contenir. Laissez-les agir pendant environ un quart d'heure, en remuant de temps en temps, puis versez l'eau bien sèche. Ce point est important, à savoir. égoutter complètement la dernière portion de liquide avant d'ajouter de l'eau fraîche. Répétez le processus de changement au moins cinq ou six fois, ou plus, selon la quantité d'eau, le nombre d'impressions et le degré d'attention qui leur est accordé.

Enfin, procédez au retrait du format de l'impression par immersion dans l'eau bouillante. [48] Ce procédé donnera quelque idée de la permanence des teintes, puisque, si elles deviennent ternes et rouges, *et ne s'assombrissent pas au séchage* , l'épreuve est probablement tonique sans or. Ammonio -Nitrate et papier ordinaire. Les impressions préparées sur des papiers étrangers selon les modes décrits dans cet ouvrage peuvent résister à l'épreuve de l'eau bouillante ; Les épreuves à l'albumine et les positifs sur papier anglais sont un peu rougis, mais pas à un degré répréhensible.

[48] L'empreinte doit être bien lavée à l'eau froide, pour éliminer l' hyposulfite , avant d'utiliser l'eau chaude ; ou bien les demi-teintes seront

susceptibles d'être assombries, ou changées en un jaunissement naissant, par la sulfuration. Ce point est important en ce qui concerne la permanence.

L'encollage peut également être efficacement éliminé de l'impression par le carbonate de soude commun utilisé lors du lavage, bien que le premier procédé soit recommandé comme étant le plus sûr. Dissolvez environ une poignée de soude dans une pinte d'eau, et lorsque le dépôt laiteux, s'il y en a, s'est calmé, plongez les positifs lavés pendant vingt minutes ou une demi-heure. La soude rend le papier assez poreux, mais ne produit aucune altération de teinte. Si le processus est correctement effectué, de l'encre coulera *en* essayant d'écrire au dos de l'image terminée. Après le retrait du bain de soude, un deuxième lavage sera nécessaire, mais la durée du premier lavage peut être proportionnellement raccourcie. Ici, une difficulté surviendra avec de nombreuses sortes d'eau ; le Carbonate de Soude précipitant *le Carbonate de Chaux*, sous forme d'une poudre blanche qui obscurcit le tableau. Pour éviter cela, utilisez *de l'eau de pluie* jusqu'à ce que la plus grande partie du sel alcalin ait été éliminée et ne laissez pas une couche stationnaire de liquide reposer trop longtemps sur l'impression. L'eau de la New River fournie à de nombreuses parties de Londres, étant relativement douce, répond parfaitement et ne produit aucun dépôt blanc, si les épreuves sont déplacées de temps en temps.

Une fois les impressions soigneusement lavées, épongez-les entre des feuilles de papier poreux et suspendez-les pour les faire sécher. Quelques-uns les pressent avec un fer chaud, ce qui assombrit légèrement la couleur, mais le fait d'une manière nuisible lorsqu'il reste de l'hyposulfite de soude dans le papier.

Une fois sèches, les épreuves albuminées sont suffisamment brillantes sans traitement supplémentaire ; mais dans le cas du papier ordinaire, simplement salé, l'effet est amélioré en posant l'impression face vers le bas sur un carré de verre plat et en frottant le dos avec un brunissoir en agate, vendu chez les artistes. Cela durcit le grain du papier et fait ressortir les détails de l'image. Le pressage à chaud a un effet similaire et est souvent utilisé.

Monter les épreuves avec une solution de Gélatine dans l'eau chaude fraîchement préparée ; la meilleure colle Scotch répond bien. De l'eau de gomme, préparée à partir de la gomme commerciale la plus fine et exempte d'acidité, peut également être utilisée, mais elle doit être très épaisse, afin qu'elle ne s'enfonce pas dans le papier, ni ne produise un "gonflement" désagréable du carton, qui est causée par la contraction de l'impression humide et expansée en séchant.

Le caoutchouc dissous dans du naphta minéral jusqu'à la consistance d'une colle épaisse ou de la taille d'un batteur d'or, est employé par beaucoup pour le montage de tirages photographiques ; on peut l'obtenir dans les magasins de vernis et il est vendu dans des boîtes en fer blanc. Son mode d'emploi est le suivant : — avec un pinceau large à poils durs, appliquer le ciment au dos du tableau ; prenez ensuite une bande de verre à bord droit, et en la passant sur le papier, grattez le plus possible l'excédent. On constatera alors que l'impression adhère très facilement au carton, sans provoquer d'expansion ni de gondolage ; et toute partie du ciment qui suinte pendant le pressage peut, une fois sèche, être enlevée avec un canif sans laisser de tache.

REMARQUES SUR LE MANQUE DE CORRESPONDANCE ENTRE LA FORMULE DES DIFFÉRENTS OPÉRATEURS.

Les formules d'impression positive données dans les ouvrages sur la photographie pratique présentent une grande variété ; et on a proposé d'essayer de les réduire à des proportions plus uniformes. Cela ne peut cependant pas être réalisé facilement, à la fois en raison de la différence de structure et de préparation des différents papiers photographiques, et aussi parce que le mode d'application des solutions n'est pas toujours le même.

Prenons comme illustration le procédé suivant, qui a longtemps été recommandé pour sa simplicité, et qui est bon à tous égards : Dissoudre 40 grains de chlorure d'ammonium dans 20 onces d'eau distillée, et *immerger* environ une douzaine de feuilles de Towgood's. Papier positif, éliminant les bulles d'air avec une brosse en poil de chameau. Lorsque la dernière feuille a été placée dans le liquide, retournez le lot et sortez-les une à une, afin que chaque feuille, restée dans le liquide au moins dix minutes, soit complètement saturée. Une fois sec, exciter en badigeonnant avec une solution d' Ammonio -Nitrate d'Argent à 40 ou 60 grains de la manière habituelle.

Or, cette formule contient moins d'un cinquième de la quantité de sel souvent employée, et si un épais papier étranger encollé avec de l'amidon, tel que le Positif de Canson , *flottait* sur un tel bain de salage, il serait difficile d'obtenir une bonne image. En *immergeant* cependant un papier encollé à la gélatine comme celui recommandé, une quantité beaucoup plus grande de sel est retenue à la surface, et la pellicule est suffisamment sensible. Il existe trois modes d'application des solutions, à savoir. par brossage, flottage et immersion. La quantité de solution laissée sur le papier varie selon chacun, et par conséquent chacun nécessite une formule différente. L'immersion dans un bain fortement salé a tendance à donner une image grossière, manquant de définition ; tandis que le plan consistant à brosser avec une solution faiblement salée produit un papier déficient en sensibilité et donnant une image rouge pâle sans profondeur d'ombre appropriée.

Mais indépendamment de ces différences, la nature chimique de l' *encollage* utilisé influence également la tonalité de l'impression. Par exemple, dans le procédé indiqué ci-dessus, si les Positifs, après avoir été complètement teintés dans le Bain d'Or et lavés à l'eau froide, sont traités avec de l'eau *bouillante*, la teinte change immédiatement en un rouge terne ; mais en tamponnant entre des feuilles de papier absorbant et en pressant avec un fer chaud, les tons sombres sont restaurés.

Cette destruction de la teinte par l'eau bouillante, et sa restauration par *la chaleur sèche*, sont dues en grande partie à la substance animale employée pour encoller le papier ; et l'on constatera que les impressions sur un papier étranger, tel que le positif de Saxe, salé avec une solution à dix grains et sensibilisé au nitrate d'ammonium, ne perdent pas leurs tons dans l'eau chaude et ne sont pas beaucoup assombris par le repassage.

Il faut donc garder à l'esprit la particularité de l'encollage des papiers photographiques anglais et tenir compte de la sensibilité supplémentaire et de l'altération de la couleur qu'il produit. Lorsqu'une formule est donnée, le papier recommandé pour cette formule particulière doit être utilisé seul.

SECTION II.

Impression positive par développement.

Les procédés d'impression de négatifs seront utiles pendant les mois d'hiver maussades et à d'autres moments lorsque la lumière est faible ou lorsqu'il est nécessaire de produire un grand nombre d'impressions à partir d'un négatif dans un court laps de temps. Le plan de développement permet également à l'opérateur d'obtenir des Positifs d'une plus grande stabilité que ceux produits par l'action directe de la lumière.

Trois procédés peuvent être décrits, dont le premier donne des positifs d'une couleur agréable, mais le second, sur l'iodure d'argent, la plus grande permanence dans des conditions défavorables.

PROCÉDÉS D'IMPRESSION NÉGATIF SUR DU CHLORURE D'ARGENT.

Les positifs peuvent être obtenus en exposant du papier préparé avec du chlorure d'argent à l'action de la lumière jusqu'à ce qu'une image faible soit perceptible, puis en développant par l'acide gallique ; mais dans ce procédé il est difficile d'obtenir *un contraste suffisant* d'ombre et de lumière ; l'impression, si elle est suffisamment exposée et pas trop développée, est faible, avec un manque d'intensité dans les parties sombres. En associant au chlorure un sel organique d'argent, tel que le citrate, on peut surmonter cette difficulté et faire ressortir les ombres avec une grande profondeur et une grande netteté.

Les papiers sont salés avec un mélange de chlorure et de citrate comme dans la formule du procédé ammonio-nitrate. [49] Ils sont ensuite rendus sensibles sur un bain de nitrate d'argent *contenant* soit de *l'acide citrique, soit de l'acide acétique,* qui sont utilisés dans les procédés négatifs pour conserver la netteté des parties blanches sous l'influence du révélateur.

[49] La formule à la p. 246 peut être modifié avec avantage : utiliser le double de la quantité de gélatine et la moitié de la quantité de citrate et de chlorure.

Le Bain d'Acéto-Nitrate se prépare de la façon suivante :

Nitrate d'argent   30 céréales.

L'acide acétique glacial 30 minimes.

Eau   1 once liquide.

Faites flotter les papiers (Papier Saxe ou Papier Rive) sur le bain pendant trois minutes, et suspendez-les pour sécher dans une pièce d'où les rayons actiniques sont *parfaitement* exclus.

L'exposition à la lumière, qui est effectuée dans le cadre d'impression ordinaire, le papier négatif et sensible étant mis en contact de la manière habituelle, sera rarement plus longue que trois ou quatre minutes, même par un jour maussade. Elle peut être réglée par la couleur prise par la marge saillante du papier ; mais il est tout à fait possible de dire par l'apparence de l'image quand elle a reçu une exposition suffisante : — l'ensemble de l'image doit être vu, à l'exception des *nuances les plus claires* , et on constatera que très peu de détails peuvent être apportés. dans le développement qui étaient totalement invisibles avant l'application de l'acide gallique.

La solution de développement est préparée comme suit : -

Acide gallique 2 céréales.

Eau   1 once liquide.

Par temps très froid, il peut être nécessaire d'employer une solution saturée d'acide gallique, contenant environ quatre grains par once ; alors que par temps chaud, l'image se développera trop vite, et il faudra ajouter de l'acide acétique (voir les remarques en fin de procédé, p. 266).

Pour faciliter la dissolution de l'acide gallique, placez la bouteille dans un endroit chaud près du feu. Un morceau de camphre flotté dans le liquide, ou une goutte d'huile de clou de girofle ajoutée, l'empêcheront dans une grande mesure de moisir en le gardant ; mais si une fois la moisissure s'est formée, il faut bien nettoyer la bouteille avec de l'acide nitrique, sinon la décomposition de l'acide gallique frais sera accélérée.

Versez la solution d'acide gallique dans un plat plat et plongez les empreintes deux ou trois à la fois, en les déplaçant et en utilisant une tige de verre pour éliminer les bulles d'air. Le développement est rapide et sera achevé en trois ou quatre minutes. Si l'empreinte se développe lentement, devient *très foncée en* poursuivant l'action de l'acide gallique, mais ne présente pas de demi-teintes, c'est qu'elle n'a pas été exposée suffisamment longtemps à la lumière. Une épreuve surexposée, au contraire, se développe avec une rapidité inhabituelle, et il faut la retirer promptement du bain pour conserver la netteté des parties blanches ; lorsqu'elle est exposée à la lumière, elle apparaît pâle et rouge, sans profondeur d'ombre.

L'ampleur du développement dépend du type d'impression souhaité. En poussant l'action de l'Acide Gallique, on obtiendra un tableau sombre peu altéré par le Bain fixateur. Mais un meilleur résultat en ce qui concerne la couleur et la gradation des tons sera obtenu en retirant l'impression de la solution de développement alors qu'elle est au stade rouge clair, et en la tonifiant ensuite au moyen de l'or ; auquel cas il correspondra tant en apparence que en propriétés à un Positif obtenu par l'action directe de la lumière (voir les remarques de la [page 167](#)).

Lorsqu'on entend suivre ce dernier plan, l'action du développeur doit être arrêtée au point où la preuve paraît plus légère qu'elle ne doit le rester ; puisque le Bain Sel d'Or ajoute un peu à l'intensité, et l'image devient un peu plus vigoureuse en séchant.

Lavez les empreintes à l'eau froide afin d'en extraire tout l'acide gallique. Puis tonifiez avec *Sel d'or* de la manière décrite dans la section suivante et fixez de la manière habituelle. Les blancs seront soigneusement conservés purs ; ou avec seulement une légère teinte jaune, ce qui n'est pas répréhensible.

En comparant les épreuves développées avec d'autres obtenues par l'action directe de la lumière sur le même papier sensible, il est évident que l'avantage est *légèrement* du côté de ces derniers ; mais la différence est si petite qu'elle serait négligée dans l'impression de grands sujets, pour lesquels le procédé négatif est plus spécialement adapté. La *couleur* des deux types de positifs est la même, ou peut-être une nuance plus foncée dans les épreuves développées, qui sont généralement d'un ton violet-violet, mais parfois d'un brun chocolat foncé.

Un processus de développement avec le Sérum de Lait. — L'emploi du « lactosérum » comme véhicule du chlorure d'argent a à peu près le même effet que celui produit par l'ajout d'un citrate. Cela peut être attribué à la présence du sucre du lait et d'une partie de caséine non coagulée laissée dans le sérum.

La seule difficulté du procédé est de coaguler le lait de manière à séparer la plus grande partie mais non la totalité de la caséine . Le lait devenu aigre, ou auquel on a ajouté un acide, n'est pas considéré comme aussi bon pour cet usage que celui qui a été traité avec de la présure ; et même lorsqu'on emploie de la présure, il faut qu'elle soit de la meilleure qualité, sinon son action sera imparfaite. Le sérum doit filtrer au travers d'un papier buvard ; mais il ne devrait pas s'écouler très rapidement, ou, selon toute probabilité, toute la caséine a été séparée, et le liquide ne contient que peu de sucre. Le lactosérum qui reste après la fabrication du fromage répond généralement à cet objectif s'il est clarifié en le battant avec le blanc d'un œuf, puis en le faisant bouillir et en le filtrant. Les globules d'huile doivent être séparés autant que possible, sinon ils rendront le papier gras. [50]

[50] Voir le Vocabulaire, Partie III, Art. "Lait", pour plus de détails.

Salez le sérum préparé avec du chlorure de sodium ou d'ammonium ; en quantité d'environ huit ou dix grains par once liquide, et rendu sensible dans le même bain que celui recommandé pour le procédé au citrate.

UN PROCÉDÉ D'IMPRESSION NÉGATIF SUR IODURE D'ARGENT.

L'iodure d'argent est plus sensible à la réception de l'image invisible que les autres composés de ce métal ; et c'est pourquoi il est utilement employé pour imprimer des positifs *agrandis* à partir de petits négatifs, au moyen de l'appareil photo. La grande stabilité des épreuves sur Iodure d'Argent sera également une recommandation de ce procédé lorsqu'une permanence inhabituelle est requise.

Prendre de

Iodure de Potassium 160 céréales.

Eau   20 onces liquides.

Le meilleur papier à utiliser sera soit le calotype de Turner, soit le négatif de Whatman ou de Hollingworth ; les journaux étrangers ne réussissent pas avec la formule ci-dessus (p. 258).

Faites flotter le papier sur le bain iodé jusqu'à ce qu'il cesse de s'enrouler et repose à plat sur le liquide : puis épinglez-le pour le sécher de la manière habituelle.

Rendu sensible avec un bain d'acéto-nitrate d'argent contenant 30 grains de nitrate d'argent avec 30 minimes d'acide acétique glacial pour chaque once d'eau.

Lorsque la feuille est bien sèche, placez-la au contact du Négatif dans un cadre à pression et exposez-la *à une faible lumière* . Environ 30 secondes sera une durée moyenne lors d'une journée d'hiver maussade, pendant laquelle il serait impossible d'imprimer du tout de la manière habituelle. En retirant le négatif, on ne voit rien sur le papier, l'image étant strictement invisible dans ce procédé à moins que l'exposition n'ait été poussée trop loin.

Développer par immersion dans une solution saturée d'acide gallique, préparée de la manière décrite à la page 261 . L'image apparaît lentement et le processus peut durer de 15 minutes à une demi-heure. Si l'exposition a été correctement chronométrée, l'acide gallique semble enfin presque cesser d'agir ; mais lorsque l'épreuve a été surexposée, le développement se poursuit sans interruption, et l'image devient trop sombre, prenant plutôt le caractère d'un négatif que d'un positif. La règle habituelle, selon laquelle les épreuves *sous-exposées* se développent lentement mais ne présentent pas de demi-teintes, et que les épreuves surexposées *se* développent avec une rapidité inhabituelle, est également observée dans le procédé avec l'iodure d'argent.

Une fois l'image entièrement ressortie, laver à l'eau froide, puis à l'eau tiède, pour éliminer l'acide gallique qui, s'il restait, décolorerait le bain d'hyposulfite . Fixez ensuite l'empreinte dans une solution d' hyposulfite de soude, une partie pour deux d'eau, en continuant l'action jusqu'à ce que la couleur jaune de l'iodure disparaisse. Le bain de fixation ne devrait pas produire beaucoup de changement dans la teinte. Si le Positif perd sa couleur foncée par immersion dans l' Hyposulfite et devient pâle et rouge, c'est qu'il n'est pas suffisamment développé. Il faut comprendre la théorie de cette partie du procédé : — C'est particulièrement la *deuxième étape* du développement d'une Photographie (voir p. 144) sur laquelle le Bain fixateur ne produit aucun effet ; et donc un changement considérable de couleur dans l' hyposulfite indique que trop peu d'argent s'est déposé, et le remède sera de pousser le développement, en ajoutant un peu d'acéto-nitrate à l'acide gallique si la force du bain se révèle insuffisante pour céder. tons sombres.

La couleur des positifs développés sur l'iodure d'argent n'est pas agréable, et ils deviennent bleus et d'encre lorsqu'ils sont teintés avec de l'or. En fixant l'épreuve dans l'hyposulfite de soude, qui a été longtemps utilisé et qui a acquis des propriétés sulfurantes, la teinte est beaucoup améliorée ; mais la permanence de l'impression dans des conditions défavorables est diminuée par l'adoption de ce mode de tonification.

UN PROCÉDÉ D'IMPRESSION NÉGATIF SUR LE BROMURE D'ARGENT.

En substituant le bromure à l'iodure d'argent dans le procédé ci-dessus, les proportions et les détails de la manipulation étant par ailleurs les mêmes, on obtient une couleur plus agréable.

Le papier préparé avec du bromure d'argent est moins sensible que l'iodure, mais une exposition d'une minute (dans le cadre d'impression) sera généralement suffisante même par une journée maussade. L'image est presque latente, mais parfois un très faible contour des ombres les plus sombres peut être vu. La proportion de bromure utilisée est susceptible d'influencer ce point ; la sensibilité étant diminuée, mais l'image montrant plus de détails avant développement, lorsque la quantité de Sel d'Argent est réduite au minimum.

Des papiers anglais ou français peuvent être utilisés, mais dans ce dernier cas, le bromure doit être dissous dans du sérum de lait (p. 262), sinon il sera difficile d'obtenir une bonne image de surface. La proportion de bromure peut être de cinq grains par once de sérum.

Ces épreuves, même simplement fixées dans de l'hyposulfite de soude ordinaire, sont supérieures en couleur aux positifs imprimés par la dernière formule sur de l'iodure d'argent ; et la permanence est très grande si le développement est suffisamment poussé. L'emploi du Sérum de Lait donne un avantage pour résister aux influences oxydantes auxquelles les Positifs sont susceptibles d'être exposés (p. 150).

REMARQUES GÉNÉRALES SUR L'IMPRESSION NÉGATIF.

L'impression par développement ne doit pas être tentée tant que la manipulation du procédé ordinaire par exposition directe à la lumière n'a pas été acquise.

Une propreté parfaite est essentielle. La solution de salage ou d'iodation et le bain d'acéto-nitrate doivent être filtrés clairement, car l'effet des petites particules en suspension dans la production de taches est plus visible lorsque l'image est mise en valeur par un révélateur.

Il faudra être bien plus prudent en excluant la lumière blanche que dans le procédé ordinaire ; et lorsqu'on emploie de l'iodure d'argent, toutes les précautions requises dans le cas des négatifs au collodion doivent être prises.

Observez particulièrement que la vaisselle reste propre, sinon le Gallo-Nitrate d'Argent se décolorera rapidement (lire les remarques page 179).

Les négatifs stéréoscopiques et les petits portraits ne sont pas imprimés avec succès par le développement ; car il est difficile d'obtenir la définition la plus élaborée et il y a une légère tendance au jaunissement dans les parties blanches. Les positifs peuvent être développés sur du papier albuminé, mais l'acide gallique est susceptible de décolorer les lumières.

Dans l'impression par développement sur chlorure d'argent, la théorie du sujet doit être particulièrement étudiée. Lorsque le temps est froid et la lumière mauvaise, le développement de l'image se fait lentement, le bain d'acide gallique reste clair et de bonnes demi-teintes sont obtenues ; mais dans des conditions opposées, le révélateur peut devenir trouble et les ombres être perdues par un dépôt excessif d'argent. On remédiera à ce *surdéveloppement en imprimant le négatif sous une lumière* plus faible (près de la fenêtre ouverte d'une pièce), et en ajoutant de l'acide acétique au révélateur, à raison de 5 ou 10 minimes par once, de manière à faire ressortir le négatif. l'image plus lentement. L'intensité de l'action est ainsi diminuée, et si la photo n'est pas sous-exposée, les demi-teintes seront bonnes.

Observez aussi, en préparant des papiers avec du citrate, que si l'on ajoute trop de carbonate de soude pour neutraliser l'acide citrique, du carbonate d'argent se déposera dans le papier, ce qui aura pour effet d'enlever peu à peu l'acidité du bain de nitrate, et produire un surdéveloppement et une sensibilité excessive à la lumière.

La couleur des épreuves extraites de l'acide gallique doit être *rouge clair* ; la gradation des tons n'est généralement pas aussi parfaite lorsque le développement est porté au deuxième stade ou stade noir.

Il n'est pas recommandé de préparer une trop grande réserve de papiers salés, car ils seront probablement sujets à la moisissure et à la décomposition s'ils ne sont pas parfaitement secs.

SECTION III.

Le Procédé Sel d'Or pour tonifier les Positifs.

Ce procédé est un peu plus gênant que le plan de fixation et de tonification dans une seule solution, mais il possède des avantages qui seront maintenant énumérés. La description peut être divisée entre la préparation du bain tonifiant et les détails de manipulation.

LA PRÉPARATION DU BAIN TONIQUE.

Prendre de

Chlorure d'Or   1 grain.

Hyposulfite pur de soude 3 céréales.

Acide hydrochlorique   4 minimes.

Eau, distillée ou commune 4 onces liquides.

Dissoudre l'or et l'hyposulfite de soude chacun dans deux onces d'eau ; puis mélangez rapidement en versant la première solution dans la seconde, et ajoutez l'acide chlorhydrique. Si le chlorure d'or est neutre, le liquide aura une teinte rouge, mais s'il est *acide*, alors la solution peut être incolore. Le chlorure d'or commercial, contenant généralement beaucoup d'acide chlorhydrique libre, ne nécessitera aucun ajout de cette substance. (Voir le Vocabulaire, Partie III.)

Au lieu de faire un hyposulfite d'or extemporané, en mélangeant le chlorure avec l'hyposulfite de soude, on peut se servir du sel d'or cristallisé, en ajoutant environ un demi-grain à l'once d'eau acidifiée comme auparavant ; mais l'objection à l'emploi de ce sel est sa dépense, et aussi la difficulté de l'obtenir sous forme pure ; quelques échantillons contenant moins de cinq pour cent d'or.

Il s'avérera très pratique de garder les deux solutions à portée de main, prêtes à être mélangées, à savoir. le chlorure d'or dissous dans l'eau dans la proportion d'un grain par drachme, et l' hyposulfite de soude, trois grains par drachme. Au besoin, mesurez une drachme liquide de chacun, diluez avec de l'eau jusqu'à deux onces et mélangez.

Il est possible que la solution à trois grains d' hyposulfite de soude, après une longue conservation, se décompose avec précipitation du soufre. L'effet de ceci serait de produire une turbidité et un dépôt d'or lors du mélange des ingrédients du bain, le chlorure d'or étant en excès sur l' hyposulfite de soude (voir p. 250).

Le Bain de Sel d'Or est toujours plus actif lorsqu'il est récemment mélangé, mais il se conservera pendant quelques jours si le contact avec le Nitrate d'Argent libre est évité. L'ajout de cette substance produit un dépôt rouge dans le Bain, contenant de l'Or, et la solution devient alors inutile.

DÉTAILS DE MANIPULATION.

Le papier peut être préparé selon l'une ou l'autre des formules données dans la première section de ce chapitre, selon la teinte désirée. Les tons noirs purs s'obtiennent plus facilement avec le papier Ammonio -Nitrate, et les teintes violettes, sans brillant, sur le papier préparé avec du chlorure ordinaire et du citrate de soude.

L'impression n'est pas portée tout à fait à l'intensité habituelle, car les demi-teintes sont très peu dissoutes dans ce processus.

Une fois retirées du cadre, les épreuves sont soigneusement lavées à l'eau courante jusqu'à ce qu'elles cessent de devenir laiteuses ; c'est-à-dire jusqu'à ce que la plus grande partie du nitrate d'argent ait été éliminée. Le lavage doit être effectué dans un endroit sombre, mais il n'est pas nécessaire de le précipiter ; les épreuves peuvent être jetées dans une casserole d'eau recouverte d'un tissu et laissées y rester jusqu'à ce qu'elles soient nécessaires pour la teinture.

Une trace de nitrate d'argent libre s'échappe ordinairement du lavage ; cela provoquerait un dépôt jaune sur le Print, et également dans le Bain tonifiant. Il faut donc l'éliminer, soit en ajoutant un peu *de sel commun* à l'eau lors des derniers lavages, soit au moyen d'une solution diluée d'Ammoniaque.

Pour les impressions sur papier ordinaire, le premier plan sera considéré comme le moins gênant ; mais avec les épreuves à l'albumine [51], il faut de l'ammoniaque, pour dissoudre une partie de l'albuminate d'argent qui a échappé à l'action de la lumière, avant de soumettre l'épreuve à l'or ; sinon les tons sombres disparaîtraient presque dans le Bain fixateur, l' Hyposulfite emportant l'Or avec cette couche superficielle de sel d'argent.

[51] Il est recommandé à l'amateur de ne pas utiliser de papier albuminé dans ce procédé jusqu'à ce qu'il se soit habitué aux manipulations ; les impressions sur papier ordinaire étant toniques avec plus de facilité et de certitude.

Pour préparer le bain d'ammoniaque, prenez

Liqueur Ammoniæ 1 drachme.

Eau commune   1 pinte.

La quantité exacte n'est pas importante ; si le liquide sent légèrement l'ammoniaque, cela suffira. Placez les empreintes lavées dans ce bain, deux ou trois à la fois, et laissez-les reposer jusqu'à ce que la teinte violette cède la place à un ton rouge. L'action doit être surveillée, car si le bain d'ammoniaque est fort, l'épreuve devient inhabituellement *pâle et rouge*, et alors un peu de brillant se perd dans la post-teinture.

Comme l'impression est relativement insensible à la lumière une fois l'excès de nitrate éliminé, il n'est pas nécessaire d'assombrir la pièce ; mais une *lumière vive* provenant d'une porte ou d'une fenêtre ouverte doit être évitée.

Après avoir utilisé le sel ou l'ammoniaque, trempez à nouveau les empreintes pendant environ une minute dans de l'eau courante. Placez-les ensuite dans le Bain tonifiant d'Or et d'acide ; n'en mettez pas trop à la fois, et déplacez-les de temps en temps, pour éviter des taches d'action imparfaite à l'endroit où les feuilles se touchent.

Les papiers étrangers, salés nature, se colorent rapidement en deux ou trois minutes. Les épreuves en anglais nécessitent cinq à dix minutes ; Albuminé, dix minutes à un quart d'heure. La tendance du Gold Bath est de donner un ton bleu à l'image ; de là les épreuves qui sont rouge clair après utilisation du sel ou de l'ammoniaque, deviennent d'abord rouge-pourpre, puis violet-pourpre dans le Sel d'or. Les épreuves à l'albumine prennent une certaine nuance de brun ou de violet si elles ne sont pas trop fortement albuminées. Les papiers ammoniac-nitrate fortement salés et préparés sans citrate deviennent d'abord violet foncé, puis bleus et d'encre ; le citrate est destiné à éviter cette teinte d'encre.

Quand les tons les plus sombres sont atteints, le bain ne produit plus d'effet, mais finalement (surtout si la solution n'est pas à l'abri de la lumière [?]) il se produit un peu de décomposition, produisant un dépôt crème sur les lumières.

Le virage étant terminé, les épreuves sont à nouveau lavées un instant à l'eau, pour éliminer l'excès de solution d'or. Ce lavage ne doit pas être continué plus de deux ou trois minutes, sinon il y aurait danger de jaunissement des blancs ; cela ne devrait cependant pas se produire avec les précautions appropriées.

Enfin les épreuves sont fixées dans une solution d'hyposulfite de soude, une partie pour quatre d'eau ; qui peut être utilisé plusieurs fois de suite. Ce bain n'altère que très peu le ton si le dépôt d'or est bien fixé sur l'estampe ; mais l'auteur a souvent observé, dans le cas du papier albuminé et du papier préparé avec du citrate (formule II), que, s'ils sont retirés trop rapidement du sel d'or, les tons pourpres changent par immersion dans l'hyposulfite et deviennent brun chocolat. Les impressions ammonio-nitrate sont moins susceptibles de se modifier de cette manière.

Pour que le fixage puisse s'effectuer convenablement, le temps d'immersion ne devra pas être inférieur à dix minutes avec un papier poreux nature salé ; ou quinze minutes dans le cas d'un papier anglais ou albuminé.

L'ammoniaque peut être utilisée pour fixer les impressions sur papier ordinaire ; environ une partie de liqueur d'ammoniæ pour quatre d'eau. Dix minutes d'immersion suffisent généralement et le ton n'en est que très peu affecté. Ce procédé est bon, mais l'odeur âcre de l'ammoniaque est une objection, et le bain se décolore à l'usage. Un certain soin est également nécessaire afin d'assurer une bonne fixation des impressions (voir les remarques à la page 131).

Pour les instructions de lavage et de montage des épreuves, voir page 255 .

Il arrivera quelquefois dans le procédé Sel d'or, à cause du bain tonifiant ayant peu d'action dissolvante sur les nuances claires, que les épreuves, après avoir été lavées et séchées, paraissent trop foncées ; on peut y remédier en les posant pendant quelques minutes dans *une solution très diluée* de chlorure d'or (cinq ou six gouttes de la solution jaune de chlorure dans quelques onces d'eau) et en les lavant pendant un quart d'heure supplémentaire. Ou bien, un Positif surimprimé peut être sauvegardé en le tonifiant avec du Chlorure d'Or au lieu du Sel d'or. Dans ce cas, après avoir correctement éliminé le nitrate d'argent libre, il faudra verser quelques gouttes d'une solution jaune citron de chlorure d'or (avec un fragment de carbonate de soude ajouté pour éliminer l'acidité, p. 132), sur le sol. Imprimer, qui doit ensuite être corrigé de la manière habituelle.

Avantages de la tonification par Sel d'or. — Ce processus sera particulièrement utile pour ceux qui impriment de grands positifs. Les solutions peuvent être mélangées en quelques minutes et, étant très diluées, elles sont économiques. Il n'est même pas nécessaire d'employer un *bain* pour tonifier, mais si l'on prépare la solution de Sel d'or d'environ deux ou trois fois la force indiquée dans la formule, il suffira d'en verser quelques drachmes sur la surface de l'impression. . Comme la solution Gold est toujours utilisée peu de temps après le mélange, une teinte uniforme et permanente peut être obtenue ; tandis que le Bain unique fixateur et tonifiant d'Or et d'Hyposulfite perd beaucoup de son efficacité par conservation, et *la surimpression* de l'épreuve est exigée à mesure que le Bain vieillit.

SECTION IV.

Sur un mode d'impression de positifs, transparents, etc. agrandis et réduits, à partir de négatifs au collodion.

Pour expliquer la manière dont une Photographie peut être agrandie ou réduite en cours d'impression, il faudra se référer aux remarques faites à la page 52 , sur les *foyers conjugués* des lentilles.

Si un négatif au collodion est placé à une certaine distance devant une caméra, et (en utilisant un tube de tissu noir) la lumière n'est admise dans la chambre noire qu'à travers le négatif, une image réduite se formera sur le verre dépoli ; mais si le négatif se rapproche davantage, l'image augmentera en taille, jusqu'à ce qu'elle devienne d'abord égale, puis plus grande, que le négatif original ; le foyer s'éloignant de plus en plus de l'objectif, ou s'éloignant, à mesure que le négatif se rapproche.

De plus, si un portrait négatif est placé dans la diapositive de l'appareil photo et que l'instrument est transporté dans une pièce sombre, un trou sera percé dans le volet de la fenêtre afin de laisser passer la lumière à travers le négatif, les rayons lumineux, après réfraction par la lentille. , formera une image de la taille exacte de la vie sur un écran blanc placé à la position initialement occupée par le modèle. Ces deux plans, en effet, celui de l'objet et celui de l'image, sont *des foyers strictement conjugués* , et, quant au résultat, peu importe de lequel des deux, antérieur ou postérieur, proviennent les rayons lumineux.

Par conséquent, pour obtenir une copie réduite ou agrandie d'un négatif, il suffit de former une image de la dimension requise et de projeter l'image sur une surface sensible soit de collodion, soit de papier.

Un bon arrangement à cet effet peut être fait en prenant un appareil-photo de portrait ordinaire, et en le prolongeant devant par une boîte en bois noircie à l'intérieur et à double corps, pour permettre d'être allongée selon les besoins ; ou, plus simplement, en ajoutant une charpente en bois recouverte de tissu noir. Une rainure en façade porte le Négatif, ou reçoit la lame contenant la couche sensible, selon le cas.

Dans les Photographies *réduites*, le Négatif est placé devant l'objectif, dans la position ordinairement occupée par l'objet ; mais en faisant une copie agrandie, il faut la fixer *derrière* la lentille, ou, ce qui est équivalent, la lentille doit être retournée, de sorte que les rayons de lumière transmis par le négatif entrent dans la vitre arrière de la combinaison et ressortent à le devant. Ce point doit être pris en compte afin d'éviter une indistinction de l'image due à une aberration sphérique.

Une combinaison Portrait de lentilles de $2\frac{1}{2}$ ou $3\frac{1}{4}$ pouces de diamètre est la meilleure forme à utiliser, et les foyers actiniques et lumineux doivent correspondre avec précision, car toute différence entre eux serait augmentée par l'agrandissement. Un diaphragme d'un pouce ou d'un pouce et demi placé *entre* les lentilles évite dans une certaine mesure la perte de contour net qui suit habituellement l'agrandissement de l'image.

La lumière peut être admise à travers le Négatif en pointant la Caméra vers le ciel ; ou bien la lumière directe du soleil peut être utilisée, projetée sur le négatif par un réflecteur plan. Un miroir à balançoire commun, s'il est clair et exempt de taches, fait très bien l'affaire ; il doit être placé de telle sorte que le centre sur lequel il tourne soit au niveau de l'axe de la lentille.

Les meilleurs négatifs pour imprimer des positifs agrandis sont ceux qui sont distincts et clairs ; et il est important d'utiliser un *petit* négatif, qui fatigue moins la lentille et donne un meilleur résultat qu'un négatif de plus grande taille. En imprimant avec une lentille de $2\frac{1}{4}$ par exemple, préparez le négatif sur une plaque d'environ deux pouces carrés, puis agrandissez-le de quatre diamètres.

Le papier contenant du chlorure d'argent n'est pas assez sensible pour recevoir l'image, et l'impression doit être formée sur du collodion, ou sur du papier iodé développé par l'acide gallique (voir p. 263).

L'exposition requise variera non seulement en fonction de l'intensité de la lumière et de la sensibilité de la surface utilisée, mais également *en fonction du degré de réduction ou d'agrandissement de l'image* .

En imprimant au Collodion, l'image résultante est positive par lumière transmise ; il doit être soutenu par un vernis blanc, puis devient positif par la lumière réfléchie. La tonalité des noirs est améliorée en traitant la plaque d'abord au bichlorure de mercure, puis à l'ammoniaque, de la manière décrite aux pages 113 et 207.

M. Wenham, qui a écrit un article sur le mode d'obtention de positifs de taille réelle, opère de la manière suivante : il place l'appareil photo, avec la diapositive contenant le négatif, dans une pièce sombre, et y réfléchit la lumière du soleil à travers un trou dans l'obturateur, de manière à passer d'abord à travers le négatif, puis à travers l'objectif ; l'image est reçue sur papier iodé et développée par l'acide gallique, selon le mode décrit dans la deuxième section de ce chapitre (p. 263).

Sur l'impression des transparents au Collodion pour le stéréoscope. — Cela peut être fait en utilisant l'appareil photo pour former une image du négatif dans le mode décrit à la dernière page ; mais plus simplement par le procédé suivant : — Enduire le verre sur lequel l'empreinte doit être formée avec du Collodio-Iodure d'Argent de la manière habituelle ; puis posez-le sur un morceau de tissu noir, côté Collodion vers le haut, et placez deux bandes de papier d'environ l'épaisseur du carton et un quart de pouce de large, le long des deux bords opposés, pour éviter que le négatif ne soit sali par le contact avec le film. Les deux verres doivent être *parfaitement plats* , et même dans ce cas, il peut arriver que le négatif soit inévitablement mouillé ; si c'est le cas, lavez-le immédiatement avec de l'eau, et s'il est bien verni, il n'en résultera aucun dommage.

Un peu d'ingéniosité suggérera une simple charpente de bois, sur laquelle sont retenues les plaques négatives et sensibles, séparées seulement par l'épaisseur d'une feuille de papier ; et il sera préférable de l'utiliser plutôt que de tenir la combinaison dans la main.

L'impression se fait à la lumière du gaz, ou d'une lampe camphine ou modératrice ; la lumière du jour diffuse serait trop puissante.

L'emploi d'un réflecteur concave, qu'on peut acheter pour quelques shillings, assure le parallélisme des rayons et constitue un grand progrès. La lampe est placée au foyer du miroir, ce qui peut être immédiatement constaté en la déplaçant d'avant en arrière jusqu'à ce qu'un cercle uniformément éclairé soit projeté sur un écran blanc tenu devant. C'est en effet un des inconvénients de l'impression à flamme nue, c'est que la lumière tombe plus puissamment sur la partie centrale, et moins sur les bords du négatif.

L'image doit être exposée plus ou moins longtemps (une dizaine de secondes en moyenne) selon son comportement au cours du développement (voir p. 224) ; ce processus, ainsi que la fixation, est effectué de la même manière que pour les images au Collodion en général.

Certains adoptent le plan du blanchiment par Corrosive Sublimate, puis du noircissement par de l'ammoniaque diluée, pour améliorer la couleur des ombres sombres (voir p. 113).

Si ce mode d'impression au collodion est conduit avec soin, le négatif n'étant séparé de la pellicule que par le plus petit intervalle, la perte de netteté des contours sera à peine perçue.

Les transparents stéréoscopiques peuvent également être imprimés par le procédé sec au Collodion décrit au chapitre VI, ou par le procédé Collodio-Albumen. M. Llewellyn recommande l'emploi d'une solution d'Oxymel, si diluée que la plaque devienne presque sèche et puisse être mise en contact avec le négatif sans crainte de blessure (voir la note de bas de page à la page 302).

CHAPITRE V.

CLASSIFICATION DES CAUSES D'ÉCHEC DANS LE PROCÉDÉ AU COLLODION.

Section I.—Imperfections des photographies au collodion.
Section II.— Imperfections des positifs sur papier.

SECTION I.

Imperfections des photographies négatives et positives au collodion.

On peut citer : — la buée, — les taches, — les marquages, etc.

CAUSES DE BUÉE DES PLAQUES DE COLLODION.

1. *Surexposition de la plaque.* — Ceci est susceptible de se produire lors de l'utilisation de la pleine ouverture d'un objectif à double combinaison pour des objets éloignés fortement éclairés, le Collodion étant très sensible. Aussi du film étant très bleu et transparent, avec trop peu d'iodure d'argent (p. 114).

2. *Lumière diffuse*. - *un*. Dans la salle de développement. C'est une cause fréquente de buée, et particulièrement lorsqu'on emploie le calicot jaune commun, qui a tendance à se décolorer. Utiliser une épaisseur triple, ou se procurer un matériau imperméable, dont les pores sont bouchés avec de la gutta- percha . — *b*. Dans la caméra. La glissière peut ne pas s'ajuster correctement ou la porte ne se ferme pas correctement. Jetez un chiffon noir sur l'appareil photo pendant l'exposition de la plaque . — *c*. Des rayons directs du soleil ou de la lumière du ciel tombant sur l'objectif. Avec la pleine ouverture d'un objectif à double combinaison, une partie du ciel incluse dans le champ (comme par exemple pour former l'arrière-plan d'un portrait) est susceptible de provoquer de la buée. Le portrait sera probablement plus brillant si l'on place devant l'appareil photo un sac de toile en forme d'entonnoir ou un rideau à ouverture oblongue ne laissant passer que les rayons provenant du modèle.

3. *Alcalinité du bain.* — Cette condition, expliquée à la page 88 , peut être due à l'une des causes suivantes : — *a*. L'emploi du nitrate d'argent trop fortement fondu (p. 13). — *b*. Emploi constant d'un collodion contenant de l'ammoniaque libre ou du carbonate d'ammoniaque (p. 89). — *c*. Addition de potasse, d'ammoniaque ou de carbonate de soude au bain de nitrate, afin d'éliminer l'acide nitrique libre (p. 89). — *d*. Utilisation d'eau de pluie ou d'eau dure pour réaliser le bain de nitrate (l'eau de pluie contient généralement des traces d'ammoniac ; l'eau dure regorge souvent de carbonate de chaux).

Dans les deux cas, l'alcalinité peut être facilement éliminée par l'ajout d'acide acétique, une goutte pour quatre onces de solution. Le mode approprié de test de l'alcalinité est décrit à la p. 89 .

4. *Décomposition du bain de nitrate. - un.* Par une exposition constante à la lumière (les effets nocifs de celle-ci seront surtout visibles lors de la prise de positifs).— *b.* Par matière organique : celle-ci est quelquefois présente dans le Nitrate d'Argent qui a été préparé à partir des résidus d'anciens Bains ; ou il peut être introduit par des papiers flottants pour le processus d'impression sur le bain, ou par dissolution des cristaux de nitrate d'argent dans l'eau de pluie putride, ou dans de l'eau distillée impure recueillie à partir de l'eau condensée des chaudières à vapeur et contaminée par des matières huileuses. .— *c.* Décomposition du Bain par contact avec du fer métallique ou du cuivre, ou avec un fixateur, ou un révélateur (p. 90).

5. *Défauts de la solution en développement. - un.* Solution brune et décomposée d'acide pyrogallique ; cela peut parfois être utilisé en toute impunité, mais cela tend, en règle générale, à faciliter une réduction irrégulière de l'argent. — h. Acide acétique impur ayant une odeur d'ail et qui contient probablement du soufre en combinaison organique.—c. Omission de l'acide acétique dans le révélateur : cela produira une noirceur universelle.

6. *Diverses autres causes de buée. - un.* Vapeurs d'ammoniaque ou d'hydrosulfate d'ammoniaque, ou produits de la combustion du gaz de houille, s'échappant dans la salle de développement . — *b.* Développement de l'image par immersion dans une solution de Sulfate de Fer : c'est un plan sûr lorsque les films sont formés dans un bain de nitrate acide ; mais avec des pellicules pâles formées dans un bain chimiquement neutre, il est préférable de verser le liquide sur la plaque et de ne pas utiliser deux fois la même portion. — *c.* Retremper la plaque dans le Bain avant développement : ceci est susceptible de donner une image brumeuse lors de l'utilisation d'un vieux Bain, et n'est pas recommandé.

Plan de procédure systématique pour détecter la cause de la buée. — Si l'amateur n'a que peu d'expérience dans le procédé au collodion et utilise du collodion de sensibilité modérée et un nouveau bain, il est probable que la buée soit causée par une surexposition. Après avoir évité cela, procédez au test du bain ; *s'il est fabriqué à partir de matériaux purs, et ne restitue pas la couleur bleue d'un morceau de papier de tournesol préalablement rougi en le tenant sur l'embouchure d'une bouteille d'acide acétique glacial*, il peut être considéré en état de fonctionnement.

Préparez ensuite une plaque sensible, et après l'avoir égouttée pendant deux ou trois minutes dans un endroit obscur, versez-y le révélateur : lavez, fixez et faites ressortir à la lumière ; si quelque brume est perceptible, soit la chambre de développement n'est pas assez sombre, soit le bain a été préparé avec un mauvais échantillon de nitrate d'argent, ou avec de l'alcool impur, ou de l'eau impure.

D'un autre côté, si la plaque reste absolument claire dans ces circonstances, *la cause de l'erreur peut être dans l' appareil photo* ; — préparez donc un autre film sensible, placez-le dans l'appareil photo, et procédez exactement comme si vous preniez une photo, à l'exception de ne pas retirer le capuchon en laiton de la lentille : laisser agir deux ou trois minutes, puis retirer et développer comme d'habitude.

Si aucune indication sur la cause de la buée n'est obtenue de l'une ou l'autre de ces manières, il y a tout lieu de supposer que cela est dû à la lumière diffuse pénétrant à travers la lentille. Cette cause d'erreur peut souvent être détectée en regardant l'appareil photo de face, lorsqu'un reflet irrégulier est visible sur le verre.

TACHES SUR LES PLAQUES DE COLLODION.

Les taches sont de deux sortes : les taches d'opacité, qui apparaissent noires en lumière transmise et blanches en lumière réfléchie ; et des taches de transparence, à l'envers des autres, étant blanches lorsqu'on les voit sur les négatifs, et noires sur les positifs.

Les taches opaques font référence à un excès de développement au point où la tache est visible ; ils peuvent être causés par...

1. *L'utilisation du Collodion retenant les petites particules en suspension.* — Chaque particule devient un centre d'action chimique et produit un point, ou un point avec une queue. Le collodion doit être mis de côté pour décanter pendant plusieurs heures, après quoi la partie supérieure peut être vidée.

2. *Turbidité de la solution de nitrate. - un.* Des flocons d'iodure d'argent tombés dans la solution, par l'emploi d'un collodion suriodé. — *b.* D'un dépôt formé peu à peu sur les parois de l'auge de gutta-percha . — *c.* De l'intérieur de l'auge étant poussiéreux au moment du versement de la solution.

Afin d'éviter ces inconvénients, il est bon de refaire au moins la moitié de la solution de nitrate qu'il est nécessaire, et de la conserver dans un flacon de stockage, dont la partie supérieure peut être vidée au besoin. La filtration fréquente des bains d'argent est déconseillée, car le papier utilisé peut être contaminé par des impuretés.

3. *Dépoussiérer sur la surface du verre au moment de verser sur le Collodion.* — Les verres parfaitement propres, s'ils sont laissés de côté pendant quelques minutes, acquièrent de petites particules de poussière ; chaque assiette doit

donc être délicatement essuyée avec un mouchoir en soie immédiatement avant d'être utilisée.

4. *Défauts du toboggan.* — Quelquefois il existe un petit trou qui laisse passer un crayon de lumière et produit une tache connue par le fait qu'elle est toujours dans la même partie de la plaque ; parfois, la porte fonctionne trop étroitement, de sorte que de petites particules de bois, etc., sont grattées et projetées contre la plaque lorsqu'elle est relevée. Ou peut-être que l'opérateur, une fois l'exposition terminée, ferme la porte d'un coup sec et provoque ainsi une éclaboussure dans le liquide qui s'est écoulé et s'est accumulé dans la rainure inférieure ; cette cause, bien que peu fréquente, peut parfois survenir.

5. *Particules insolubles dans l' acide pyrogallique.* — La solution d'acide pyrogallique ne nécessite généralement pas de filtration, mais si des taches d' acide métagallique sont présentes, le révélateur doit être passé sur un papier buvard avant utilisation.

LES TACHES DE TRANSPARENCE peuvent généralement être attribuées à une cause quelconque *ce qui rend l'iodure d'argent insensible à la lumière sur des points particuliers* , de sorte que lors de l'application du révélateur aucune réduction n'a lieu.

1. *Concentration du Nitrate d'Argent à la surface du film par évaporation.* — Lorsque le film devient trop sec après sa sortie du bain, le pouvoir solvant du nitrate augmente tellement qu'il ronge l'iodure et produit des taches.

2. *Petites particules d'iodure de potassium non dissous dans le collodion.* — Ceux-ci sont susceptibles de se produire lorsque de l'éther anhydre et de l'alcool sont utilisés. Ils produisent des taches transparentes sur chaque partie de la plaque. Laissez le collodion se déposer ou ajoutez une goutte d'eau qui dissoudra l'iodure.

3. *Alcool ou Ether contenant trop d'eau* . — Cela provoque un aspect réticulé du film, pourri et plein de trous.

4. *Utilisation de verres mal nettoyés.* — Cette cause est peut-être la plus fréquente de toutes, lorsque la couche de Pyroxyline est très mince et le bain neutre. Après une longue utilisation des lunettes, il est souvent difficile de les nettoyer si soigneusement que l'haleine reste douce ; mais l'emploi de la potasse donne les meilleures chances.

MARQUES DE DIVERS NATURES SUR PLAQUES DE COLLODION.

1. *Un aspect réticulé sur le film après développement.* — Quand celle-ci est universelle, elle dépend souvent de l'emploi d'eau contenant du collodion. Ou bien, si ce n'est pas dû à cette cause, la plaque peut avoir été immergée trop rapidement dans le bain et la Pyroxyline soluble partiellement précipitée.

2. *Taches ou lignes grasses.* - *un.* En soulevant la plaque hors du bain de nitrate avant qu'elle n'ait été immergée suffisamment longtemps pour être complètement mouillée.— *b.* Retrait de la plaque du bain avant que l'éther présent à la surface ait été emporté. — *c.* Retremper la plaque dans le bain de nitrate après exposition à la lumière et verser *immédiatement le révélateur* ; si l'on ne laisse pas quelques minutes s'écouler l'excès de nitrate, l'acide pyrogallique ne s'amalgamera pas facilement avec la surface du film. — *d.* Le bain de nitrate est recouvert d'une écume huileuse qui est entraînée vers le bas par la plaque. Dessinez doucement un morceau de papier buvard le long de la surface du liquide avant de l'utiliser.

3. *Lignes droites traversant le film horizontalement.* — D'après un contrôle ayant été effectué en plongeant la plaque dans le Bain.

4. *Lignes courbes de surdéveloppement.* — En employant le développeur trop concentré ; soit en ne le versant pas assez rapidement pour couvrir la surface avant que l'action ne commence ; ou en utilisant trop peu d'acide acétique et en omettant l'alcool. En règle générale, l'ajout d'alcool au révélateur n'est pas nécessaire lors d'une nouvelle fabrication du bain ; mais quand beaucoup d'éther s'y est accumulé, le révélateur a tendance à se transformer en lignes huileuses, à moins qu'il ne contienne de l'alcool.

5. *Taches provenant d'une trop petite quantité de liquide ayant été utilisée pour développer l'image.* — Dans ce cas, la plaque entière n'étant pas entièrement recouverte pendant le développement, l'action ne se déroule pas toujours avec régularité.

6. *Stries irrégulières.* — Des fragments de Collodion séché s'accumulant dans le goulot de la bouteille et étant lavés sur la pellicule ; pour éviter cela, il faut passer doucement le doigt autour de l'intérieur du cou avant utilisation.

7. *Marquages comme ceux représentés sur la gravure sur bois.* — Ils sont causés par l'utilisation d'un échantillon de Pyroxyline de qualité inférieure fabriqué à partir d'acides trop chauds et sont plus visibles lors de l'utilisation d'un vieux bain.

8. *Taches sur la partie supérieure de la plaque, dues à l'utilisation d'une lame sale.* — Pour les éviter, placer, si nécessaire, des bandes de papier buvard entre les supports et le verre.

9. *Marques ondulées dans les parties inférieures de la plaque.* - *un.* Si le collodion devient épais et gluant à force d'usage constant, diluez-le avec un peu d'éther contenant un huitième d' alcool . — *b*. D'inverser la direction de la plaque après son retrait du bain, de sorte que le nitrate d'argent reflue sur la surface et provoque une tache lors de l'application de l'acide pyrogallique . — *c*. Impuretés sur les boiseries du cadre remontant le film par attraction capillaire. C'est une source fréquente de taches.

10. *Marques du révélateur ne s'étendant pas jusqu'au bord du film* (p. 212). Remédiez à cela dans la mesure du possible en laissant le collodion prendre un peu plus fermement avant de plonger la plaque dans le bain.

IMPERFECTIONS DANS LES NÉGATIFS AU COLLODION.

1. *Un manque d' intensité.* - un. Du développement n'ayant pas été suffisamment poussé (p. 224).— *b*. Du fait que le film Collodion est trop bleu et transparent pour les négatifs. — *c*. Le Collodion nouvellement fabriqué à partir de matériaux purs (p. 114).— *d*. La plaque est restée trop longtemps entre l'excitation et le développement (p. 100).— *e*. Le bain nouvellement préparé à partir de nitrate d'argent cristallisé du commerce (p. 101).— *f*. La lumière est trop faible, comme lors des journées d'hiver très sombres, ou en copiant des intérieurs, etc.

2. *Demi-teintes inférieures, avec une grande intensité des hautes lumières.* - *un*. De la plaque insuffisamment exposée.— *b*. Le Collodion de qualité inférieure, soit trop fortement teinté d'Iode, soit fabriqué à partir de matières impures . — *c*. Le bain de nitrate ancien et partiellement décomposé.— *d*. La lumière est trop fortement réfléchie par l'objet. Lorsque la lumière est inhabituellement brillante, un collodion faible et un bain de nitrate nouvellement mélangé donneront une meilleure définition dans les hautes lumières qu'un collodion intense, qui peut produire des négatifs crayeux.

3. *L'image pâle et brumeuse.* — La plaque est surexposée (si c'est le cas, l'image sera probablement de couleur brun rougeâtre en raison de la lumière transmise), ou il y a une lumière diffuse dans la caméra ou dans la salle de développement. La présence de bromures ou de chlorures dans le collodion peut occasionnellement produire le même effet.

4. *Les hautes lumières de l'image sont solarisées.* — Un changement de couleur vers une teinte brun clair ou rouge par la lumière transmise, avec une teinte sombre par la lumière réfléchie, est favorisé par la surexposition de la plaque, par la décomposition organique du collodion et par l'acétate d'argent et d'autres corps organiques. dans le bain.

5. *L'image se dissout lors de l'application du cyanure de potassium.* — Le Collodion est probablement trop iodé. La même chose peut également se produire dans le processus de conservation du miel, lorsque les plaques ont été conservées longtemps et que la couche de sirop indurée n'a pas été correctement éliminée avant l'application du révélateur.

6. *Le révélateur ne court pas jusqu'au bord du film.* — Ceci est susceptible de se produire lors de l'utilisation de Collodion presque anhydre ; et particulièrement avec un nouveau bain ne contenant pas beaucoup d'alcool. Le film sera moins répulsif s'il est laissé plus longtemps avant de le plonger dans le bain.

7. *Le film ne colle pas au verre.* — Nettoyer très soigneusement les plaques, et rendre le Collodion un peu plus fin si nécessaire. Attendez plus longtemps avant de plonger dans le bain. Un plan très efficace consiste à rendre rugueuse la surface des plaques, environ un huitième de pouce autour des bords.

IMPERFECTIONS DANS LES POSITIFS DE COLLODION.

La principale difficulté dans la production de négatifs est de déterminer le moment opportun d'exposition à la lumière et le point approprié jusqu'où porter le développement de l'image. Une légère quantité de buée, de taches, etc., a moins de conséquences et sera à peine remarquée lors de l'impression.

Cependant, avec les positifs directs, le cas est différent. La beauté de ces images dépend entièrement de leur propreté et de leur brillance, sans buée, taches ou imperfections d'aucune sorte. D'un autre côté, l'exposition et le développement des Positifs sont relativement simples et faciles à déterminer.

1. *Les ombres sombres et lourdes.* — La plaque n'a pas reçu une exposition suffisante dans l'appareil photo ; — ou la pellicule étant très transparente et la solution d'argent faible, de l'acide nitrique est présent dans le bain, ou le collodion est brun à cause de l'iode libre ; dans ce dernier cas, rendre le collodion un peu plus épais, et le développer avec du sulfate de fer de préférence à l'acide pyrogallique.

2. *Les ombres sont bonnes, mais les lumières sont exagérées.* — Le liquide en développement a peut-être été conservé trop longtemps ; ou l'objet n'est pas correctement éclairé (p. 220); ou bien le Collodion n'est pas adapté aux Positifs.

3. *Les hautes lumières sont pâles et plates, les ombres brumeuses.* — La plaque est surexposée. L'indistinction des contours provoquée par une surexposition se distingue de celle produite par la buée en tenant la plaque face à la lumière ; dans le premier cas, l'image s'affiche sous forme négative.

Si le collodion est incolore, des ombres plus claires seront probablement obtenues en y ajoutant de la teinture d'iode jusqu'à ce qu'une couleur jaune soit produite.

4. *L'image se développe lentement ; des paillettes d'argent métallique se forment.* — Il y a trop d'acide nitrique en proportion de la force du bain, de la quantité d'iodure dans la couche et de la quantité de protosel de fer dans le révélateur (p. 112).

5. *Taches circulaires de couleur noire après hacking avec le vernis.* — Ceux-ci sont souvent causés par un soulèvement trop rapide de la plaque hors du bain ; ou en versant le révélateur en un seul endroit, de manière à éliminer le nitrate d'argent ; ou par l'utilisation de verres imparfaitement nettoyés.

6. *L'image devient métallique en séchant.* — Si l'on emploie du sulfate de fer, la solution est trop faible ou de l'acide nitrique libre a été ajouté en excès. Si de l'acide pyrogallique est utilisé pour développer, la proportion d'acide nitrique est trop importante.

7. *Une teinte verte ou bleue dans certaines parties de l' image.* — Ceci est dû au fait que le dépôt d'Argent est trop peu abondant, ce qui peut provenir d'une action excessive de la lumière, ou de ce que la pellicule de Pyroxyline est *très mince* ; — si le Collodion est dilué au-delà d'un certain point, la même quantité d'Argent Le nitrate d'argent libre n'est pas retenu à la surface du film. Ajoutez quelques gouttes du Bain au révélateur avant de le verser sur la plaque.

8. *Lignes verticales et flou sur l' image.* — Si le bain a été beaucoup utilisé, ajoutez-y un tiers d'une solution simple de nitrate d'argent dans l'eau, sans alcool ni iodure. Préparez également le révélateur en ajoutant de l'alcool, pour le rendre plus fluide (p. 211).

SECTION II.

Imperfections des positifs sur papier.

1. *L'impression est marbrée et inégale.* — La qualité du papier est souvent inférieure, ce qui fait qu'il s'imprègne inégalement des liquides en différents points ; ou la quantité d'argent dans le bain de nitrate est insuffisante. Dans ce cas, les taches sont souvent absentes dans la partie inférieure et la plus dépendante de la feuille, là où s'écoule l'excès de liquide.

2. *L'impression est propre sur la surface, mais repérée lorsqu'elle est exposée à la lumière.* — Dans ce cas, les taches sont probablement dues à une fixation imparfaite (voir p. 129).

3. *L'impression pâlit dans le bain d'hyposulfite et présente un aspect froid et décoloré une fois terminé.* — Le chlorure d'argent dans le papier peut avoir été en excès par rapport au nitrate d'argent libre ; ce qui est particulièrement probable si

aucun bronzage n'a pu être obtenu par une action prolongée de la lumière, ou si une solution faible de nitrate d'argent a été appliquée avec un pinceau ou avec une tige de verre. Les empreintes formées sur du papier conservé trop longtemps après sensibilisation présentent le même aspect, le nitrate d'argent libre étant entré en combinaison avec la matière organique.

4. *Jaunissement des parties claires de l'épreuve.* — Les causes suivantes sont susceptibles de produire le jaunissement : — l'acidité du bain fixateur et tonifiant (p. 139), — son action s'est prolongée trop longtemps, — les premiers lavages de l'épreuve n'ont pas été effectués rapidement, — le bain tonifiant a été posé. mis de côté jusqu'à ce qu'il soit devenu décomposé et presque inutile, le papier se conservait plusieurs jours après sensibilisation.

Un jaunissement crémeux est également fréquent dans les tirages toniques au Sel d'or, lorsque l'acide chlorhydrique a été omis de la formule ; l'épreuve exposée à la lumière pendant le processus de tonification et de fixation ; ou un temps trop long s'écoule entre la tonification et la fixation. On le rencontre aussi plus fréquemment sur papier albuminé.

5. *Bronzage intense des ombres profondes.* — Dans ce cas, le Négatif est en faute ; Remédiez au mal autant que possible en imprimant sur du papier contenant peu de sel.

6. *La définition de l'Impression est imparfaite, le Négatif étant bon .* — Beaucoup dépendra de la qualité du papier. Towgood's Positive donne une bonne définition. L'utilisation de l'albumine sera un grand avantage. Le citrate de soude (p. 246) améliorera également la définition sur papier ordinaire.

7. *Marquages d'une teinte jaune dans les parties sombres du Positif.* — Ceux-ci sont courants sur les impressions toniques sans or ; il faut veiller à ne pas trop manipuler le papier, ni avant ni après la sensibilisation ; laver les empreintes dans un récipient propre ; et à ne pas les déposer mouillés sur une table en bois ou en contact avec un objet susceptible de communiquer des impuretés.

8. *Petites taches et taches de différentes biches.* — Celles-ci, lorsqu'elles ne correspondent pas à des marques similaires sur le négatif, sont généralement dues à des taches métalliques dans le papier ; ou aux particules insolubles flottant dans le bain.

9. *Marquages du pinceau sur les images Ammonio -Nitrate .* — Dans ce cas il y a probablement un excès d'ammoniaque, qui dissout le chlorure d'argent. Ajoutez un peu de nitrate d'argent frais, ou utilisez l'oxyde d'argent dissous dans le nitrate d'ammoniaque (p. 249).

10. *Taches marbrées sur la surface de l'impression.* — Passer délicatement une bande de papier buvard sur la surface du bain de nitrate avant de sensibiliser le papier ; et veillez à ce que la feuille ne touche pas le fond du plat.

11. *Stries sur papier albuminé.* — Appliquer l'albumine plus rapidement et uniformément sur le papier. Si cela ne réussit pas, ajoutez un peu de Ox-Gall (p. 243).

12. *Retrait de l'albumine du papier pendant la sensibilisation.* — Le bain de nitrate est probablement alcalin (voir page 89).

CHAPITRE VI.

PHOTOGRAPHIE DE PAYSAGE SUR COLLODION ET COLLODIO-ALBUMEN CONSERVÉS.

LE procédé Collodion peut être appliqué avec succès à la photographie de paysage ; mais comme les plaques sèchent et perdent leur sensibilité peu après leur retrait du bain, l'opérateur devra se munir d'une tente jaune ou d'un véhicule portable dans lequel les opérations de sensibilisation et de développement pourront être effectuées. Comme c'est un point de grande importance dans le procédé au collodion que la plaque reçoive exactement la bonne quantité d'exposition dans l' appareil photo, quelques secondes plus ou moins suffisantes pour affecter le caractère de l'image, beaucoup se soumettront à beaucoup de peine. et l'inconvénient d'avoir l'appareil complet à l'endroit où la vue est prise.

Le but des "Procédés de Conservation du Collodion" est de maintenir la sensibilité du film pendant un certain temps après qu'il ait été excité dans le bain. Il y a quelque difficulté à le faire, parce que si l'on laisse la plaque sécher spontanément, la solution de nitrate d'argent libre à la surface, se concentrant par évaporation, ronge l'iodure d'argent et produit des taches transparentes.

Certains opérateurs ont tenté d'utiliser une seconde plaque de verre de manière à enfermer le film sensible avec une couche intermédiaire de liquide. La difficulté cependant de séparer à nouveau les verres sans déchirer le film est considérable.

Dans le procédé de MM. Spiller et Crookes, on a mis à profit la propriété qu'ont certaines substances salines de rester longtemps à l'état humide. De tels sels sont appelés « déliquescents », et beaucoup d'entre eux ont une si grande attraction pour l'eau qu'ils l'absorbent avidement de l'air : la solution étant formée, l'eau ne peut être entièrement chassée que par l'application d'une chaleur considérable.

Plus récemment, Honey a été employée par M. Shadbolt. [52] Cette substance ne peut guère être qualifiée de déliquescente, mais elle possède, comme les autres sucres incristallisables , la propriété de rester longtemps humide et collante. Le miel est, selon les vues de l'auteur, supérieur aux sels déliquescents inorganiques comme agent conservateur, car il possède une affinité pour les oxydes d'argent et agit ainsi chimiquement en communiquant l'intensité organique à l'image.—Plaques de collodion lorsqu'elles sont conservées longtemps dans un endroit humide. et l'état sensible donne souvent une image pâle et bleue, même si le nitrate d'argent reste sur le film ; et ni nitrate de magnésie ni glycérine semble capable de fournir l'élément déficient, tous deux étant presque ou tout à fait indifférents aux sels d'argent.

[52] Récemment, M. Maxwell Lyte a revendiqué être considéré comme le découvreur du procédé Honey. Ce monsieur semble avoir travaillé simultanément avec M. Shadbolt et l'avoir devancé dans l'édition ; mais le but du procédé de M. Lyte était plutôt d'augmenter la sensibilité des plaques que de leur conférer des qualités de conservation.

LES PROCÉDÉS DE CONSERVATION DU MIEL ET DE L'OXYMEL.

Quand le temps est frais, les plaques de Collodion peuvent être conservées avec une assez grande certitude pendant quelques heures, en leur appliquant simplement du Miel dans l'état où elles sont extraites du Nitrate de Bain d'Argent.

Le meilleur miel vierge pur doit être obtenu en l'égouttant immédiatement du rayon. Ce point est important, car si l'échantillon de miel est de qualité inférieure ou frelaté, le processus risque d'échouer. La quantité d'eau à ajouter variera selon la consistance du miel, depuis une quantité à peu près égale jusqu'à deux parties : elle devrait être suffisante pour faire passer lentement la solution conservatrice à travers du papier filtre.

Une fois la plaque retirée du bain de nitrate, elle doit être égouttée et essuyée sur le dos de la manière habituelle. Le miel est ensuite versé le long du bord de manière à former une large vague qui force la solution de nitrate d'argent devant elle et recouvre le film. Égouttez ensuite l'assiette dans une mesure et versez une deuxième portion de Miel comme auparavant. Cette deuxième dose peut être réutilisée pour la première application sur la plaque suivante.

Enfin, placez le verre sur du papier buvard dans un endroit sombre pendant environ un quart d'heure ou vingt minutes, et essuyez le bord inférieur avant de le mettre dans la boîte à assiettes.

L'exposition requise sera probablement environ quatre ou cinq fois plus longue que celle du collodion nouveau et sensible, ou deux fois plus longue que l'exposition requise pour le collodion ancien et brun.

Avant d'appliquer le révélateur, plonger la plaque dans un bain d'eau de pluie pendant cinq minutes en la remuant de temps en temps pour ramollir le miel. Cela suffira probablement pour des plaques qui n'ont pas été conservées plus de quatre heures, et au-delà de ce temps le procédé n'est pas considéré comme certain, puisque le miel exerce une lente action réductrice sur le nitrate d'argent.

La solution d'acide pyrogallique peut être utilisée avec une concentration ordinaire, avec une dose complète d'acide acétique. Seule une faible image apparaît au début, mais en versant sur la plaque une nouvelle portion de révélateur avec deux ou trois gouttes de bain de nitrate ajoutées à chaque drachme fluide, elle peut être intensifiée dans une mesure quelconque.

Fixez avec de l'hyposulfite de soude et lavez de la manière habituelle.

Lorsque le processus échoue, à cause de la chaleur du temps ou d'autres causes, l'image sera probablement faible et rouge à cause de la lumière transmise, et les ombres seront défectueuses et brumeuses. Ceci est particulièrement susceptible de se produire lorsque le bain de nitrate est très ancien et contient beaucoup d'acétate d'argent ; ou lorsque la même portion de miel est utilisée plus d'une fois et a subi une décomposition partielle par l'action du nitrate d'argent. L'utilisation de miel *pur*, exempt de moisissures et de fermentation, assurera presque certainement le succès *par temps frais*.

Une modification du procédé lorsque les plaques doivent être conservées plus de quatre heures. — Dans ce cas, la totalité ou la plus grande partie du nitrate d'argent doit être éliminée avant d'appliquer l'agent conservateur. Lavez la plaque sensible à l'eau de la manière décrite pour le procédé Oxymel à la page suivante. Appliquez ensuite le sirop comme avant, en l'utilisant le plus épais possible. Les assiettes miellées, exemptes de nitrate d'argent, peuvent généralement être conservées cinq ou six jours ; souvent beaucoup plus longtemps. Le Dr Mansell, qui a employé ce procédé avec beaucoup de succès, parle de *la température* comme d'un point dont il faut s'occuper. Par temps chaud, la même durée de conservation ne sera pas atteinte.

Utilisation d'Oxymel pour la conservation des plaques de Collodion. — La principale difficulté dans l'emploi du miel en photographie est sa disposition à fermenter ou à moisir. La fermentation se produit plus facilement dans une solution diluée et sera évitée en utilisant un sirop aussi épais et exempt d'eau que possible. M. Llewellyn utilise « Oxymel », qui est un mélange de miel et de vinaigre, comme agent de conservation. Cette substance se conservera longtemps, même en solution diluée, sans décomposition ; et, étant très facilement retiré des plaques, il ne gêne pas le développement de l'image. La préparation d'Oxymel est décrite dans le Vocabulaire, Partie III. ; il faut le diluer avec trois ou quatre parties d'eau et filtrer.

Certains faits sur lesquels le Dr Norris et M. Barnes ont récemment attiré l'attention en travaillant avec du collodion sec peuvent être avantageusement gardés à l'esprit lors de l'utilisation d'Oxymel ; dont la solution de conservation est employée dans un état si dilué que le procédé ressemble dans une large mesure à un procédé sec au collodion. Les observations mentionnées ci-dessus concernent la qualité du collodion le mieux adapté à cet effet et se trouvent à la page 298, à laquelle le lecteur est renvoyé.

La manipulation du procédé Oxymel est très simple. Deux plats plats en gutta-percha sont fournis, l'un contenant de l'eau commune et l'autre de l'Oxymel dilué et filtré. La plaque de collodion, lorsqu'elle est retirée du bain, est placée dans le premier plat, qui est légèrement incliné de haut en bas, pour laver le nitrate d'argent libre. En quelques secondes, lorsque le liquide est rendu laiteux, on le verse et on introduit de l'eau fraîche, le processus se répète *jusqu'à ce que les lignes huileuses disparaissent et que la surface du film devienne lisse et vitreuse*. La plaque est ensuite, après un léger égouttage, transférée dans le deuxième plateau, et l'Oxymel est agité d'avant en arrière pendant environ une demi-minute, après quoi le verre est soulevé et posé verticalement sur du papier buvard, qui doit être renouvelé lorsqu'il est devient humide et saturé.

Les plaques peuvent être utilisées à tout moment dans un délai de quinze jours à compter de la date de leur préparation, et il n'est pas nécessaire de les développer immédiatement après l'exposition. La sensibilité sera considérablement inférieure à celle du collodion frais : de deux à cinq minutes peuvent être accordées avec une lentille de vue stéréoscopique dotée d'un diaphragme d'un quart de pouce.

Avant le développement, le film doit être lavé délicatement pendant quelques secondes à l'eau courante. Une solution d'acide pyrogallique, de force ordinaire, mais préalablement mélangée avec une partie de la solution du bain de nitrate, une ou deux gouttes par drachme, peut ensuite être versée de la manière ordinaire. Utilisez moins de nitrate d'argent et plus d'acide acétique par temps chaud. En cas de décoloration du révélateur, mélangez une nouvelle portion et procédez comme avant.

PRÉCAUTIONS À RESPECTER DANS LES PROCESSUS DE CONSERVATION.

Les plaques doivent être rendues rugueuses sur les bords, ainsi qu'en surface, pour faire adhérer le film.

Il est conseillé d'utiliser un Collodion assez épais, donnant une pellicule jaune ; les pellicules opalescentes pâles étant plus facilement affectées par les marques sur le verre, et ne retenant pas autant de sirop ou de nitrate d'argent à la surface.

La pièce dans laquelle les assiettes sont préparées doit être soigneusement protégée des crayons de lumière blanche dispersés ; les films sont exposés aux altérations de cette cause pendant toute la durée de l'application du sirop de conservation ; et par conséquent, tout ce qui ne correspond pas à une obscurité chimique absolue sera susceptible de provoquer de la buée ; surtout lorsque du nitrate d'argent libre reste sur le film.

L'eau utilisée pour laver le nitrate d'argent libre avant d'appliquer le liquide conservateur n'a pas besoin d'être distillée. De l'eau dure ordinaire contenant des carbonates et des chlorures, et produisant *un aspect laiteux* avec du nitrate d'argent, suffira souvent. L'eau de la New River et de la Tamise , dont de nombreuses régions de Londres sont approvisionnées, peut certainement être utilisée ; mais dans le cas d'une eau très *dure* , contenant beaucoup de sulfate de chaux, il serait peut-être bon de la remplacer par de l'eau de pluie propre, exempte de décoloration organique brune.

Le conservateur Oxymel doit être soigneusement filtré et conservé *couvert* , afin de le protéger de la poussière. Il faudra aussi occasionnellement, avant de l'utiliser, le passer à travers un morceau de batiste blanche, pour stopper les particules en suspension qui, si elles y restaient, seraient source de taches. S'il moisit , se décolore à cause de l'argent, ou fermente et dégage du gaz, jetez-le.

Une fois le sirop appliqué et les assiettes égouttées, rangez-les dans une boîte rainurée parfaitement à l'abri de la lumière ; ou bien on les place dans des lames qui doivent être tenues scrupuleusement propres, car toute trace d'impureté serait susceptible de produire une tache si la plaque restait longtemps dans la lame. Si les assiettes conservées sont conservées dans une armoire ou une boîte, veillez à ce qu'aucune matière volatile, telle que l'ammoniaque, le gaz de houille, etc., ne puisse y pénétrer.

Pour changer les plaques après l'exposition dans l'appareil photo, utilisez un grand sac fait de *plusieurs épaisseurs* de calicot noir, avec un carré de calicot jaune laissé au sommet ; un élastique le maintient autour de la taille.

LE PROCÉDÉ COLLODIO-ALBUMEN.

Ce procédé, dont la théorie a été brièvement expliquée à [la page 181](), est plus sensible que le dernier décrit, et a l'avantage supplémentaire de donner des plaques *sèches* , qui n'attirent pas la poussière et sont moins sujettes aux blessures. Les détails de manipulation sont complexes, mais cet inconvénient ne se fait pas tellement sentir lors de la préparation d'un grand nombre de plaques.

Nettoyer les lunettes. — Le succès dépendra grandement de la manière dont cette partie du processus sera exécutée. La couche d'Albumen qu'on applique sur la pellicule de Collodion tend à gonfler et à soulever cette dernière en cloques ; le moyen le plus efficace d'y remédier sera de nettoyer le verre afin que le film adhère avec une ténacité inhabituelle.

La liqueur potasse des droguistes, diluée avec trois ou quatre parties d'eau, et frottée sur le verre avec un rouleau de flanelle (page 214), est très efficace. Un mélange d'eau de Tripoli et d'acide nitrique peut cependant, si on le désire, être remplacé :

Tripoli 1 drachme.

Acide nitrique 30 minimes.

Eau 1 once.

Posez le verre à plat sur un chiffon et frottez soigneusement la surface avec une touffe de coton trempé dans le Tripoli ; puis, avant que la crème ne sèche, essuyez-la avec une seconde touffe et polissez-la avec une troisième. Enfin, respirez sur le verre, et après vous être assuré qu'il est chimiquement propre, appliquez le Collodion.

Enduction au Collodion. — Choisissez un Collodion assez fin qui adhère bien au verre. Une préparation qui a été conservée longtemps après l'iodation répondra généralement très bien à son objectif, et, en règle générale, un collodion non contractile et sans structure vaut mieux qu'un collodion gluant et ondulé. On ne pense pas que le degré de sensibilité du Collodion ait une grande influence sur le résultat.

Revêtement de la plaque. — Appliquer le Collodion de la manière habituelle, et laisser prendre parfaitement le temps, avant de le plonger dans le Bain, afin de favoriser son adhérence au verre. Avec le Collodion préparé à partir d'alcool anhydre, on peut donner environ une demi-minute par temps frais.

Le bain de nitrate. — Prendre de

Nitrate d'argent fondu 40 céréales.

L'acide acétique glacial 30 minimes.

Alcool 20 minimes.

Eau 1 once liquide.

Saturer avec de l'iodure d'argent comme décrit à la page 204 et filtrer. Une immersion d'une minute sera suffisante ; après quoi, donnez à la plaque un mouvement de haut en bas et lavez-la à l'eau claire, de la manière conseillée pour le procédé de conservation Oxymel, à la page 292 . Placez-le ensuite sur du papier buvard, égouttez-le pendant une minute ou deux, essuyez le dos du verre et versez-y l'albumine.

Ce bain peut se décolorer après un certain temps ; continuez à l'utiliser jusqu'à ce qu'il soit d'une couleur foncée de sherry , puis traitez-le avec du «

Kaolin », de la manière et avec les précautions conseillées aux pages 91 et 245.

L'albumine iodée. — Procurez-vous des œufs fraîchement pondus ou âgés de deux ou trois jours au plus. Séparez les blancs de la même manière que pour le papier albuminé (p. 241), et mélangez par la formule suivante :—

Albumen	9 onces liquides.
Eau	3 onces liquides.
Liqueur Ammoniæ	2 drachmes fluides.
Iodure de Potassium	48 céréales.
Bromure de Potassium	12 céréales.

L'iodure et le bromure doivent être exempts de carbonate de potasse, qui est censé causer des trous d'épingle dans les négatifs. Pour assurer l'absence de ce sel, dissolvez la quantité totale d'iodure et de bromure dans les trois onces d'eau conseillées dans la formule ; puis, avant d'ajouter l'ammoniaque et l'albumine, introduisez *une particule d'iode trop infime*, assez à peine pour colorer le liquide. L'iode décompose le carbonate de potasse, mais il ne faut pas l'employer en excès, puisque l'iode libre possède la propriété de coaguler l'albumine. L'iodure de cadmium coagule également l'albumine, de sorte que les iodures de potassium et d'ammonium sont les meilleurs.

Après avoir mélangé les ingrédients dans l'ordre indiqué ci-dessus, introduisez-les dans un flacon et secouez-le violemment jusqu'à ce qu'ils soient complètement amalgamés. Transférez ensuite dans un pot grand et étroit; laisser reposer pendant vingt-quatre heures et retirer la partie supérieure transparente pour utilisation. Des détails sur cette partie du procédé ont déjà été donnés sous la rubrique Papier albuminisé, à laquelle le lecteur est renvoyé (p. 241).

La solution ammoniacale d'Albumen peut se conserver quelque temps dans un flacon bouché sans beaucoup de décomposition. Si des fils muqueux s'y forment, filtrer sur un linge fin.

Mode d'application de l'albumine. — Couvrir la pellicule humide avec l'albumine de la même manière qu'il est conseillé pour le collodion (p. 216), en versant aussitôt une quantité suffisante pour la faire étaler en une feuille égale et non divisée ; sinon, un aspect veiné peut être produit, ce qui se verra dans le développement. Remettez l'excédent d'albumine dans le flacon, et versez-le encore une fois sur la plaque : la pellicule restera claire et transparente, si tout le nitrate d'argent a été convenablement lavé du collodion. Enfin, placez la plaque presque verticalement sur du papier buvard pour la faire sécher. Cela prendra cinq ou six heures ; mais le processus peut être accéléré par la chaleur artificielle.

Après que la solution d'albumine ait été utilisée pour revêtir successivement plusieurs plaques, elle est diluée avec de l'eau ; il en résulte qu'une intensité inégale de l'image se produit sur les bords supérieur et inférieur du film.

Les plaques d'albumine iodées sont à ce stade du processus presque ou totalement insensibles à la lumière et peuvent être conservées inchangées pendant plusieurs semaines.

Sensibiliser le film Albumen . — Lorsque la plaque est bien sèche, on l'introduit de nouveau dans le bain d'acéto-nitrate d'argent, et on y laisse reposer une minute : puis on la lave à l'eau de la même manière que précédemment, mais avec encore plus de soin, afin pour éviter toute confusion dans le développement. Si des cloques se forment lors du séchage, il sera utile d'accélérer le processus en tenant les assiettes au feu, ou bien un fer chaud peut être placé au centre d'une boîte couverte et les verres relevés sur les côtés. Ils sécheront ainsi rapidement, et l'albumine n'aura pas le temps de gonfler beaucoup par imbibition.

Exposition dans l' appareil photo. — Cette opération peut être effectuée à tout moment dans un délai de quelques semaines à compter de la date de préparation des plaques. Pour une vue paysage avec un petit objectif stéréoscopique unique, comptez environ trois minutes en hiver, ou une minute et demie en été.

Développement de l' image. — Cela peut être différé jusqu'à quatorze jours après l'exposition, avec des résultats positifs. Versez de l'eau sur la plaque jusqu'à ce que le film soit complètement mouillé ; puis couvrez-le d'une solution d'acide pyrogallique contenant un grain d'acide pour une once d'eau et vingt minimes d'acide acétique glacial. Deux gouttes d'une solution neutre de nitrate d'argent faite avec quarante grains de nitrate pour l'once d'eau doivent être préalablement ajoutées à chaque drachme liquide du pyrogallique. Le développement, dans le cas d'une vue de paysage prise avec la lumière du soleil, commence presque immédiatement et peut être terminé en dix minutes environ, mais le temps nécessaire au développement variera considérablement en fonction de la durée de l'exposition, de la quantité de nitrate d'argent et de la quantité de nitrate d'argent. la nature du sujet copié – un intérieur mal éclairé, par exemple, mettant souvent une heure ou plus à apparaître dans tous ses détails. Si le révélateur se décolore avant d'avoir atteint l'intensité adéquate, versez-le et mélangez-en une nouvelle quantité.

Correction de l' image. — L'hyposulfite de soude (une once sur quatre d'eau) sera préférable au cyanure de potassium, parce que ce dernier a un effet dissolvant sur l'albumine. Un temps inhabituellement long sera nécessaire, car l'agent fixateur doit pénétrer dans l'albumine pour atteindre le collodion situé en dessous.

Un lavage soigneux à l'eau pendant cinq ou dix minutes enlève l'excès d'hyposulfite, et la plaque peut alors être vernie de la manière habituelle.

LE PROCÉDÉ AU COLLODION SEC.

Les tentatives antérieures visant à utiliser des plaques de collodion sensibles dans un état desséché ont échoué. Le film de Pyroxyline rétrécit au séchage et devient presque imperméable à l'humidité : par conséquent, la solution de développement ne pénétrant pas correctement, la densité ne peut pas être facilement obtenue. Nous sommes redevables au Dr Hill Norris, de Birmingham, d'avoir établi la théorie du sujet sur une base plus correcte. Il a souligné l'importance de distinguer deux conditions différentes de la surface du Collodion, [53] à savoir. le *contractile*, commun dans le collodion nouvellement mélangé, et le *court* ou *poudreux*, dans le collodion qui a été iodé avec les iodures alcalins, et conservé jusqu'à ce qu'une grande quantité d'iode ait été libérée. Cette dernière condition est la plus appropriée pour le procédé sec ; et le moyen pratique de les distinguer est de sensibiliser une plaque et de passer le doigt dessus ; s'il peut être facilement repoussé dans une peau ferme et connectée, il sera impropre à l'usage recherché. Afin de conserver encore davantage le film dans un état perméable au révélateur, il est recommandé de l'enduire encore humide avec une solution de Gélatine.

[53] Voir ces états du film décrits plus en détail à la page 83.

Le procédé au Collodion sec, quoique moins sensible, est plus simple que celui au Collodion-Albumen, et possède plusieurs de ses avantages ; mais son application est moins universelle, puisque son succès dépend entièrement de l'état particulier du collodion, ressemblant à cet égard au procédé Oxymel déjà décrit.

Mode de préparation des assiettes. — Les verres sont enduits au Collodion de la manière habituelle. Des cloques au cours du développement étant susceptibles de se produire dans ce procédé comme dans le précédent, il faudra prendre tout soin pour faire adhérer les films avec la plus grande ténacité possible, tant en nettoyant les verres avec un soin particulier (voir p. 294), qu'en laissant le Collodion à fixer fermement avant de plonger dans le bain. La plaque peut être maintenue vingt à trente secondes avant l'immersion, ou même plus longtemps, à condition que le film, une fois sorti du bain, présente une épaisseur uniforme partout (voir page 218).

La sensibilisation terminée, laver les plaques à l'eau claire, exactement de la même manière que pour l'Oxymel (p. 292). Si le nitrate d'argent est laissé, un trouble aura lieu au cours du processus de développement. Après le lavage, égouttez quelques secondes et plongez dans la solution de Gélatine.

Pour préparer ce Bain, prenez

Gélatine brevetée de Nelson 128 céréales.

Eau distillée   14 onces.

Alcool   2½ onces.

Mettez la gélatine dans l'eau froide et laissez-la ramollir et gonfler pendant un quart d'heure ; il se dissoudra ensuite facilement en appliquant une chaleur douce. Cela peut être fait dans une casserole émaillée ou dans une casserole de faïence, en prenant soin de ne pas brûler le fond par une chaleur trop forte. Clarifiez ensuite la solution en y ajoutant, à peine tiède, une cuillerée à thé de blanc d'oeuf (préalablement battu avec une fourchette en argent), puis en chauffant presque jusqu'au point d'ébullition. Il faut maintenant ajouter de l'alcool pour faciliter la coagulation de l'albumine. Lorsque cela se produit et que le liquide devient clair, filtrez sur un morceau de batiste propre plié trois ou quatre fois. Si l'on peut se procurer un appareil de filtration d'eau chaude, on peut faire passer la solution à travers *du papier* ; mais comme il tend à se gélatiniser en refroidissant, le mode ordinaire de filtration échoue généralement. La quantité d'alcool dans la formule ci-dessus est supérieure à celle habituellement recommandée, compte tenu d'une évaporation partielle de l'alcool.

Le liquide filtré peut être versé dans un plat plat en porcelaine ou dans une auge verticale, mais dans les deux cas, il sera nécessaire de laisser le récipient dans de l'eau tiède afin d'éviter la gélatinisation.

La plaque de Collodion, soigneusement lavée, sera immergée dans cette solution et déplacée de haut en bas pendant deux ou trois minutes. Il est ensuite retiré, égoutté sur du papier buvard et séché. L'emploi de la chaleur artificielle pour le séchage s'avérera un grand avantage ; cela évite que la gélatine ne se dépose inégalement sur la plaque. Ceux qui possèdent un appareil spécialement conçu pour sécher les plaques à l'air chaud n'éprouveront aucune difficulté, mais une malle ordinaire peut être amenée à répondre, avec un peu de manipulation. Couvrez le fond de la boîte de papier buvard, et après avoir chauffé un ou deux « fers plats », placez-les au centre : placez ensuite les verres côte à côte, la surface enduite tournée vers l'intérieur ; dans un quart d'heure, ou de là à vingt minutes, la dessiccation sera complète. Si les plaques de Collodion sont préparées dans une pièce contenant un feu, elles peuvent être élevées côte à côte à une distance de deux ou trois pieds, et de cette manière peuvent être séchées en toute sécurité sans crainte de blessure, pourvu que la lumière blanche soit exclue.

Une fois secs, ils peuvent être rangés dans une boîte ; toutes les précautions données à la page 293 étant observées. La sensibilité reste bonne pendant plusieurs jours, voire des semaines ou des mois par temps froid.

Exposition dans l'appareil photo. — Prévoir de quatre à huit fois l'exposition du collodion humide le plus sensible. Par une claire journée d'été, une vue éclairée par le soleil peut nécessiter une minute ou une minute et demie, avec un objectif stéréoscopique à focale courte, ayant un diaphragme d'un quart de pouce de diamètre. Cependant, le temps moyen avec le même objectif serait environ deux fois plus long, à savoir. trois minutes.

Développement de l'image. — Préparez une solution saturée d'acide gallique dans l'eau selon les instructions données à la page 261 . Dissolvez ensuite quarante grains de nitrate d'argent pur dans une once d'eau distillée. Versez dans un plat plat en porcelaine une quantité suffisante de solution d'acide gallique pour inonder facilement l'assiette. Mesurez-le ensuite, et à chaque once liquide ajoutez *dix minimes* de solution d'argent, ou cinq minimes par temps chaud. Il est important qu'aucune décoloration ne se produise lors du mélange de ces liquides, pour éviter cela, respectez les précautions suivantes : — Nettoyez très soigneusement le récipient en porcelaine avec de l'acide nitrique ou du cyanure avant utilisation. Employez une solution pure de nitrate d'argent ; et mélangez-le avec l'acide gallique, de préférence à l'ajout de l'acide gallique à la solution d'argent (lire les remarques à la p. 179).

On peut s'attendre à ce que l'image apparaisse dans cinq ou dix minutes, et dans une heure, ou de là à quatre heures (p. 298), le développement sera terminé. Il ne sera pas nécessaire de maintenir les plaques en mouvement, mais simplement de les poser côte à côte dans la solution de l'acide gallique. Si, malgré toutes les précautions, le révélateur commence à noircir avant que l'intensité n'ait atteint le point approprié, il faut le vider et préparer un nouveau mélange. Toutefois, cela n'arrivera pas souvent.

Enfin, lorsqu'une pleine opacité est obtenue, laver la plaque avec de l'eau, et la fixer dans une solution d' hyposulfite de soude, ou une solution diluée de cyanure de potassium.

Échecs dans le processus. — Des taches dans le développement peuvent provenir de l'utilisation de vaisselle sale ou de verres laissés dans du Gallo-Nitrate d'Argent et mal nettoyés. Il faut garder à l'esprit que ces impuretés ne sont pas visibles à l'œil nu, bien qu'elles produisent pour effet de décolorer le révélateur. Un nettoyage en profondeur avec de l'acide nitrique fort ou de la potasse s'avérera un remède.

Les cloques, à moins qu'elles ne soient de grande taille, peuvent souvent être négligées, car elles disparaissent au séchage. Le trouble général peut être dû à un lavage imparfait du film. Une réduction irrégulière sur certaines parties peut être due à la prise de la gélatine avant que la plaque ne soit sèche, ou à des taches produites par le doigt appliqué sur le bord supérieur de la plaque. [54]

[54] Depuis la rédaction de ce qui précède, M. Maxwell Lyte a communiqué au 'Photographic Journal' (vol. iii.) un procédé à sec dans lequel *un* La gélatine est utilisée. Le changement se produit en faisant bouillir une solution de gélatine avec de l'acide sulfurique dilué , qui est ensuite neutralisée et éliminée au moyen de craie. Le résultat est de détruire la propriété gélatinisante de la substance animale ; la solution conserve sa fluidité lors du refroidissement et la nécessité d'employer de la chaleur artificielle pour sécher les plaques est évitée.

PARTIE III.

APERÇUS ou CHIMIE GÉNÉRALE.

CHAPITRE I.

LES ÉLÉMENTS CHIMIQUES ET LEURS COMBINAISONS.

Les limites du présent ouvrage ne permettent qu'une simple esquisse des sujets qu'il se propose de traiter dans ce chapitre. Notre attention doit donc se limiter à l'explication de certains points évoqués dans la première partie de l'ouvrage, et sans une bonne compréhension desquels il sera impossible au lecteur de progresser.

La division suivante peut être adoptée : — Les corps élémentaires les plus importants, avec leurs symboles et poids atomiques ; les Composés formés par leur union ; la classe des Sels ; illustrations de la nature de l'affinité chimique ; Nomenclature chimique ; Notation symbolique ; les lois de la Combinaison ; la théorie atomique ; la chimie des corps organiques.

LES ÉLÉMENTS CHIMIQUES, AVEC LEURS SYMBOLES ET POIDS ATOMIQUES.

La classe des corps élémentaires embrasse toutes les substances qui ne peuvent, dans l'état actuel de nos connaissances, être résolues en formes de matière plus simples.

Les éléments chimiques sont divisés en « métalliques » et « non-métalliques », selon la possession de certains caractères généraux.

Voici quelques-uns des principaux éléments non métalliques, avec les symboles utilisés pour les désigner et leurs poids atomiques : [55] —

		Symbole.	atomique.
Des gaz.	Oxygène	Ô	8
	Hydrogène	H	1
	Azote	N	14
	Chlore	Cl	36
Solides.	Iode	je	126
	Carbone	C	6
	Soufre	S	16
	Phosphore	P.	32
Liquide.	Brome	Br	78

| Inconnu. | Fluor | F | 19 |

Les éléments métalliques sont plus nombreux. La liste suivante ne comprend que ceux qui sont communément connus : -

		Symbole.	atomique.
Métaux des alcalis .	Potassium	K	40
	Sodium	N / A	24
Métaux des Terres alcalines	Baryum	Ba	69
	Calcium	Californie	20
	Magnésium	Mg	12
Métaux proprement dits.	Fer	Fe	28
	Zinc	Zn	32
	Cadmium	CD	56
	Cuivre	Cu	32
	Plomb	Pb	104
	Étain	Sn	59
	Arsenic	Comme	75
	Antimoine	Sb	129
Nobel .	Mercure	Hg	202
	Argent	Ag	108
	Or	Au	197
	Platine	Pt	99

[55] Les poids atomiques, à l'exception de celui de l'or, sont tirés de la dernière édition du « Manuel de chimie » de Brande.

SUR LES COMPOSÉS BINAIRES DES ÉLÉMENTS.

De nombreux corps élémentaires présentent une forte tendance à se combiner les uns avec les autres et à former des composés dont les propriétés diffèrent de celles de l'un ou l'autre de leurs éléments constitutifs. Cette attraction, qu'on appelle « affinité chimique », s'exerce principalement entre des corps opposés les uns aux autres par leurs caractères généraux. Ainsi, en prenant par exemple les éléments chlore et iode, ils sont analogues dans leurs réactions, et par conséquent il y a peu d'attraction entre eux, tandis que l'un ou l'autre se combine avidement avec l'argent, qui est un élément d'une classe différente. Donc encore. Le soufre s'unit aux métaux, mais deux éléments métalliques sont relativement indifférents l'un à l'autre.

L'oxygène est de loin l'élément le plus important dans la liste des éléments chimiques. Il se combine avec tous les autres, à la seule exception peut-être du Fluor. Cependant, l'attraction ou l'affinité chimique qui s'exerce varie beaucoup selon les cas. Les métaux, en tant que classe, sont facilement oxydés ; tandis que beaucoup d'éléments non métalliques, tels que le chlore, l'iode, le brome, etc., ne présentent que peu d'affinité pour l'oxygène. L'azote est également un élément particulièrement négatif, montrant peu ou pas de tendance à s'unir aux autres.

Classification des composés binaires contenant de l'oxygène. — Lorsqu'un élément simple s'unit à un autre, le produit est appelé composé « binaire ».

Il existe trois classes distinctes de composés binaires de l'oxygène : — les oxydes neutres, les oxydes basiques et les oxydes acides.

Oxydes neutres et basiques. — Prenons comme exemples : l'oxyde d'hydrogène, ou eau, un oxyde neutre ; l'oxyde de potassium, ou potasse, un oxyde basique.

L'eau est appelée oxyde neutre, parce que ses affinités sont faibles et qu'elle est relativement indifférente aux autres corps. La potasse et l'oxyde d'argent sont des exemples d'oxydes basiques ; mais il y a une grande différence entre les deux en termes d'énergie chimique , la première appartenant à une classe supérieure de bases, à savoir. l'alcalin.

En étudiant les propriétés connues de tous d'un alcali (comme la Potasse ou la Soude), on acquiert une notion correcte de toute la classe des oxydes basiques. Un alcali est une substance facilement soluble dans l'eau et donnant une solution qui a une sensation visqueuse en raison de son action solvant sur la peau. Il redonne immédiatement la couleur bleue du tournesol rougi et change l'infusion bleue du chou en vert. Enfin, il est neutralisé et perd toutes ses propriétés caractéristiques lors de l'ajout d'un acide.

Les *bases les plus faibles* sont en général peu ou pas du tout solubles dans l'eau et n'ont pas non plus la même action caustique et dissolvante sur la peau ; mais ils redonnent la couleur au tournesol rougi et neutralisent les acides de la même manière que les bases plus puissantes ou alcalis .

Le ACIDE *Oxydes.* — Cette classe, prenant comme type les acides plus forts, peut être décrite comme suit : — très soluble dans l'eau, la solution possédant un goût intensément aigre et une action *corrosive* plutôt que dissolvante sur la peau ; change la couleur bleue du tournesol et d'autres substances végétales en rouge et neutralise les alcalis et les oxydes basiques en général.

Observez cependant que ces propriétés sont possédées à des degrés très divers par des acides différents. L'acide prussique et l'acide carbonique, par exemple, n'ont pas de goût aigre, et étant faibles dans leurs réactions, ils ne rougiront presque pas ou pas du tout le tournesol. Mais tous les acides, sans exception, ont tendance à se combiner avec les bases et à se neutraliser ; de sorte que l'on peut dire que c'est là la propriété la plus caractéristique de la classe.

Composition chimique des oxydes acides et basiques contrastée. — C'est une loi communément observée, quoique avec de nombreuses exceptions, que les bases se forment par l'union de l'oxygène avec *les métaux* ; et les acides, par l'oxygène s'unissant à *des éléments non métalliques* . Ainsi, l'acide sulfurique est un composé de soufre et d'oxygène ; Acide Nitrique, d' Azote et d'Oxygène. Mais l'alcali, la Potasse, est un oxyde du *métal* Potassium ; et les oxydes de fer, d'argent, de zinc, etc. sont des bases et non des acides.

Encore une fois, la composition des acides et des bases est différente sous un autre rapport ; les premiers contiennent invariablement plus d'oxygène proportionnellement à l'autre élément que les seconds. En prenant les mêmes exemples que précédemment, les deux classes peuvent être représentées ainsi : -

Acides	Huile de Vitriol,	Soufre	1 atome,	Oxygène	3 atomes.
	Aqua-fortis,	Azote	1 "	Oxygène	5 "
Socles	Oxyde d'Argent,	Argent	1 atome,	Oxygène	1 atome.
	Oxyde de fer,	Fer	1 "	Oxygène	1 "

acides hydrogénés. — L'oxygène est si essentiellement l'élément qui forme le principe acidifiant des acides, que son nom même dérive de ce fait (οξυς , acide, et γενν αω, engendrer). Il existe néanmoins des exceptions à cette règle, et dans certains acides *L'hydrogène* semble jouer le même rôle ; les *hydracides* , comme on les appelle, sont formés principalement par l'hydrogène s'unissant à des éléments comme le chlore, le brome, l'iode, le fluor, etc. Ainsi, l'acide muriatique ou chlorhydrique contient du chlore et de l'hydrogène ; L'acide iodhydrique contient de l'iode et de l'hydrogène.

Observez cependant que la position occupée par l'hydrogène dans ces composés est différente de celle de l'oxygène dans les « oxyacides », quant au nombre d'atomes habituellement présents ; ainsi-

Aquafortis = Azote 1 atome, Oxygène 5 les atomes,

Acide muriatique = Chlore 1 " Hydrogène 1 atome;

de sorte que la composition des hydracides est analogue à celle des oxydes *basiques* , en ce sens qu'ils contiennent un seul atome de chaque constituant.

LES COMPOSÉS TERNAIRES DES ÉLÉMENTS.

De même que les différentes substances élémentaires s'unissent les unes aux autres pour former des composés binaires, ces composés binaires s'unissent à nouveau et forment des composés *ternaires* .

Mais les corps composés ne s'unissent généralement pas avec des éléments simples. En illustration, prenons l'action de l'acide nitrique sur l'argent, décrite à la page 12 . Aucun effet n'est produit sur le métal jusqu'à ce que *l'oxygène* soit communiqué ; alors l'oxyde d'argent ainsi formé se dissout dans l'acide nitrique. En d'autres termes, il est nécessaire qu'un composé binaire soit d'abord formé avant que la solution puisse avoir lieu. L'attraction mutuelle ou l'affinité chimique manifestée par les corps composés est, comme dans le cas des éléments, plus fortement marquée lorsque les deux substances sont opposées l'une à l'autre dans leurs propriétés générales.

Ainsi *les acides* ne s'unissent pas à d'autres acides, mais ils se combinent instantanément avec *des alcalis* ; les deux se neutralisant mutuellement et formant « un sel ».

Les sels sont donc des composés ternaires produits par l'union d'acides et de bases ; Le sel commun, formé en neutralisant l'acide muriatique avec de la soude, étant pris comme type de toute la classe.

Caractères généraux des Sels. — Une solution aqueuse de chlorure de sodium, ou sel commun, possède les caractères qu'on appelle habituellement salins ; il n'est ni aigre ni corrosif, mais a en revanche un goût rafraîchissant et agréable. Il ne produit aucun effet sur le tournesol et les autres colorants végétaux , et manque de ces réactions énergétiques qui sont caractéristiques des acides et des alcalis ; par conséquent, bien que formé par l'union de deux composés binaires, il diffère essentiellement des deux par ses propriétés.

Tous les sels ne correspondent cependant pas à cette description des propriétés du chlorure de sodium. Le carbonate de potasse, par exemple, est un sel âcre et alcalin, et le nitrate de fer rougit le papier de tournesol. Un sel parfaitement neutre se forme lorsqu'un acide fort s'unit à une base énergétique ; mais si, des deux constituants, l'un est plus puissant que l'autre, les propriétés de celui-ci se voient souvent dans le sel qui en résulte. Ainsi le carbonate de potasse est *alcalin* pour le papier à essai, parce que l'acide carbonique est faible dans ses réactions ; mais si l'on réunit *l'acide nitrique* et *la potasse*, *il se forme alors un nitrate de potasse, qui est neutre dans tous les sens du terme*.

Le chlorure de sodium et les sels de même espèce sont librement solubles dans l'eau, mais tous les sels ne le sont pas. Certains ne se dissolvent qu'avec parcimonie, d'autres pas du tout. Le chlorure et l'iodure d'argent sont des exemples de cette dernière classe ; ils ne sont pas amers et caustiques comme le nitrate d'argent, mais sont parfaitement insipides parce qu'ils sont insolubles dans les fluides de la bouche.

Il ressort donc de ces exemples, et de bien d'autres qui pourraient être invoqués, que la notion populaire de corps salin est loin d'être exacte, et que, dans le langage de la définition stricte, toute substance est un sel produit par le corps salin. union d'un acide avec un alcali, indépendamment des propriétés qu'il peut posséder.

Ainsi, *le cyanure de potassium* est un vrai sel, quoique hautement toxique ; Le nitrate d'argent est un sel ; le sulfate de fer vert est un sel ; il en est de même pour la craie ou carbonate de chaux, qui n'a ni goût, ni couleur, ni odeur.

Sur la classe de sels « Hydracid ». — La distinction entre les oxyacides et les hydracides a déjà été signalée (p. 309), ces derniers ayant été montrés comme étant constitués d'hydrogène uni avec des éléments analogues dans leurs réactions avec le chlore, l'iode, le brome, etc.

Dans un sel formé par un acide oxygéné, apparaissent à la fois les éléments basiques et acides. Ainsi le nitre commun, qui est un nitrate de potasse, se révèle par analyse contenir de l'oxyde de potassium comme base, en état de combinaison avec l'acide nitrique. Mais si un sel se forme en neutralisant un alcali avec un *acide hydrogéné*, le produit dans ce cas ne contient pas tous les éléments. Cela ressort de l'exemple suivant : -

Acide hydrochlorique + Un soda

= Chlorure de sodium + Eau;

ou, dit plus longuement, -

(Chlore Hydrogène) + (Oxygène Sodium)

= (Chlore Sodique)   + (Oxygène Hydrogène).

Observez que l'hydrogène et l'oxygène, étant présents dans les bonnes proportions, s'unissent pour former de l'eau, qui est un oxyde d'hydrogène. Cette eau s'évapore lorsque la solution s'évapore et laisse les cristaux de sel secs. Par contre, avec les Sels Oxacides, l'Hydrogène élémentaire étant absent, il ne se forme pas d'eau et l'Oxygène demeure.

Il faut donc garder à l'esprit que les sels comme les chlorures, les bromures, les iodures, etc. ne contiennent que *deux* éléments ; mais que dans les sels oxacides, tels que les sulfates, les nitrates et les acétates, il y en a *trois*. Ainsi, le nitrate d'argent est constitué d'azote, d'oxygène et d'argent, mais le chlorure d'argent contient simplement du chlore et de l'argent métallique réunis, sans oxygène.

Cependant, les sels d'hydracide, une fois décomposés, donnent des produits similaires aux sels d'oxacide. Par exemple, si l'iodure de potassium est dissous dans l'eau, et qu'on y ajoute de l'acide sulfurique dilué, cet acide, étant puissant dans ses affinités chimiques, tend à s'approprier l'alcali ; mais il n'élimine pas *le potassium* et ne libère pas *l'iode*, mais prend l'*oxyde* de potassium et libère *l'acide iodhydrique*. En d'autres termes, de même qu'un atome d'eau est produit lors de la *formation* d'un sel hydracide, un atome est détruit et amené à céder. ses éléments dans la *décomposition* d'un sel hydracide.

La réaction de l'acide sulfurique dilué sur l'iodure de potassium peut être énoncée ainsi :

Acide sulfurique   *plus* (iode potassium)
                        plus (hydrogène oxygène)

est égal à (acide sulfurique , oxygène potassium) ou sulfate de potasse,

   et (Hydrogène Iode)   ou de l'acide iodhydrique.

LA NATURE DE L'AFFINITÉ CHIMIQUE PLUS ILLUSTRÉE.

Illustration des éléments non métalliques. — Si un courant de chlore gazeux est passé dans une solution contenant le même sel que mentionné précédemment, à savoir. l'iodure de potassium, le résultat est de libérer une certaine portion d'iode, qui se dissout dans le liquide et le teinte d'une couleur brune. L'élément chlore, possédant un degré d'énergie chimique supérieur à celui de l'iode, l'emporte sur lui et enlève le potassium avec lequel l'iode était auparavant combiné.

Chlore + Iodure de Potassium

= Iode   + Chlorure de Potassium.

La même Loi illustrée par les Métaux. — Une bande de fer trempée dans une solution de nitrate d'argent se recouvre immédiatement d'argent métallique ; mais un morceau de feuille d'argent peut être laissé pendant un certain temps dans du sulfate de fer sans subir de changement : la différence dépend du fait que le fer métallique a une plus grande attraction pour l'oxygène que l'argent, et par conséquent il le déplace de sa solution. .

Fer + Nitrate d'argent

= Argent + Nitrate de fer.

Illustrations parmi les composés binaires. — Si l'on ajoute quelques gouttes de solution de potasse à la solution de nitrate d'argent, il se forme un dépôt brun, qui est l'oxyde d'argent, peu soluble dans l'eau. C'est-à-dire que, de même qu'un métal plus fort déplace *l'argent métallique*, de même un oxyde du même métal déplace *l'oxyde d'argent*. Donc les bases comme les alcalis, les alcalino-terreux, etc. ne peuvent exister à l'état libre dans les solutions de sels de bases plus faibles ; — un liquide contenant du nitrate d'argent ne pourrait pas aussi contenir de la potasse libre ou de l'ammoniaque.

Dans la liste donnée à la page 306, les éléments métalliques sont classés principalement par ordre de leurs affinités chimiques ; ceux du Potassium, du Sodium, du Baryum, etc. étant les plus marqués.

De même que les alcalis déplacent les bases les plus faibles de leur combinaison avec les acides, de même les *acides forts* déplacent les acides faibles de leur combinaison avec les bases. Ainsi, comme

Oxyde de Potassium + Acétate d'argent

= Oxyde d'argent + Acétate de potasse ;

Donc

Acide nitrique + Acétate d'argent

= Acide acétique + Nitrate d'argent.

Dans la liste des acides. L'acide sulfurique est généralement placé en premier comme étant le plus fort, et l'acide carbonique, qui est une substance gazeuse, en dernier. Les acides végétaux, tels que l'acétique, le tartrique, etc., sont *intermédiaires*, étant plus faibles que les acides minéraux, mais plus forts que l'acide carbonique ou l'acide cyanhydrique.

L'ordre des décompositions affecté par l'insolubilité ou la volatilité des produits pouvant se former. — On pourrait déduire des remarques déjà faites, qu'en mélangeant des solutions salines, un échange graduel d'éléments aurait lieu, jusqu'à ce que les acides les plus forts soient associés aux bases les plus fortes, et *vice versa*. Il existe cependant de nombreuses causes qui interviennent pour empêcher cela ; dont l'un est *la volatilité*.—

La violente effervescence qui a lieu lors du traitement d'un *carbonate* de quelque espèce que ce soit avec un acide est due à la nature *gazeuse* de l'acide carbonique et à son échappement sous cette forme, ce qui facilite grandement la décomposition.

L'insolubilité est aussi une cause qui exerce une grande influence sur le résultat qui suivra dans le mélange des solutions. Si la formation d'une substance insoluble est possible par échange d'éléments, elle aura lieu. Une solution de chlorure de sodium ajoutée au nitrate d'argent produit invariablement du chlorure d'argent ; l' *insolubilité* du chlorure d'argent étant la cause qui détermine sa formation.

De même, le sulfate de plomb et le protonitrate de fer sont produits en mélangeant du nitrate de plomb avec du sulfate de fer ; mais si l'on substitue le nitrate de *potasse au nitrate de plomb, le résultat est incertain, parce qu'il n'y a aucun élément présent qui puisse, par échange, former un sel insoluble ;* Le sulfate de potasse, quoique *peu* soluble dans l'eau, n'est pas *insoluble*, comme le sulfate de plomb ou le sulfate de baryte.

SUR LA NOMENCLATURE CHIMIQUE.

La nomenclature des *éléments chimiques* est pour la plupart indépendante de toute règle ; mais on a tenté d'éviter cela dans le cas de ceux découverts plus tard. Ainsi, les noms des *métaux* nouvellement découverts se terminent généralement par *um*, comme Potassium, Sodium, Baryum, Calcium, etc. ; et les éléments qui possèdent des caractères analogues ont des terminaisons correspondantes qui leur sont assignées, comme le chlore, le brome, l'iode, le fluor, etc.

Nomenclature des composés binaires. — Ceux-ci sont souvent nommés en attachant la terminaison *ide* à l'élément le plus important des deux ; comme, l'oxyde *d'* hydrogène ou d'eau ; le chlorure *d'* argent ; le sulfure d' *argent*. Les composés binaires du soufre sont cependant parfois appelés sulfurets, comme indifféremment le *sulfure* ou le *sulfure* d'argent.

Lorsqu'un même corps se combine avec l'Oxygène, ou l'élément correspondant, en plus d'une proportion, le préfixe *proto* s'applique à celui contenant le moins d'Oxygène ; *sesqui* à cela avec une fois et demie autant que le *proto* ; *bi* ou *bin* à celui avec deux fois plus ; et *par* celui contenant le plus d'oxygène de tous. À titre d'exemples, prenons les suivants : - le protoxyde de fer ; le Sesquioxyde de Fer : le Protochlorure de Mercure ; le bichlorure de mercure. Dans ces exemples, le sesquioxyde de fer est également un *peroxyde*, car aucun oxyde simple supérieur n'est connu, et le bichlorure de mercure est un *perchlorure* pour une raison similaire.

Lorsqu'un composé inférieur est découvert, il est souvent appelé *sub* ; comme le sous-oxyde d'argent, le sous-chlorure d'argent. Ces corps contiennent respectivement la quantité la moins connue d'oxygène et de chlore, et ont donc droit au préfixe *proto* ; mais étant d'importance mineure, ils sont exceptés de la règle générale.

Les combinaisons d'éléments métalliques entre eux sont appelées « alliages » ; ou s'il contient du Mercure, "amalgames".

Nomenclature des composés binaires possédant des propriétés acides. — Ceux-ci sont nommés sur un principe différent. La terminaison *ic* est appliquée à un élément. Ainsi, en prenant comme exemple le liquide connu sous le nom d'« huile de vitriol », il s'agit bien d'un *oxyde* de soufre, mais comme il possède de fortes propriétés acides, il est appelé *acide* sulfurique . L'acide nitrique est donc un oxyde d'azote ; L'acide carbonique est un oxyde de carbone, etc. Lorsqu'il y a deux oxydes du même élément, possédant tous deux des propriétés acides, le plus important a la terminaison *ic*, et l'autre *ous* ; comme acide sulfurique , *acide* sulfureux ; Acide nitrique, acide *nitreux* .

Nomenclature des Hydraacides. — Les Acides Hydrogénés se distinguent des Oxyacides en conservant les noms des deux constituants, la terminaison *ic* étant annexée comme d'habitude. Ainsi, l'acide *chlorhydrique* ou le chlorure d'hydrogène ; Acide *iodhydrique* , ou iodure d'hydrogène.

Autres illustrations de la nomenclature des composés binaires. — Les oxydes d'azote et aussi de soufre offrent une illustration intéressante des principes de nomenclature. Les premiers sont les suivants : -

	Azote.	Oxygène.
Protoxyde d'azote	1 atome.	1 atome.
Binoxyde d'azote	1 "	2 "
Acide nitreux	1 "	3 "
Peroxyde d'azote	1 "	4 "
Acide nitrique	1 "	5 "

Observez que deux seulement sur cinq possèdent des propriétés acides, les autres étant de simples oxydes. L'acide nitrique est, à proprement parler, le « peroxyde », mais comme il appartient à la classe des acides, ce terme revient naturellement au composé ci-dessous.

Les composés binaires du soufre avec l'oxygène possèdent tous des propriétés acides ; ils peuvent être représentés (en partie) comme suit : -

	Soufre.	Oxygène.
Acide hyposulfureux	2 atomes.	2 atomes.
Acide sulfureux	1 "	2 "
Acide hyposulfurique	2 "	5 "
Acide sulfurique	1 "	3 "

Dans ce cas, les acides sulfurique et sulfureux étaient devenus familiers avant que les autres, de composition intermédiaire, ne fussent découverts. Ainsi, pour éviter la confusion qui résulterait d'un changement de nomenclature, les nouveaux corps sont appelés *Hypo* sulfurique et *Hypo* sulfureux (de ὑπο, *sous*).

Nomenclature des sels. — Les sels sont nommés d'après l'acide qu'ils contiennent ; la terminaison *ic* étant changée en *ate*, et *ous* en *ite*. Ainsi, l'acide sulfurique forme des *sulfates* ; Acide nitrique, *nitrates* ; mais *l' acide* sulfureux forme des sulfites, et l'acide nitreux, des *nitrites*.

Pour nommer un sel, la base est toujours placée *après* l'acide, le terme *oxyde* étant omis ; ainsi. *Le nitrate d'oxyde d'argent* est plus brièvement connu sous le nom de « nitrate d'argent », la présence d'oxygène étant entendue.

Lorsqu'il y a deux oxydes de la même base, qui tous deux sont *salifiables*, — pour nommer les sels, le terme *proto* est préfixé à l'acide du sel formé par le plus bas, et par à celui de l'oxyde supérieur ; comme, le protosulfate *de* fer, ou sulfate de protoxyde ; le *Persulfate* de Fer, ou Sulfate de Peroxyde.

De nombreux sels contiennent plus d'un atome d'acide pour chaque atome de base. Dans ce cas, on adopte les préfixes usuels exprimant la quantité : ainsi, le Bisulfate *de* Potasse contient deux fois plus d'Acide Sulfurique que le Sulfate neutre, etc.

D'autre part, il existe des sels dans lesquels la base est en excès par rapport à l'acide, et qui sont habituellement appelés « sels basiques » ; ainsi, la poudre rouge qui se dépose de la solution de sulfate de fer, est un persulfate de fer *basique*, ou un sulfate de peroxyde de fer avec plus que la proportion normale d'oxyde.

Nomenclature des sels hydracides. — La composition de ces sels étant différente de celles formées par les acides oxygénés, la nomenclature varie également. Ainsi, en neutralisant l'acide chlorhydrique par la soude, le produit formé n'est pas connu sous le nom de chlorhydrate de soude, mais sous le nom de *chlorure de sodium* ; ce sel, et d'autres de constitution similaire, étant des composés *binaires* et non *ternaires*. Le sel produit par l'acide chlorhydrique et *l'ammoniac* est cependant souvent appelé « muriate ou chlorhydrate d'ammoniac », bien qu'il devrait plus strictement s'agir de *chlorure d'ammonium*.

SUR LA NOTATION SYMBOLIQUE.

La liste des symboles employés pour représenter les divers corps élémentaires est donnée à la page 306. — On utilise communément la lettre initiale du nom latin, une deuxième lettre ou plus petite étant ajoutée lorsque deux éléments correspondent dans leurs initiales : ainsi C signifie Carbone, Cl pour le chlore, Cd pour le cadmium et Cu pour le cuivre.

Le symbole chimique ne représente cependant pas simplement un élément particulier ; cela dénote également un poids défini, ou une proportion équivalente, de cet élément. Ceci sera expliqué plus en détail dans les pages suivantes, en parlant des lois de combinaison.

Formules de composés. — Dans la *nomenclature* des composés, il est d'usage de placer l'oxygène ou l'élément analogue *en premier* dans le cas des composés binaires, et l'acide avant la base dans les composés ternaires ou sels ; mais en les représentant *symboliquement*, cet ordre est inversé : ainsi, l'oxyde d'argent s'écrit AgO, et jamais OAg ; Nitrate d'argent sous forme AgO NO$_5$, et non NO$_5$AgO.

La juxtaposition de symboles exprime la combinaison ; ainsi, FeO est un composé d'une proportion de Fer avec une proportion d'Oxygène, ou le « Protoxyde de Fer ». Si plus d'un équivalent est présent, de petits chiffres sont placés sous les symboles : ainsi, Fe$_2$O$_3$ représente deux équivalents de Le fer uni à trois d'oxygène, ou le « peroxyde de fer » ; SO$_3$, un équivalent de Soufre avec trois d'Oxygène, ou Acide Sulfurique.

Les chiffres plus grands, placés avant et dans la même ligne que les symboles, affectent *tout le composé* qu'expriment les symboles : ainsi, 2 SO$_3$ signifie deux équivalents d'acide sulfurique ; 3 NO$_5$, trois équivalents d'acide nitrique. L'interposition d'une virgule empêche l'influence du grand chiffre de s'étendre davantage. Ainsi, l'hyposulfite double de soude et d'argent est représenté ainsi :

$$2\,NaO\,S_2O_2,\,AgO\,S_2O_2,$$

ou *deux* équivalents d'Hyposulfite de Soude avec un d'Hyposulfite d'Argent ; le grand chiffre se référant uniquement à la première moitié de la formule. Parfois, des parenthèses, etc. sont utilisées, afin de rendre plus claire une formule compliquée. Par exemple, la formule de l'hyposulfite double d'or et de soude, ou « Sel d'or », peut s'écrire ainsi :

$$3\,(NaO\,S_2O_2)\,AuO\,S_2O_2 + 4\,HO.$$

Dans cette formule, le *signe plus* (+) indique que les quatre atomes d'eau qui suivent, sont moins intimement unis à la charpente du sel que les autres constituants.

L'utilisation d'un signe plus est couramment adoptée pour représenter les sels contenant de l'eau de cristallisation. Ainsi, la formule du protosulfate de fer cristallisé s'écrit comme suit :

$$FeOALORS\ 3 + 7\ HO.$$

Ces atomes d'eau sont chassés par l'application de chaleur, laissant une substance blanche, qui est le sel anhydre, et s'écrirait simplement $FeO\ SO_3$.

Le signe *plus* est cependant souvent utilisé en signe d' *addition simple* , aucune combinaison d'aucune sorte n'étant prévue. Ainsi la décomposition qui suit le mélange du chlorure de sodium avec le nitrate d'argent peut s'écrire comme suit :

$$NaCl + AgO\ NO_5 = AgCl + NaO\ NO_5 ;$$

c'est ,-

Chlorure de sodium *ajouté au* nitrate d'argent.

= Chlorure d'argent *et* nitrate de soude.

EN PROPORTIONS ÉQUIVALENTES.

Lorsque des corps élémentaires ou composés entrent en union chimique les uns avec les autres, ils ne se combinent pas dans des proportions indéfinies, comme dans le cas du mélange de deux liquides, ou de la dissolution d'un corps salin dans l'eau. D'un autre côté, un certain poids défini de l'un s'unit à un poids également défini de l'autre ; et s'il y a un excès de l'un ou l'autre, il reste libre et non combiné.

Ainsi, si nous prenons un *seul grain* de l'élément Hydrogène, pour convertir ce grain en Eau, il faudra exactement 8 grains d'Oxygène ; et si une plus grande quantité était ajoutée, comme par exemple *dix grains* , alors deux grains seraient en plus. Ainsi, pour former de l'acide chlorhydrique, 1 grain d'hydrogène prend 36 grains de chlore : — pour l' *acide iodhydrique* , 1 grain d'hydrogène s'unit à 126 grains d'iode.

De plus, si l'on pesait des portions séparées d'argent métallique, de 108 grains chacune, pour les convertir respectivement en oxyde, chlorure et iodure d'argent, il faudrait

Oxygène   8 céréales.

Chlore   36   "

Il paraît donc que 8 grains d'oxygène *équivalent* à 36 grains de chlore et à 126 grains d'iode, puisque ces quantités jouent toutes le même rôle dans la combinaison ; et il en est de même des autres éléments : à chacun d'eux on peut attribuer un chiffre qui représente le nombre de parties en poids dans lesquelles cet élément s'unit aux autres. Ces chiffres sont les « équivalents » ou « proportions combinées » et ils sont désignés par le *symbole* de l'élément. Un symbole ne se présente pas comme un simple représentant d'un élément, mais comme le représentant d' *un équivalent* d'un élément. Ainsi "O" indique 8 parties en poids d'oxygène ; "Cl" un équivalent, ou 36 parties en poids, de chlore ; et ainsi du reste.

Observez cependant que ces chiffres, appelés « équivalents », ne se réfèrent pas au *nombre réel* de parties en poids, mais seulement au *rapport* qui existe entre elles : si l'oxygène est 8, alors le chlore est 36 ; mais si nous appelons Oxygène 100, comme certains l'ont proposé, alors le Chlore serait 442,65.

Dans l'échelle des équivalents habituellement adoptée aujourd'hui, l'hydrogène, comme étant le plus bas de tous, est pris comme unité, et les autres lui sont liés.

Équivalents de composés. — La loi des proportions équivalentes s'applique aussi bien aux composés qu'aux corps simples, la proportion combinée d'un composé étant toujours la somme des équivalents de ses constituants. Ainsi le Soufre vaut 16, et l'Oxygène 8, donc l'Acide Sulfurique , ou SO_3, vaut 40. L'équivalent de l'Azote est 14, celui de l'Acide Nitrique, ou NO_5, est 54.

La même règle s'applique en ce qui concerne les sels. Prenez par exemple le Nitrate d'Argent : il contient

	Équivalent.
Azote	14
6 Oxygène	48
Argent	108
Total des équivalents, ou équivalent du Nitrate d'Argent	170

Application pratique des lois de combinaison. — L'utilité de connaître la loi de combinaison des proportions est évidente quand on en comprend la nature. Comme les corps s'unissent et se remplacent en équivalents, un simple calcul montre immédiatement quelle quantité de chaque élément ou composé sera nécessaire dans une réaction donnée. Ainsi, en supposant qu'on désire convertir 100 grains de nitrate d'argent en *chlorure d'argent, on déduit* ainsi le poids de chlorure de sodium qui sera nécessaire : un équivalent, ou 170 parties, de nitrate d'argent, est décomposé par un équivalent, ou 60 parties, de chlorure de sodium. Donc

comme 170 : 60 : 100 : 35·2 ;

c'est-à-dire que 35,2 grains de sel précipiteront, à l'état de chlorure, tout l'argent contenu dans 100 grains de nitrate.

De même encore, pour former l'iodure d'argent, on indique ainsi les proportions dans lesquelles les deux sels doivent être mélangés. L'équivalent de l'iodure de potassium est de 166, et celui du nitrate d'argent est de 170. Ces nombres correspondent si près, qu'il est courant d'ordonner qu'il faut prendre des poids égaux des deux sels.

Une autre illustration suffira. Supposons qu'il soit nécessaire de former 20 grains d'iodure d'argent, quelle quantité d'iodure de potassium et de nitrate d'argent faut-il utiliser ? Un équivalent, ou 166 parties, d'iodure de potassium, donnera un équivalent, ou 234 parties, d'iodure d'argent ; donc

comme 234 : 166 : 20 : 14·2.

Par conséquent, si 14,2 grains d'iodure de potassium sont dissous dans l'eau, et une quantité équivalente, à savoir. En ajoutant 14,5 grains de nitrate d'argent, le précipité jaune, lavé et séché, pèsera précisément 20 grains.

SUR LA THÉORIE ATOMIQUE.

La théorie atomique, initialement proposée par Dalton, facilite tellement la compréhension des réactions chimiques en général qu'il peut être utile d'en donner un bref aperçu.

On suppose que toute matière est composée d'un nombre infini de minuscules atomes, qui sont élémentaires et ne permettent aucune division ultérieure. Chacun de ces atomes possède un poids réel, bien qu'inappréciable par nos méthodes actuelles d'investigation. Les atomes simples, en s'unissant les uns aux autres, forment *des atomes composés* ; et lorsque ces composés sont brisés, les atomes élémentaires constituants ne sont pas détruits, mais séparés les uns des autres, en possession de toutes leurs propriétés originelles.

Pour représenter la structure atomique simple des corps, *des cercles* peuvent être utilisés, comme dans le diagramme suivant.

1.Fig. 2Fig. 3.

La figure 1 est un atome composé d' acide sulfurique , constitué d'un atome de soufre uni intimement avec trois atomes d'oxygène ; figue. 2 est un atome de peroxyde d'azote, NO $_4$; et fig. 3, un atome d'acide nitrique, composé de 1 atome d'azote. Oxygène 5 atomes, ou en symboles NON $_5$.

Le terme « poids atomique » remplace proportion équivalente. — Si l'on suppose que les atomes simples des différentes espèces de matière *diffèrent en poids* , et que cette différence s'exprime par leurs nombres équivalents, toutes les lois de la combinaison suivent le raisonnement le plus simple. Il est facile de comprendre qu'un atome d'un élément ou d'un composé déplacerait ou se substituerait à un seul atome d'un autre ; donc, en prenant pour exemple la décomposition de l'iodure de potassium par le chlore, le poids de ce dernier élément nécessaire pour libérer 126 grains d'iode est de 36 grains, parce que *les poids des atomes de ces deux corps élémentaires sont de 36 à 126* . De même encore, dans la réaction entre le chlorure de sodium et le nitrate d'argent, un atome composé du premier, représenté par le poids 60, réagit sur un atome composé du second, qui vaut 170.

C'est pourquoi , à la place du terme « équivalent » ou « proportion de combinaison », il est plus habituel d'employer celui de « poids atomique ». Ainsi le poids atomique de l'oxygène est de 8, représenté par le symbole O ; celui du Soufre est de 16 ; donc le poids atomique de l'atome composé d' acide sulfurique , ou SO $_3$, est nécessairement égal aux poids combinés des quatre atomes simples ; *identifiant est* , 16 + 24 = 40.

SUR LA CHIMIE DES SUBSTANCES ORGANIQUES.

Par substances « organiques », on entend celles qui ont possédé *la vie* , avec des organes et des tissus définis, par opposition aux diverses formes de matière inorganique morte, dans lesquelles aucune organisation structurelle de ce genre ne se trouve.

Le terme organique s'applique cependant également aux substances obtenues par des procédés chimiques à partir des règnes végétal et animal, bien qu'elles ne puissent pas elles-mêmes être considérées comme des corps vivants ; ainsi l'acide acétique, obtenu par la distillation des fibres ligneuses , et l'alcool, par fermentation du sucre, sont des substances strictement organiques.

La classe des corps organiques embrasse une grande variété de produits ; qui, comme les oxydes inorganiques, peuvent être divisés en neutres, acides et basiques.

acides organiques sont nombreux, notamment l'acide acétique, tartrique, citrique et bien d'autres.

Les *substances neutres* ne peuvent être facilement assimilées à aucune classe de composés inorganiques ; à titre d'exemple, prenons l'amidon, le sucre, la lignine, etc.

Les *bases* sont également d'une grande classe. Il s'agit pour la plupart de substances rares et méconnues : la Morphia, obtenue à partir de l'Opium ; Quinia, de Quinine ; La nicotine, issue du tabac, en sont des illustrations.

Composition des corps organiques et inorganiques contrastée. — Il y a plus de cinquante substances élémentaires dans le règne inorganique, mais seulement *quatre*, communément, dans le règne organique : ces quatre sont le Carbone, l'Hydrogène, l'Azote et l'Oxygène.

Certains corps organiques, l'huile de térébenthine, le naphta, etc., ne contiennent que du carbone et de l'hydrogène ; bien d'autres, comme le sucre, la gomme, l'alcool, les graisses, les acides végétaux – Carbone, Hydrogène et Oxygène. Les *corps azotés*, ainsi appelés, contenant de l'azote en plus des autres éléments, sont principalement des substances dérivées de tissus animaux et végétaux, tels que l'albumine, la caséine, la gélatine, etc. ; Le soufre et le phosphore sont également présents dans de nombreux corps azotés, mais seulement dans une faible mesure.

Les substances organiques, bien que simples quant au *nombre* d'éléments impliqués dans leur formation, sont souvent très complexes dans la disposition des atomes ; ceci peut être illustré par les formules suivantes : -

Amidon	$C_{24} H_{20} O_{20}$
Lignine	$C_{24} H_{20} O_{20}$
Sucre de canne	$C_{24} H_{22} O_{22}$
Sucre De Raisin	$C_{24} H_{28} O_{28}$

Les corps inorganiques, comme nous l'avons déjà montré, s'unissent *par paires* : deux éléments s'unissent pour former un composé binaire ; deux composés binaires produisent un sel ; deux sels associés forment un sel double. Cependant, avec les corps organiques, la disposition est différente : les atomes élémentaires sont tous regroupés également en un seul atome composé, dont la structure est très complexe et ne peut être divisé en produits binaires.

Observez aussi, comme caractéristique de la chimie organique, l'apparente similitude de composition entre des corps dont les propriétés diffèrent considérablement. À titre d'exemple, prenons *la lignine*, ou fibre de coton, et l'amidon, dont chacun contient les trois éléments réunis sous la forme $C_{24}H_{20}O_{20}$.

Mode de distinction entre la matière organique et inorganique. — Un moyen simple d'y parvenir est le suivant : — placez la substance suspecte sur un morceau de feuille de platine et chauffez-la jusqu'à ce qu'elle soit rouge avec une lampe à alcool : si elle *noircit d'abord*, puis brûle complètement, elle est probablement de origine biologique. Cette épreuve dépend du fait que les éléments constitutifs des corps organiques sont tous soit volatils, soit capables de former des combinaisons volatiles avec l'oxygène. Les substances inorganiques, en revanche, ne sont souvent pas affectées par la chaleur ou, si elles sont volatiles, se dissipent sans carbonisation préalable.

L'action de la chaleur sur la matière organique peut en outre être illustrée par la combustion du charbon ou du bois dans un fourneau ordinaire : premièrement, une fuite de carbone et d'hydrogène, unis sous forme de matière gazeuse volatile, se produit, laissant derrière elle une cendre noire., qui se compose de carbone et de matière inorganique combinés ; ensuite ce carbone brûle en acide carbonique, et il reste une cendre grise composée de sels inorganiques et indestructible par la chaleur.

CHAPITRE II.

VOCABULAIRE DES PRODUITS CHIMIQUES PHOTOGRAPHIQUES.

ACIDE ACÉTIQUE.

Symbole, $C_4H_3O_3 + HO$. Poids atomique, 60.

ACÉTIQUE est un produit de l'*oxydation* de l'alcool. Les liquides spiritueux, lorsqu'ils sont parfaitement purs, ne sont pas affectés par l'exposition à l'air ; mais si une portion de levure, ou de matière organique azotée de quelque sorte, est ajoutée, elle agit bientôt comme un *ferment* et amène l'esprit à s'unir avec l'oxygène dérivé de l'atmosphère, et ainsi à devenir aigre par formation d'acide acétique, ou "vinaigre."

L'acide acétique est également produit en grande quantité en chauffant *du bois* dans des récipients fermés : une substance distille sur laquelle est de l'acide acétique contaminé par des matières empyreumatiques et goudronneuses ; on l'appelle acide pyroligneux et on l'emploie beaucoup dans le commerce.

L'acide acétique le plus concentré peut être obtenu en neutralisant le vinaigre commun avec du carbonate de soude et en cristallisant l'acétate de soude ainsi formé ; cet acétate de soude est ensuite distillé avec de l'acide sulfurique, qui enlève la soude et libère de l'acide acétique : l'acide acétique étant volatil, distille et peut se condenser.

Propriétés de l'acide acétique. — L'acide le plus fort ne contient qu'un seul atome d'eau ; il est vendu sous le nom d'« acide acétique glacial », ainsi appelé en raison de sa propriété de se solidifier à une température modérément basse. Vers 50°, les cristaux fondent et forment un liquide limpide, d'odeur âcre et d'une densité presque correspondant à celle de l'eau ; la densité spécifique de l'acide acétique ne constitue cependant pas un test de sa force réelle, qui ne peut être estimée que par analyse.

L'acide acétique *glacial commercial* est souvent dilué avec de l'eau, ce qui peut être suspecté s'il ne se solidifie pas pendant les mois froids de l'hiver. Les acides sulfureux et chlorhydrique sont également des impuretés courantes. Ils sont nuisibles aux procédés photographiques, à cause de leur propriété de précipiter le nitrate d'argent. Pour les déceler, procédez de la manière suivante : dissolvez un petit cristal de nitrate d'argent dans quelques gouttes d'eau, et ajoutez-y environ une demi-drachme d'acide glacial ; le mélange doit rester assez clair même lorsqu'il est exposé à la lumière. L'acide chlorhydrique et l'acide sulfureux produisent un dépôt blanc de chlorure ou de sulfite d'argent ; et si *de l'aldéhyde* ou des matières goudronneuses volatiles sont présents dans l'acide acétique, le mélange avec le nitrate d'argent, quoique clair au début, se décolore par l'action de la lumière.

L'acide acétique glacial a parfois une odeur d'ail. Dans cet état, il contient probablement un acide soufré organique et est impropre à l'utilisation.

Beaucoup emploient une forme moins chère d'acide acétique, vendue par les pharmaciens sous le nom d'acide « Beaufoy » ; il devrait avoir la force de l'acide acétique fortiss. de la Pharmacopée de Londres, contenant 30 pour cent d'acide véritable. Il sera conseillé de le tester pour l'acide sulfurique (voir Acide sulfurique) et d'autres impuretés avant utilisation.

ACÉTATE D'ARGENT. *Voir* ARGENT, ACÉTATE DE.

ALBUMEN.

L'albumine est un principe organique présent aussi bien dans le règne animal que dans le règne végétal. Ses propriétés sont mieux étudiées dans le *blanc d'œuf*, qui est une forme très pure d'albumine.

L'albumine est capable d'exister sous deux états ; dans l'un d'eux il est soluble, dans l'autre insoluble, dans l'eau. La solution aqueuse de la variété soluble donne une réaction légèrement alcaline au papier test ; il est un peu épais et gluant, mais devient plus fluide par l'addition d'une petite quantité d'un alcali, tel que la potasse ou l'ammoniaque.

L'albumen soluble peut être converti en forme *insoluble* des manières suivantes : -

1. *Par application de chaleur.* — Une solution moyennement forte d'albumine devient opalescente et coagule en étant chauffée à environ 150° Fahrenheit, mais une température de 212° est requise si le liquide est très dilué. Une couche d'albumine *séchée* ne peut pas être facilement coagulée par la simple application de chaleur.

2. *Par addition d'acides forts.* — L'acide nitrique coagule parfaitement l'albumine sans l'aide de la chaleur. L'acide acétique agit cependant différemment, paraissant entrer en combinaison avec l'albumine et formant un composé soluble dans l'eau chaude acidifiée par l'acide acétique.

3. *Par l'action des sels métalliques.* — Plusieurs des sels des métaux coagulent complètement l'albumine. Le nitrate d'argent le fait ; aussi le bichlorure de mercure. L'oxyde d'argent ammoniacal ne coagule cependant pas l'albumine.

Le précipité blanc formé en mélangeant l'albumine avec le nitrate d'argent est un composé chimique de la matière animale avec le protoxyde d'argent. Cette substance, qu'on a appelée albuminate d'argent, est soluble dans l'ammoniaque et l'hyposulfite de soude ; mais après exposition à la lumière ou chauffage dans un courant de gaz hydrogène, il prend une couleur rouge brique, étant probablement réduit à l'état d'un composé organique d'un *sous-oxyde* d'argent. Il est alors presque insoluble dans l'ammoniaque, mais il s'en dissout suffisamment pour teinter le liquide en rouge vin. La *coloration rouge* de la solution de nitrate d'argent employée pour sensibiliser le papier photographique albuminé est probablement produite par le même composé, bien qu'elle soit souvent liée à la présence de sulfure d'argent.

L'albumine se combine également avec la chaux et la baryte. Lorsqu'on utilise du chlorure de baryum avec de l'albumine, il se forme habituellement un précipité blanc de ce genre.

Composition chimique de l'albumine. — L'albumine appartient à la classe des substances organiques *azotées* (voir page 325). Il contient également de petites quantités de soufre et de phosphore.

ALCOOL.

Symbole, $C_4H_6O_2$. Poids atomique, 46.

L'alcool est obtenu par la distillation minutieuse de toute liqueur spiritueuse ou fermentée. Si du vin ou de la bière est placé dans une cornue et qu'on y applique de la chaleur, l'alcool, étant plus volatil que l'eau, s'élève d'abord et se condense dans un récipient approprié ; cependant une partie de la vapeur d'eau passe avec l'alcool et le dilue dans une certaine mesure, formant ce qu'on appelle des « esprits de vin ». Une grande partie de cette eau peut être éliminée par redistillation du carbonate de potasse, de la manière décrite à la page 196 de cet ouvrage ; mais pour rendre l'alcool complètement *anhydre*, il est nécessaire d'employer *de la chaux vive*, qui possède une plus grande attraction encore pour l'eau. Un poids égal de cette chaux en poudre est mélangé avec de l'alcool fort de ·823, et les deux sont distillés ensemble.

Propriétés de l'alcool. — L'alcool pur anhydre est un liquide limpide, d'odeur agréable et de goût piquant ; sp. gr. à 60°, ·794. Il absorbe la vapeur d'eau et se dilue par exposition à l'air humide ; bout à 173° Fahr. Il n'a jamais été gelé.

L'alcool distillé à partir de carbonate de potasse a une densité spécifique de ·815 à ·823 et contient 90 à 93 pour cent d'alcool véritable.

La densité spécifique des spiritueux de vin rectifiés ordinaires est généralement d'environ ·840 et contient 80 à 83 pour cent d'alcool absolu.

AMMONIAC.

Symbole, NH_3 ou NH_4O. Poids atomique, 17.

Le liquide connu sous ce nom est une solution aqueuse du gaz volatil ammoniac. Le gaz ammoniacal contient un atome d'azote combiné avec trois atomes d'hydrogène : ces deux corps élémentaires ne présentent aucune affinité l'un pour l'autre, mais on peut les faire s'unir dans certaines circonstances, et il en résulte de l'ammoniac.

Propriétés de l'ammoniac. — Le gaz ammoniacal est en grande partie soluble dans l'eau ; la solution possédant les propriétés dites alcalines (voir page 308). L'ammoniac diffère cependant des autres alcalis sur un point important : il est volatil : c'est pourquoi la couleur originale du papier de curcuma affecté par l'ammoniac est restaurée lors de l'application de chaleur. La solution d'ammoniaque absorbe rapidement l'acide carbonique de l'air et se transforme en carbonate d'ammoniaque ; il convient donc de le conserver dans des flacons bouchés. Outre le carbonate, l'ammoniac commercial contient souvent du chlorure d'ammonium, reconnu par le précipité blanc donné par le nitrate d'argent après acidification avec de l'acide nitrique pur.

La force de l'ammoniac commercial varie considérablement ; celui vendu pour les usages pharmaceutiques sous le nom de Liquor Ammoniæ contient environ 10 pour cent d'ammoniaque véritable. Le sp. gr. d'ammoniac aqueux diminue avec la proportion d'ammoniac présent, la liqueur ammoniæ étant généralement d'environ ·936.

L'ammoniac, bien que formant une grande classe de sels, semble à première vue contraster fortement par sa composition avec les alcalis proprement dits, tels que la potasse et la soude. Les bases minérales sont généralement *des protoxydes de métaux* , comme déjà montré à la page 308 , mais l'ammoniac est simplement constitué d'azote et d'hydrogène réunis sans oxygène. Les remarques suivantes pourraient peut-être contribuer à élucider la difficulté :

Théorie de l'ammonium. — Cette théorie suppose l'existence d'une substance possédant les propriétés d'un *métal* , mais différant des corps métalliques généralement par sa structure *composée* : la formule qui lui est assignée est NH_4, un atome d'azote uni à quatre d'hydrogène. Ce métal hypothétique est appelé « Ammonium » ; et l'ammoniac, associé à un atome d'eau, peut être considéré comme son *oxyde* , car $NH_3 + HO$ est clairement égal à NH_4O. Ainsi, comme la potasse est l'oxyde de *potassium* , de même l'ammoniac est l'oxyde d' *ammonium* .

La composition des *sels* d'ammoniaque est, sous ce rapport, assimilée à celle des alcalis proprement dits. Ainsi, le sulfate d'ammoniaque est un sulfate d'oxyde d'ammonium ; Le muriate ou chlorhydrate d'ammoniac est un chlorure d'ammonium, etc.

AMMONIO-NITRATE D'ARGENT. *Voir* <u>Argent, Ammonio - Nitrate de</u> .

EAU RÉGALE. *Voir* <u>Acide nitro-chlorhydrique</u> .

BARYTE, NITRATE DE. *Voir* NITRATE DE BARYTE.

BICHLORURE DE MERCURE. *Voir* MERCURE, BICHLORURE DE.

BROME.

Symbole, Fr. Poids atomique, 78.

Cette substance élémentaire est obtenue à partir du résidu non cristallisable de l'eau de mer, appelé *butor*. Il existe dans l'eau en proportion très infime, combiné au magnésium sous forme de bromure de magnésium soluble.

Propriétés. — Le brome est un liquide brun rougeâtre foncé, d'odeur désagréable et fumant fortement aux températures ordinaires ; peu soluble dans l'eau (1 partie sur 23, Löwig), mais plus abondamment dans l'alcool, et surtout dans l'éther. Il est très lourd, ayant une densité de 3,0.

Le brome est étroitement analogue au chlore et à l'iode dans ses propriétés chimiques. Il se situe sur la liste à mi-chemin entre les deux ; ses affinités étant plus fortes que celles de l'Iode, mais plus faibles que celles du Chlore (voir Chlore).

Il forme une large classe de sels, parmi lesquels les bromures de potassium, de cadmium et d'argent sont les plus familiers aux photographes.

BROMURE DE POTASSIUM.

Symbole, KBr. Poids atomique, 118.

Le bromure de potassium est préparé en ajoutant du brome à la potasse caustique et en chauffant le produit, qui est un mélange de bromure de potassium et de bromate de potasse, jusqu'à ce qu'il soit rouge, afin de chasser l'oxygène de ce dernier sel. Il cristallise en cubes anhydres, comme le chlorure et l'iodure de potassium ; il est facilement soluble dans l'eau, mais plus parcimonieusement dans l'alcool ; il produit des fumées rouges de brome lorsqu'il est traité par l'acide sulfurique.

BROME D'ARGENT. *Voir* ARGENT, BROMURE DE.

CARBONATE DE SOUDE.

Symbole, $NaO\, CO_2 + 10\, Aq$.

Ce sel était autrefois obtenu à partir des cendres d'algues, mais il est maintenant fabriqué à grande échelle de manière plus économique à partir de sel commun. Le chlorure de sodium est d'abord converti en sulfate de soude, et ensuite le sulfate en carbonate de soude.

Propriétés. — Les cristaux parfaits contiennent dix atomes d'eau, qui sont chassés par l'application de chaleur, laissant une poudre blanche : le carbonate anhydre. *La lessive de soude commune* est un carbonate neutre, contaminé dans une certaine mesure par du chlorure de sodium et du sulfate de soude. Le carbonate utilisé pour les boissons effervescentes est soit un bicarbonate avec 1 atome d'eau, soit un sesquicarbonate, contenant environ 40 pour cent d'alcali réel ; il est donc presque deux fois plus fort que le carbonate de lavage, qui contient environ 22 pour cent de soude. Le Carbonate de Soude est soluble dans deux fois son poids d'eau à 60°, la solution étant fortement alcaline.

CARBONATE DE POTASSE. Voir POTASSE, CARBONATE DE .

CASÉINE. *Voir* LAIT .

CHARBON, ANIMAL.

Le charbon animal est obtenu en chauffant des substances animales, telles que des os, du sang séché, des cornes, etc., jusqu'à ce qu'elles soient rouges, dans des vaisseaux fermés, jusqu'à ce que toutes les matières empyreumatiques volatiles aient été chassées et qu'il reste un résidu de carbone. Lorsqu'il est préparé à partir d'os, il contient une grande quantité de matière inorganique sous forme de carbonate et de phosphate de chaux, dont le premier produit de *l'alcalinité* en réagissant avec le nitrate d'argent (voir p. 89). Le charbon animal est débarrassé de ces sels terreux par digestion répétée dans l'acide chlorhydrique ; mais à moins de le laver très soigneusement, il est susceptible de conserver une réaction acide, et ainsi de libérer de l'acide nitrique libre lorsqu'on l'ajoute à une solution de nitrate d'argent.

Propriétés. — Le charbon animal, lorsqu'il est pur, est constitué uniquement de carbone et brûle à l'air sans laisser de résidus : il est remarquable par sa propriété de décolorer les solutions ; la substance colorante organique étant séparée, mais non réellement *détruite* , comme c'est le cas par *le chlore* employé comme agent de blanchiment. Ce pouvoir d'absorption des matières colorantes n'est pas possédé au même degré par toutes les variétés de charbon de bois, mais il est dans une grande mesure particulier à ceux qui dérivent du règne animal.

ARGILE DE CHINE OU KAOLIN.

Celui-ci est préparé, par lévitation minutieuse , à partir de granite en décomposition et d'autres roches felspathiques désintégrées. Il consiste en du *silicate d' alumine* , c'est-à-dire de l'acide silicique ou *silex* , qui est un oxyde de silicium, uni à la base alumine (oxyde d'aluminium). Le Kaolin est parfaitement insoluble dans l'eau et les acides, et ne produit aucune décomposition en solution de nitrate d'argent. Il est employé par les photographes pour décolorer les solutions de nitrate d'argent devenues brunes par l'action de l'albumine ou d'autres matières organiques.

Le kaolin commercial peut contenir de la craie, dans quel état il produit de l'alcalinité en solution de nitrate d'argent. L'impureté, détectée par son effervescence avec les acides, est éliminée en lavant le Kaolin dans du vinaigre dilué puis dans de l'eau.

CHLORE.

Symbole, cl. Poids atomique, 36.

Le chlore est un élément chimique présent en abondance dans la nature, combiné au sodium métallique sous forme de chlorure de sodium ou sel marin.

Préparation. — En distillant le sel commun avec l'acide sulfurique, il se forme du sulfate de soude et de l'acide chlorhydrique. L'acide chlorhydrique contient du chlore combiné à de l'hydrogène ; par l'action de l'oxygène naissant (voir Oxygène), l'hydrogène peut être éliminé sous forme d'eau et le chlore laissé seul.

Propriétés. — Le chlore est un gaz jaune verdâtre, d'odeur âcre et suffocante ; soluble dans une mesure considérable dans l'eau, la solution possédant l'odeur et la couleur du gaz. Il est près de 2,5 fois plus lourd que la masse correspondante de l'air atmosphérique.

chimiques. — Le chlore appartient à un petit groupe naturel d'éléments qui contient également du brome, de l'iode et du fluor. Ils se caractérisent par une forte affinité pour l'hydrogène, ainsi que pour les métaux ; mais sont relativement indifférents à l'oxygène. De nombreuses substances métalliques subissent en effet *une combustion* lorsqu'elles sont projetées dans une atmosphère de chlore, l'union entre les deux s'effectuant avec une extrême violence. Les propriétés de blanchiment caractéristiques du chlore gazeux s'expliquent de la même manière : l'hydrogène est éliminé de la substance organique, et de cette manière la structure est brisée et la couleur détruite.

Le chlore a des affinités plus puissantes que le brome ou l'iode. Les sels formés par ces trois éléments sont très analogues par leur composition et souvent par leurs propriétés. Ceux des alcalins, des alcalino-terreux et de nombreux métaux sont solubles dans l'eau ; mais les sels d'argent sont insolubles ; les sels de plomb avec parcimonie.

Les combinaisons de chlore, de brome, d'iode et de fluor avec l'hydrogène sont des acides et neutralisent les alcalis de la manière habituelle, avec formation de chlorure alcalin et d'eau (voir page 311).

Le test par lequel on détecte la présence de chlore, soit libre, soit en combinaison avec des bases, est *le nitrate d'argent* ; il donne un précipité caillé blanc de chlorure d'argent, insoluble dans l'acide nitrique, mais soluble dans l'ammoniaque. La solution de nitrate d'argent utilisée pour l'essai ne doit pas contenir d'iodure d'argent, car ce composé est précipité par dilution.

CHLORURE D'AMMONIUM.

Symbole, NH_4Cl. Poids atomique, 54.

Ce sel, connu aussi sous le nom de muriate ou chlorhydrate d'ammoniaque, se présente dans le commerce sous forme de masses incolores et translucides, qui s'obtiennent par *sublimation*, le sel sec étant volatil lorsqu'on le chauffe fortement. Il se dissout dans un poids égal d'ébullition ou dans trois parties d'eau froide. Il contient plus de chlore, proportionnellement au poids utilisé, que de chlorure de sodium, les poids atomiques des deux étant de 54 à 60.

CHLORURE DE BARYUM.

Symbole, $BaCl + 2 HO$. Poids atomique, 123.

Le Baryum est un élément métallique très étroitement lié au Calcium, base élémentaire de la Chaux. Le chlorure de baryum est couramment employé pour tester l'acide sulfurique, avec lequel il forme un précipité insoluble de sulfate de baryte. On dit également qu'il affecte la couleur de l'image photographique lorsqu'il est utilisé dans la préparation du papier positif, ce qui peut éventuellement être dû à une combinaison chimique de baryte et d'albumine ; mais il faut se rappeler que ce chlorure, de par son poids atomique élevé, contient moins de chlore que les chlorures alcalins (voir page 124).

Propriétés du chlorure de baryum. — Le chlorure de baryum se présente sous forme de cristaux blancs, solubles dans environ deux parties d'eau, à température commune. Ces cristaux contiennent deux atomes d'eau de cristallisation, qui sont expulsés à 212°, laissant le chlorure anhydre.

CHLORURE D'OR. Voir OR, CHLORURE DE .

CHLORURE DE SODIUM.

Symbole, $NaCl$. Poids atomique, 60.

Le sel commun existe en abondance dans la nature, à la fois sous forme de sel gemme solide et dissous dans les eaux de l'océan.

Propriétés du Sel pur . — Fusible sans décomposition à faible rougeur, mais se sublime à des températures plus élevées ; les bétons de sel fondus se transforment en une masse dure et blanche en refroidissant. Presque insoluble dans l'alcool absolu, mais se dissout en quantité infime dans l'alcool rectifié. Soluble dans trois parties d'eau, chaude et froide. Cristallise en cubes anhydres.

Impuretés du sel commun. — Le sel de table contient souvent de grandes quantités de chlorures de magnésium et de calcium, qui, étant déliquescents, produisent une humidité par absorption de l'humidité atmosphérique. Le sulfate de soude est également communément présent. Le sel peut être purifié par recristallisation répétée, mais il est plus simple de préparer *directement le composé pur*, en neutralisant l'acide chlorhydrique avec du carbonate de soude.

CHLORURE D'ARGENT. *Voir* ARGENT, CHLORURE DE.

ACIDE CITRIQUE.

Cet acide se trouve en abondance dans le jus de citron et dans le jus de citron vert. On le trouve dans le commerce sous forme de gros cristaux, solubles dans moins que leur propre poids d'eau à 60°.

L'acide citrique commercial est parfois mélangé à l'acide tartrique. L'adultération peut être découverte en faisant une solution concentrée de l'acide et en y ajoutant *de l'acétate de potasse*; les cristaux de bitartrate de potasse se sépareront si de l'acide tartrique est présent.

L'acide citrique est tribasique. Il forme avec l'argent un sel blanc insoluble, contenant 3 atomes d'oxyde d'argent pour 1 atome d'acide citrique. Lorsque le citrate d'argent est chauffé dans un courant de gaz hydrogène, une partie de l'acide est libérée et le sel est réduit en citrate de sous-oxyde d'argent ; qui est de couleur rouge. L'auteur montre que l'action de la lumière blanche sur le citrate d'argent rougissant est de même nature.

CYANURE DE POTASSIUM.

Symbole, KC_2N ou KCy. Poids atomique, 66.

Ce sel est un composé de gaz cyanogène et de potassium métallique. Le cyanogène n'est pas un corps élémentaire, comme le chlore ou l'iode, mais il est constitué de carbone et d'azote unis d'une manière particulière. Bien qu'il s'agisse d'une substance composée, elle réagit à la manière d'un élément et constitue donc (comme l'ammonium décrit précédemment) une exception aux lois habituelles de la chimie. De nombreux autres corps de caractère similaire sont connus.

Propriétés du cyanure de potassium. — Celles-ci ont été suffisamment décrites à la page 44, à laquelle le lecteur est renvoyé.

ÉTHER.

Symbole, C_4H_5O. Poids atomique, 37.

L'éther est obtenu en distillant un mélange d' acide sulfurique et d'alcool. Si l'on compare la formule de l'alcool ($C_4H_6O_2$) avec celle de l'éther, on verra qu'il en diffère par la possession d'un atome supplémentaire d'hydrogène et d'oxygène : dans la réaction l' acide sulfurique enlève ces éléments. sous forme d'eau, et convertit ainsi un atome d'alcool en un atome d'éther. Le terme sulfurique appliqué à l'éther commercial ne fait référence qu'à la manière de sa formation.

Propriétés de l'éther.— Les propriétés de l'éther ont été décrites dans une certaine mesure aux pages 85 et 195. Les détails suivants peuvent cependant être ajoutés. Le papier test n'est ni acide ni alcalin. Densité spécifique, à 60°, environ ·720. Bouillonne à 98 ° Fahrenheit. La vapeur est extrêmement dense, et on la voit s'échapper du liquide et tomber à terre : d'où le danger de verser de l'éther d'une bouteille à l'autre, si une flamme est à portée de main.

L'éther ne se mélange pas à l'eau dans toutes les proportions ; si les deux sont secoués ensemble, au bout de peu de temps le premier s'élève et flotte à la surface. De cette manière, un mélange d'éther et d'alcool peut être purifié dans une certaine mesure, comme dans le processus courant de lavage de l'éther. L'eau employée retient cependant toujours une certaine portion d'éther (environ un dixième de sa masse) et acquiert une forte odeur éthérée ; L'éther lavé contient également de l'eau en petite quantité.

Le brome et l'iode sont tous deux solubles dans l'éther, réagissent et se décomposent progressivement.

Les alcalis forts , comme la potasse et la soude, décomposent également légèrement l'éther après un certain temps, mais pas immédiatement. Exposé à l'air et à la lumière. L'éther s'oxyde et acquiert une odeur particulière (page 85).

L'éther dissout facilement les substances grasses et résineuses, mais les sels inorganiques sont pour la plupart insolubles dans ce fluide. C'est pourquoi l'iodure de potassium et d'autres substances dissoutes dans l'alcool sont précipités dans une certaine mesure par l'addition d'éther.

FLUORURE DE POTASSIUM.

Symbole, KF. Poids atomique, 59.

Préparation. — Le fluorure de potassium se forme en saturant de l'acide fluorhydrique avec de la potasse et en s'évaporant à sec dans un récipient en platine. L'acide fluorhydrique contient du fluor combiné à de l'hydrogène ; c'est un liquide puissamment acide et corrosif, formé par la décomposition du Fluor Spar, qui est un fluorure de calcium, avec un fort acide sulfurique ;

l'action qui se produit est précisément analogue à celle impliquée dans la préparation de l'acide chlorhydrique.

Propriétés. — Un sel déliquescent, se présentant en cristaux petits et imparfaits. Très soluble dans l'eau : la solution agit sur le verre de la même manière que l'acide fluorhydrique.

ACIDE FORMIQUE.

Symbole, C_2HO_3. Poids atomique, 37.

Cette substance a été découverte à l'origine chez la *fourmi rouge* (*Formica rufa*), mais elle est préparée à grande échelle en distillant de l'amidon avec du bioxyde de manganèse et de l'acide sulfurique.

Propriétés. — La force de l'acide formique commercial est incertaine, mais il est toujours plus ou moins dilué. L'acide le plus fort, obtenu en distillant le formiate de soude avec de l'acide sulfurique, est un liquide fumant avec une odeur âcre et ne contenant qu'un atome d'eau. Il enflamme la peau de la même manière que la piqûre de la fourmi.

L'acide formique réduit les oxydes d'or, d'argent et de mercure à l'état métallique et est lui-même oxydé en acide carbonique. Les formiates alcalins possèdent également les mêmes propriétés.

ACIDE GALLIQUE.

Symbole, $C_7H_3O_5 + H_3O$. Poids atomique, 94.

La chimie de l'acide gallique est suffisamment décrite à la page 27, à laquelle le lecteur est renvoyé.

GÉLATINE.

Symbole, $C_{13}H_{10}O_5N_2$. Poids atomique, 156.

C'est une substance organique quelque peu analogue à l'albumine, mais qui en diffère par ses propriétés. On l'obtient en soumettant les os, sabots, cornes, pieds de veau, etc., à l'action de l'eau bouillante. La gelée formée lors du refroidissement est appelée colle ou, une fois séchée et coupée en tranches, *colle*. La gélatine, telle qu'elle est vendue dans les magasins, est une forme pure de colle. *L'Isinglass* est de la gélatine préparée, principalement en Russie, à partir des vessies aériennes de certaines espèces d'esturgeons.

Propriétés de la gélatine. — La gélatine se ramollit et gonfle dans l'eau froide, mais ne *se dissout* qu'après avoir été chauffée : la solution chaude, en refroidissant, forme une gelée tremblante. Une once d'eau froide retiendra environ trois grains d'Isinglass sans gélatiniser ; mais beaucoup dépend de la température, quelques degrés affectant grandement le résultat.

Lorsqu'on la fait bouillir longtemps dans l'eau, et surtout en présence d'un acide, tel que l'acide sulfurique, la gélatine subit une modification particulière, et la solution perd soit partiellement, soit entièrement sa propriété de se solidifier en gelée.

GLYCÉRINE.

Les corps gras sont résolus par traitement avec un alcali en un acide, qui se combine avec l'alcali pour former un *savon*, et de la glycérine, restant en solution.

La glycérine pure, telle qu'obtenue par le procédé de distillation breveté de Price, est un liquide visqueux de sp. gr. environ 1,23 ; miscible en toutes proportions avec l'eau et l'alcool. C'est une substance particulièrement neutre, ne présentant aucune tendance à se combiner avec des acides ou des bases. Il a peu ou pas d'action sur le nitrate d'argent dans l'obscurité, et le réduit très lentement même lorsqu'il est exposé à la lumière.

GLYCYRRHIZINE.

La Glycyrrhizine, obtenue à partir de la racine fraîche de Réglisse, est une substance intermédiaire en propriétés entre un sucre et une résine. Peu soluble dans l'eau mais très soluble dans l'alcool. Il précipite une solution forte de nitrate d'argent blanc, mais le dépôt devient rougi par l'exposition à la lumière. Sa préparation est décrite dans les plus grands ouvrages de chimie organique.

OR, CHLORURE DE.

Symbole, $AuCl_3$. Poids atomique, 303.

Ce sel est formé en dissolvant de l'or métallique pur dans de l'acide nitro-chlorhydrique et en s'évaporant à chaleur douce. La solution donne des cristaux déliquescents de couleur orange foncé.

Le chlorure d'or, dans un état propre à l'usage photographique, peut être facilement obtenu par le procédé suivant : — Placez un demi-souverain dans n'importe quel récipient convenable, et versez dessus une demi-drachme d'acide nitrique mélangée à deux drachmes et demie d'acide nitrique. Acide chlorhydrique et trois drachmes d'eau ; digérez par une chaleur douce, mais ne faites pas *bouillir* l'acide, sinon une grande partie du chlore sera chassée sous forme de gaz. Au bout de quelques heures, ajoutez de l'Aqua-Regia fraîche en quantité identique à la première, ce qui complètera probablement la solution, mais sinon, répétez l'opération une troisième fois.

Enfin, neutralisez le liquide en ajoutant du Carbonate de Soude jusqu'à ce que toute effervescence cesse et qu'un précipité vert se forme ; c'est du *Carbonate de Cuivre*, qu'il faut laisser plusieurs heures se séparer complètement. Le chlorure d'or est ainsi libéré du cuivre et de l'argent, avec lesquels l'or métallique est allié dans la monnaie étalon du royaume. La solution ainsi préparée sera *alcaline*, et par conséquent sujette à une réduction de l'or métallique : il faudra donc ajouter une légère quantité supplémentaire d'acide chlorhydrique, suffisante pour rougir un morceau de papier de tournesol immergé.

Le poids d'un demi-souverain est d'environ 61 grains, dont 56 grains d'or pur. Cela équivaut à 86 grains de chlorure d'or, qui sera la quantité contenue dans la solution.

Le procédé suivant pour préparer le chlorure d'or est plus parfait que le précédent : Dissoudre la pièce d'or dans l'Aqua-Régia comme auparavant ; puis faites bouillir avec un excès d'acide chlorhydrique pour détruire l'acide nitrique, diluez largement avec de l'eau distillée et ajoutez une solution aqueuse filtrée de sulfate de fer commun (6 parties pour 1 d'or) ; récupérer l'or précipité, qui est maintenant exempt de cuivre ; Rediluer dans l'Aqua-Regia et évaporer à sec au bain-marie.

Évitez d'utiliser *l'ammoniaque* pour neutraliser le chlorure d'or, car cela occasionnerait un dépôt d'« or fulminant », dont les propriétés sont décrites dans la page suivante.

Propriétés du chlorure d' or. — Tel qu'il est vendu dans le commerce, il contient généralement un excès d'acide chlorhydrique et est alors d'une couleur jaune vif ; mais lorsqu'il est neutre et quelque peu concentré, il est rouge foncé (*Léo ruber* des alchimistes). Il ne donne aucun précipité avec le carbonate de soude, à moins que la chaleur ne soit appliquée ; l'acide chlorhydrique libre présent se forme avec l'alcali. Le chlorure de sodium, qui s'unit au chlorure d'or, et produit un sel double, chlorure d'or et de sodium, soluble dans l'eau.

Le chlorure d'or est décomposé par la précipitation de l'or métallique par le charbon de bois, l'acide sulfureux et de nombreux acides végétaux ; également par le protosulfate et le protonitrate de fer. Il teinte la cuticule d'une teinte violette indélébile. Il est soluble dans l'alcool et dans l'éther.

OR, FULMINANT.

C'est une substance brun jaunâtre, précipitée en ajoutant de l'ammoniaque à une solution forte de chlorure d'or.

Il peut être séché avec précaution à 212°, mais explose violemment lorsqu'il est chauffé brusquement à environ 290°. La friction le fait également exploser une fois sec ; mais la poudre humide peut être frottée ou manipulée sans danger. Il est décomposé par l'hydrogène sulfuré.

L'Or Fulminant est probablement un Aurate d'Ammoniac, contenant 2 atomes d'Ammoniac pour 1 atome de Peroxyde d'Or.

OR, HYPOSULFITE DE.

Symbole, $AuO\ S_2 O_2$. Poids atomique, 253.

L'hyposulfite d'or est produit par la réaction du chlorure d'or sur l'hyposulfite de soude (voir page 133).

Le sel vendu dans le commerce sous le nom de Sel d'or est un hyposulfite double d'or et de soude, contenant un atome du premier sel pour trois du second, avec quatre atomes d'eau de cristallisation. Il se forme en ajoutant une partie de chlorure d'or, en solution, à trois parties d' hyposulfite de soude, et en précipitant le sel obtenu par l'alcool : il faut ajouter le chlorure d'or à l' hyposulfite de soude, et non le sel de soude à l'Or (voir page 250).

Propriétés.— L'hyposulfite d'or est instable et ne peut exister à l'état isolé, passant rapidement en soufre, en acide sulfurique et en or métallique. Combiné avec un excès d' Hyposulfite de Soude sous forme de Sel d'or, il est plus permanent.

Le sel d'or se présente cristallisé dans de fines aiguilles, très solubles dans l'eau. L'article commercial est souvent impur, ne contenant guère que de l'hyposulfite de soude, avec une trace d'or. Il peut être analysé en ajoutant quelques gouttes d'acide nitrique fort (sans chlore), en diluant avec de l'eau, puis en collectant et en enflammant la poudre jaune, qui est de l'or métallique.

SUCRE DE RAISIN.

Symbole, $C_{24} H_{28} O_{28}$. Poids atomique, 396.

Cette modification du sucre, souvent appelée *sucre granulaire* ou *glucose*, existe en abondance dans le jus de raisin et dans de nombreuses autres variétés de fruits. Il forme la concrétion saccharine que l'on trouve dans le miel, les raisins secs, les figues séchées, etc. Il peut être produit artificiellement par l'action de principes fermentants et d'acides minéraux dilués, sur l'amidon.

Propriétés. — Le sucre de raisin cristallise lentement et difficilement à partir d'une solution aqueuse concentrée, en petits nodules hémisphériques, durs et granuleux entre les dents. Il est beaucoup moins sucré au goût que le sucre de canne et moins soluble dans l'eau (1 partie se dissout dans 1½ d'eau froide).

Le sucre de raisin tend à absorber l'oxygène, et possède par conséquent la propriété de décomposer les sels des métaux nobles et de les réduire peu à peu à l'état métallique, même sans le secours de la lumière. Le sucre *de canne* ne possède pas ces propriétés dans une mesure égale et se distingue donc facilement des autres variétés. Le produit de l'action du sucre de raisin sur le nitrate d'argent semble être une forme très faible d'oxyde d'argent combinée à de la matière organique.

CHÉRI.

Cette substance contient deux sortes distinctes de sucre, le sucre de raisin et une substance non cristallisable analogue ou identique à la mélasse trouvée associée au sucre commun dans le jus de canne. Le goût agréable du miel dépend probablement de ce dernier, mais son pouvoir réducteur sur les oxydes métalliques est dû au premier. Le sucre de raisin pur peut être facilement obtenu à partir du miel infusé, en le traitant avec de l'alcool, qui dissout le sirop, mais laisse la partie cristalline.

Une grande partie de l'article commercial est frelaté et, pour un usage photographique, le miel vierge doit être obtenu directement du rayon.

ACIDE HYDROCHLORIQUE.

Symbole, HCl. Poids atomique, 37.

L'acide chlorhydrique est un gaz volatil qui peut être libéré de la plupart des sels appelés chlorures par l'action de l'acide sulfurique. L'acide, par ses affinités supérieures, éloigne la base ; ainsi,-

$$NaCl + HO\, SO_3 = NaO\, SO_3 + HCl.$$

Propriétés.— Abondamment soluble dans l'eau, formant l'acide chlorhydrique ou muriatique liquide du commerce. La solution la plus concentrée d'acide chlorhydrique a un sp. gr. 1·2, et contient environ 40 pour cent de gaz ; celui couramment vendu est un peu plus faible, sp. gr. 1·14 = 28 pour cent, véritable acide.

L'acide chlorhydrique pur est incolore et dégage des vapeurs dans l'air. La couleur jaune de l'acide commercial dépend de la présence de traces de perchlorure de fer ou de matières organiques ; L'acide muriatique commercial contient aussi souvent une portion de chlore libre et d' acide sulfurique.

ACIDE HYDRIODIQUE.

Symbole, HI. Poids atomique, 127.

Il s'agit d'un composé gazeux d'hydrogène et d'iode, correspondant en composition à l'acide chlorhydrique. Il ne peut cependant, à cause de son instabilité, être obtenu de la même manière, puisque, en distillant un iodure avec de l'acide sulfurique, l'acide iodhydrique formé d'abord se décompose ensuite en iode et en hydrogène. Une solution aqueuse d'acide iodhydrique est facilement préparée en ajoutant de l'iode à de l'eau contenant de l'hydrogène sulfuré ; une décomposition a lieu et le soufre est libéré : ainsi HS + I = HI + s.

Propriétés.— L'acide iodhydrique est très soluble dans l'eau, donnant un liquide fortement acide. La solution, incolore au début, devient bientôt brune par décomposition et libération d'iode libre. Il peut être restauré à son état d'origine en ajoutant une solution d'hydrogène sulfuré.

ACIDE HYDROSULFURIQUE.

Symbole HS. Poids atomique, 17.

Cette substance, également connue sous le nom d'hydrogène sulfuré, est un composé gazeux de soufre et d'hydrogène, de composition analogue à celle de l'acide chlorhydrique et de l'acide iodhydrique. Il est habituellement préparé par l'action de l'acide sulfurique dilué sur du sulfure de fer, comme décrit à la page 373 ; la décomposition étant similaire à celle impliquée dans la préparation des acides hydrogènes en général : -

$$FeS + HO\ SO_3 = FeO\ SO_3 + HS.$$

Propriétés. — L'eau froide absorbe trois fois sa quantité d'acide sulfurique hydrosulfurique et acquiert l'odeur putride particulière et les qualités toxiques du gaz. La solution est légèrement acide pour le papier-test et devient opalescente en la conservant, à cause de la séparation graduelle du soufre. Il est décomposé par l'acide nitrique, ainsi que par le chlore et l'iode. Il précipite l'argent de ses dissolutions sous forme de sulfure d'argent noir ; également du cuivre, du mercure, du plomb, etc. ; mais le fer et les autres métaux de cette classe ne sont pas affectés si le liquide contient de l'acide libre. L'acide sulfurique est constamment utilisé dans les laboratoires chimiques à ces fins et à d'autres fins.

HYDROSULFATE D'AMMONIAQUE.

Symbole, $NH_4S\ HS$. Poids atomique, 51.

Le liquide connu sous ce nom, et formé en passant du gaz hydrogène sulfuré dans l'ammoniac, est un sulfure double d'hydrogène et d'ammonium. Dans la préparation, on continuera le passage du gaz jusqu'à ce que la solution ne donne plus de précipité au sulfate de magnésie et sente fortement l'acide sulfurique hydrochlorique .

Propriétés. — Incolore au début, mais vire ensuite au jaune, par suite de la libération et de la dissolution ultérieure du soufre. Devient laiteux lors de l'ajout d'un acide. Précipite sous forme de sulfure tous les métaux qui sont affectés par l'hydrogène sulfuré, et en outre ceux de la classe à laquelle appartiennent le fer, le zinc et le manganèse.

L'hydrosulfate d'ammoniaque est employé en photographie pour assombrir l'image négative, ainsi que dans la préparation de l'iodure d'ammonium, la séparation de l'argent des solutions d'hyposulfite, etc.

HYPOSULFITE DE SOUDE.

Symbole, $NaO\ S_2O_2 + 5\ HO$. Poids atomique, 125.

La chimie de l'acide hyposulfureux et de l'hyposulfite de soude a été suffisamment décrite aux pages 43, 129 et 137 du présent Ouvrage. Le sel cristallisé comprend cinq atomes d'eau de cristallisation.

HYPOSULFITE D'OR. *Voir* OR, HYPOSULFITE DE.

HYPOSULFITE D'ARGENT. *Voir* ARGENT, HYPOSULFITE DE.

MOUSSE D'ISLANDE.

Cétraire Islandica. — Une espèce de lichen trouvée en Islande et dans les régions montagneuses d'Europe ; lorsqu'on le fait bouillir dans l'eau, il gonfle d'abord, puis donne une substance qui gélatinise en refroidissant.

Il contient de l'amidon de lichen, principe amer soluble dans l'alcool, appelé « cétrarine », et de l'amidon commun ; des traces d'acide gallique et de bitartrate de potasse sont également présentes.

IODE.

Symbole, I. Poids atomique, 126.

L'iode est principalement préparé à Glasgow, à partir de *varech*, qui est la cendre fondue obtenue en brûlant des algues. Les eaux de l'océan contiennent d'infimes quantités d'iodures de sodium et de magnésium, qui sont séparées et stockées par les tissus en croissance de la plante marine.

Dans la préparation, la liqueur mère de varech est évaporée à sec et distillée avec de l'acide sulfurique ; l'acide iodhydrique libéré en premier est décomposé par la haute température, et les vapeurs d'iode se condensent sous forme de cristaux opaques.

Propriétés. — L'iode a une couleur noir bleuâtre et un éclat métallique ; il tache la peau en jaune et dégage une odeur âcre, comme celle du chlore dilué. Il est extrêmement volatil lorsqu'il est humide, bout à 350° et produit des fumées denses de couleur violette qui se condensent en plaques brillantes. Densité spécifique 4·946. L'iode est très peu soluble dans l'eau, 1 partie nécessitant 7 000 parties pour une solution parfaite ; même cette infime quantité teinte cependant le liquide d'une couleur brune . L'alcool et l'éther le dissolvent plus abondamment, formant des solutions brun foncé. L'iode se dissout également librement dans les solutions d'iodures alcalins, tels que l'iodure de potassium, de sodium et d'ammonium.

chimiques . — L'iode appartient au groupe d'éléments du chlore, caractérisé par la formation d'acides avec l'hydrogène et par une combinaison intensive avec les métaux (voir Chlore). Ils sont cependant relativement indifférents à l'Oxygène, mais aussi les uns aux autres. Les iodures des alcalis et des alcalino-terreux sont solubles dans l'eau ; aussi ceux du fer, du zinc, du cadmium, etc. Les iodures de plomb, d'argent et de mercure sont presque ou tout à fait insolubles.

L'iode possède la propriété de former avec l'amidon un composé de couleur bleu foncé . En utilisant ceci comme test, il faut d'abord libérer l'iode (s'il est combiné) au moyen de chlore ou d'acides nitriques saturés de peroxyde d'azote. La présence d'alcool ou d'éther interfère dans une certaine mesure avec le résultat.

IODURE D'AMMONIUM.

Symbole, NH_4I. Poids atomique, 144.

La préparation et les propriétés de ce sel sont décrites à la page 198 , à laquelle le lecteur est renvoyé.

IODURE DE CADMIUM.

Symbole, CdI . Poids atomique, 182.

Voir page 199 , pour la préparation et les propriétés de ce sel.

IODURE DE FER.

Symbole, FeI . Poids atomique, 154.

L'iodure de fer est préparé en digérant un excès de limaille de fer avec une solution d'iode dans de l'alcool. Il est très soluble dans l'eau et l'alcool, mais la solution absorbe rapidement l'oxygène et dépose du peroxyde de fer ; d'où l'importance de le conserver au contact du Fer métallique, avec lequel l'Iode séparé peut se recombiner. Par une évaporation très soigneuse, on peut obtenir des cristaux hydratés de proto-iodure , mais on ne peut pas se fier à la composition du sel solide habituellement vendu sous ce nom.

Le *périoide* de fer, correspondant au *perchlorure*, n'a pas été examiné, et il est douteux qu'un tel composé existe.

IODURE DE POTASSIUM.

Symbole, KI. Poids atomique, 166.

Ce sel se forme habituellement en dissolvant l'iode dans une solution de potasse jusqu'à ce qu'il commence à acquérir une couleur brune ; il se forme ainsi un mélange d'Iodure de Potassium et *d'Iodate de Potasse* (KO IO$_5$) ; mais par évaporation et chauffage jusqu'au rouge, ce dernier sel se sépare de son oxygène, et se convertit en iodure de potassium.

Propriétés. — Il forme des cristaux cubiques et prismatiques, qui doivent être durs et *très peu ou pas du tout déliquescents*. Soluble dans moins d'un poids égal d'eau à 60° ; il est également soluble dans l'alcool, mais pas dans l'éther. La proportion d'iodure de potassium contenue dans une solution alcoolique saturée varie avec la force de l' alcool : — avec les spiritueux de vin communs, sp. gr. ·836, ce serait environ 8 grains par drachme ; avec de l'alcool rectifié à partir de carbonate de potasse, sp. gr. ·823, 4 ou 5 grains ; avec de l'alcool absolu, 1 à 2 grains. La solution d'iodure de potassium est instantanément colorée en brun par le chlore libre ; aussi très rapidement par le peroxyde d'azote (page 86) ; cependant, les acides ordinaires agissent moins rapidement, l'acide iodhydrique se formant d'abord, puis se décomposant spontanément.

Les impuretés de l'iodure de potassium commercial, avec les moyens à adopter pour leur élimination, sont entièrement indiquées à la page 197.

IODURE D'ARGENT. *Voir* ARGENT, IODURE DE.

IODOFORME.

La composition de cette substance est analogue à celle du chloroforme, l'iode se substituant au chlore. Il est obtenu en faisant bouillir ensemble de l'iode, du carbonate de potasse et de l'alcool.

nacrés jaunes , qui ont une odeur semblable à celle du safran . Il est insoluble dans l'eau, mais soluble dans l'alcool.

FER, PROTOSULFATE DE.

Symbole, FeO SO$_3$ + 7 HO. Poids atomique, 139.

Les propriétés de ce sel et des deux oxydes de fer salifiables sont décrites à la page 29. Il se dissout dans plus d'un poids égal d'eau froide ou dans moins d'eau bouillante.

La solution aqueuse de sulfate de fer absorbe le bioxyde d'azote en acquérant une couleur brun olive foncé : comme ce bioxyde gazeux est lui-même un agent réducteur, le liquide ainsi formé a été proposé comme révélateur plus énergétique que le sulfate de fer seul (?).

FER, PROTONITRATE DE.

Symbole, $FeO\ NO_3 + 7\ HO$. Poids atomique, 153.

Ce sel, par évaporation soigneuse *sous vide* sur l'acide sulfurique, forme des cristaux transparents, de couleur vert clair, et contenant 7 atomes d'eau, comme le protosulfate. Il est extrêmement instable et devient rapidement rouge à cause de la décomposition, à moins d'être préservé du contact avec l'air. La préparation d'une solution de protonitrate de fer pour développer des positifs au collodion est donnée à la page 206.

FER, PERCHLORURE DE.

Symbole, Fe_2Cl_3. Poids atomique, 164.

Il existe deux chlorures de fer, correspondant respectivement en composition au protoxyde et au sesquioxyde. Le protochlorure est très soluble dans l'eau, formant une solution verte qui précipite un protoxyde blanc sale lors de l'ajout d'un alcali. Le perchlorure, par contre, est brun foncé et donne un précipité rouge roux avec les alcalis.

Propriétés. — Le perchlorure de fer peut être obtenu sous forme solide en chauffant du fil de fer avec un excès de chlore ; il se condense sous forme de cristaux bruns brillants et irisés, volatils et se dissolvant dans l'eau, la solution étant acide pour le papier-test. Il est également soluble dans l'alcool, formant la teinture Ferri Sesquichloridi de la Pharmacopée. Le perchlorure de fer commercial contient généralement un excès d'acide chlorhydrique.

TOURNESOL.

Le tournesol est une substance végétale préparée à partir de divers *lichens*, principalement récoltés sur les rochers proches de la mer. La matière colorante est extraite par un procédé particulier, et ensuite transformée en pâte avec de la craie, du plâtre de Paris, etc.

Le tournesol se présente dans le commerce sous la forme de petits cubes d'une fine couleur violette. Lorsqu'on l'utilise pour la préparation de papiers-tests, on le digère dans de l'eau chaude, et des feuilles de papier poreux sont trempées dans le liquide bleu ainsi formé. Les papiers rouges sont d'abord préparés de la même manière, mais ensuite placés dans de l'eau légèrement acidifiée avec de l'acide sulfurique ou chlorhydrique.

MERCURE, BICHLORURE DE.

Symbole, $HgCl_2$. Poids atomique, 274.

Ce sel, également appelé sublimé corrosif, et parfois *chlorure de mercure* (le poids atomique du mercure étant réduit de moitié), peut être formé en chauffant du mercure en excès par rapport au chlore, ou de manière plus économique, en sublimant un mélange de persulfate de mercure et de chlorure de sodium. .

Propriétés. — Sel très corrosif et toxique, habituellement vendu en masses cristallines semi-transparentes ou à l'état de poudre. Soluble dans 16 parties d'eau froide et dans 3 d'eau chaude ; plus abondamment dans l'alcool, et aussi dans l'éther. La solubilité dans l'eau peut être augmentée par l'ajout d'acide chlorhydrique libre ou de chlorure d'ammonium.

Le Protochlorure de Mercure est une poudre blanche insoluble, communément connue sous le nom de *Calomel*.

ALCOOL MÉTHYLIQUE.

Ce liquide, connu aussi sous les noms de *naphta de bois* et *d'alcool pyroxylique*, est l'un des produits volatils de la distillation destructrice du bois. Il est très volatil et limpide, avec une odeur âcre .

En vertu d'un récent règlement d'accise, l'alcool ordinaire mélangé à dix pour cent de naphta de bois est vendu en franchise de droits, sous le nom d'« alcool méthylé ».

LAIT.

Le lait des animaux herbivores contient trois constituants principaux : les matières grasses, la caséine et le sucre ; en outre, de petites quantités de chlorure de potassium et de phosphates de chaux et de magnésie sont présentes.

La matière grasse est contenue dans de petites cellules et forme la plus grande partie de la crème qui monte à la surface du lait au repos ; le lait glacé doit donc être préféré pour un usage photographique.

Le deuxième constituant, la caséine , est un principe organique quelque peu analogue à l'albumine en termes de composition et de propriétés. Cependant sa solution aqueuse ne coagule pas, comme l'albumine, à l'*ébullition* , à moins qu'un *acide* ne soit présent, ce qui enlève probablement une petite partie de l'alcali avec lequel la caséine était auparavant combinée. La substance appelée « présure », qui est l'estomac séché du veau, possède la propriété de coaguler la caséine , mais le mode exact de son action est inconnu. Le vin de Xérès est également couramment employé pour cailler le lait ; mais l'eau-de-vie et autres liquides spiritueux, lorsqu'ils sont exempts de matières acides et astringentes, n'ont aucun effet.

Dans tous ces cas, une partie de la caséine reste habituellement sous forme soluble dans le *lactosérum* ; mais lorsque le lait est coagulé par addition d'acides, la quantité qui en reste est très-petite, et c'est pourquoi l'emploi de la présure est à préférer, puisque la présence de caséine facilite la réduction des sels d'argent sensibles .

La caséine se combine avec l'oxyde d'argent de la même manière que l'albumine, formant un coagulum blanc qui devient *rouge brique* lorsqu'il est exposé à la lumière.

Le sucre du lait, le troisième constituant principal, diffère à la fois du sucre de canne et du sucre de raisin ; il peut être obtenu par évaporation *du lactosérum* jusqu'à ce que la cristallisation commence à se produire. C'est dur et granuleux, et seulement légèrement sucré ; se dissout lentement, sans former de sirop, dans environ deux parties et demie d'eau bouillante et six d'eau froide. Il ne fermente pas et ne forme pas d'alcool lors de l'ajout de levure, comme le sucre de raisin, mais par l'action de la *matière animale en décomposition,* il est converti en acide lactique.

Lorsque le lait écrémé est exposé à l'air pendant quelques heures, il devient graduellement *aigre* , à cause de l'acide lactique ainsi formé ; et si on la chauffe ensuite jusqu'à ébullition, la caséine coagule très-parfaitement.

ACIDE NITRIQUE.

Symbole, NON_5 . Poids atomique, 54.

L'acide nitrique, ou *Aqua-fortis* , est préparé en ajoutant de l'acide sulfurique au nitrate de potasse et en distillant le mélange dans une cornue. Il se forme du sulfate de potasse et de l'acide nitrique libre, lequel, étant volatil, distille en combinaison avec un atome d'eau préalablement uni à l'acide sulfurique .

Propriétés. — L'acide nitrique anhydre est une substance solide, blanche et cristalline, mais elle ne peut être préparée que par un procédé coûteux et compliqué.

L' acide nitrique *liquide concentré* contient 1 atome d'eau et possède un sp. gr. d'environ 1,5 ; s'il est parfaitement pur, il est incolore , mais il a habituellement une légère teinte jaune, par décomposition partielle en peroxyde d'azote : il fume fortement dans l'air.

La force de l'acide nitrique commercial est sujette à de nombreuses variations. Un acide de sp. gr. 1,42, contenant environ 4 atomes d'eau, est couramment rencontré . Si la densité est bien inférieure à celle-ci (inférieure à 1,36), elle ne sera guère adaptée à la préparation de la Pyroxyline . L' *acide nitreux* jaune, ainsi appelé, est un acide nitrique fort partiellement saturé des vapeurs brunes du peroxyde d'azote ; il a une densité élevée, mais celle-ci est quelque peu trompeuse, car elle est causée en partie par la présence du peroxyde. Lors du mélange avec l'acide sulfurique, la couleur disparaît et il se forme un composé appelé *sulfate d'acide nitreux*.

En annexe, un tableau est donné qui présente la quantité d'acide nitrique anhydre réel contenue dans des échantillons de différentes densités.

chimiques. — L'acide nitrique est un puissant oxydant (voir [page 13](#)) ; il dissout tous les métaux communs, à l'exception de l'Or et du Platine. Les substances animales, comme la cuticule, les ongles, etc., sont teintées d'une couleur jaune permanente et profondément corrodées par une application prolongée. L'acide nitrique forme une grande classe de sels, *tous solubles dans l'eau*. Sa présence ne peut donc être déterminée par aucun réactif précipitant, de la même manière que celle de l'acide chlorhydrique et sulfurique.

Impuretés de l'acide nitrique commercial. — Il s'agit principalement du chlore et de l'acide sulfurique ; aussi le peroxyde d'azote, qui teinte le jaune acide, comme déjà décrit. Le chlore se détecte en diluant l'acide avec une quantité égale d'eau distillée et en ajoutant quelques gouttes de nitrate d'argent, un *laiteux*, qui est du chlorure d'argent en suspension, indique la présence de chlore. Lors du test de l'acide sulfurique, diluez l'acide nitrique comme auparavant et déposez-y *une seule goutte* de solution de chlorure de baryum ; si l'acide sulfurique est présent, il se formera un précipité insoluble de sulfate de baryte.

ACIDE NITRUEUX. *Voir* [ARGENT, NITRITE DE](#).

NITRATE DE POTASSE.

Symbole, $KO NO_5$. Poids atomique, 102.

Ce sel, appelé aussi *Nitre* ou *Salpêtre*, est un produit naturel abondant qu'on trouve en efflorescence sur le sol dans certaines parties des Indes orientales. Il est également produit artificiellement dans ce qu'on appelle des lits de nitre.

Les propriétés du nitrate de potasse sont décrites autant que nécessaire à [la page 190](#).

NITRATE DE BARYTE.

Symbole, $BaO NO_5$. Poids atomique, 131.

Le nitrate de baryte forme des cristaux octaédriques anhydres. Il est considérablement moins soluble que le chlorure de baryum, nécessitant 12 parties d'eau froide et 4 parties d'eau bouillante pour la solution. Il peut remplacer le nitrate de plomb dans la préparation du protonitrate de fer.

NITRATE DE PLOMB.

Symbole, PbO NO$_5$. Poids atomique, 166.

Le nitrate de plomb est obtenu en dissolvant le métal, ou l'oxyde de plomb, en *excès* d'acide nitrique, dilué avec 2 parties d'eau. Il cristallise par évaporation en tétraèdres et octaèdres blancs anhydres, durs et décrépités au chauffage ; ils sont solubles dans 8 parties d'eau à 60°.

Le nitrate de plomb forme avec l'acide sulfurique ou les sulfates solubles un précipité blanc qui est le sulfate de plomb insoluble. L' *iodure* de plomb est également très peu soluble dans l'eau.

NITRATE D'ARGENT, *Voir* ARGENT, NITRATE OU.

NITRO-GLUCOSE.

Lorsque 3 onces liquides d'acide nitro- sulfurique froid, composé de 2 onces d'huile de vitriol et 1 once d'acide nitrique hautement concentré, sont mélangées avec 1 once de sucre de canne finement pulvérisé, il se forme d'abord une fine couche transparente et pâteuse. masse. Si on l'agite avec une tige de verre pendant quelques minutes sans interruption, la pâte coagule pour ainsi dire et se sépare du liquide comme une masse épaisse et tenace, s'agrégeant en grumeaux, qui peuvent être facilement retirés du mélange acide.

Cette substance a un goût très acide et intensément amer. Pétri dans l'eau tiède jusqu'à ce que ce dernier ne rousisse plus le papier de tournesol, il acquiert une couleur argentée et un bel éclat soyeux . Il peut être utilisé en photographie pour conférer de l'intensité au collodion nouvellement mélangé ; mais il est inférieur à la Glycyrrhizine employée dans le même but.

ACIDE NITRO-CHLORHYDRIQUE.

Symbole, NO$_4$ + Cl.

Ce liquide est l'Aqua-Regia des anciens alchimistes. Il est produit en mélangeant les acides nitrique et chlorhydrique : l'oxygène contenu dans le premier se combine avec l'hydrogène du second, formant de l'eau et libérant du chlore, ainsi :

$$NO_5 + HCl = NO_4 + HO + Cl.$$

La présence de chlore libre confère au mélange le pouvoir de dissoudre l'or et le platine, qu'aucun des deux acides ne possède séparément. Dans la préparation de l'Aqua-Regia, il est habituel de mélanger une partie, par mesure, d'acide nitrique avec quatre parties d'acide chlorhydrique, et de diluer avec une quantité égale d'eau. L'application d'une chaleur douce facilite la dissolution du métal ; mais si la température s'élève jusqu'au point d'ébullition, il se produit une violente effervescence et un échappement de chlore.

ACIDE NITRO-SULFURIQUE.

Pour la chimie de ce liquide acide, voir page 77.

OXYGÈNE.

Symbole, O. Poids atomique, 8.

L'oxygène gazeux peut être obtenu en chauffant le nitrate de potasse jusqu'au rouge, mais dans ce cas, il est contaminé par une partie de l'azote. Le sel appelé chlorate de potasse (dont la composition est étroitement analogue à celle du nitrate, le chlore étant substitué à l'azote) produit une abondance d'oxygène pur lors de l'application de chaleur, laissant derrière lui du chlorure de potassium.

chimiques . — L'oxygène se combine volontiers avec de nombreux éléments chimiques, formant des oxydes. Cette affinité chimique n'est cependant pas bien visible lorsque le corps élémentaire est exposé à l'action de *l'oxygène sous forme gazeuse* . C'est l' oxygène *naissant* qui agit le plus puissamment comme oxydant. Par Oxygène naissant, on entend l'Oxygène sur le point de se séparer des autres atomes élémentaires auxquels il était auparavant associé ; on peut alors le considérer comme étant sous forme liquide, et donc entrer plus parfaitement en contact avec les particules du corps à oxyder.

Les illustrations de l'énergie chimique supérieure de l'oxygène naissant sont nombreuses, mais aucune n'est peut-être plus frappante que l'influence oxydante douce et graduelle exercée par l'air atmosphérique, comparée à l'action violente de l'acide nitrique et des corps de cette classe qui contiennent de l'oxygène vaguement combiné.

OXYMEL.

Ce sirop de Miel et Vinaigre se prépare comme suit. Prendre de

Chéri	1 livre.
Acide, acétique, fort . (Acide de Beaufoy)	11 drachmes.
Eau	13 drachmes.

Placez la marmite contenant le miel dans l'eau bouillante jusqu'à ce qu'une écume remonte à la surface, qui doit être éliminée deux ou trois fois. Ajoutez ensuite l'acide acétique et l'eau, et écumer à nouveau si nécessaire. Laissez refroidir et il sera prêt à l'emploi.

POTASSE.

Symbole, KO + HO. Poids atomique, 57.

La potasse est obtenue en séparant l'acide carbonique du carbonate de potasse au moyen de chaux caustique. La chaux est une base plus faible que la potasse, mais le carbonate de chaux, étant *insoluble* dans l'eau, se forme aussitôt en ajoutant du lait de chaux à une solution de carbonate de potasse (voir page 314).

Propriétés. — On les rencontre habituellement sous forme de morceaux solides, ou de bâtonnets cylindriques, qui se forment en faisant fondre la potasse et en la coulant dans un moule. Il contient toujours un atome d'eau qui ne peut être chassé par l'application de chaleur.

La potasse est presque entièrement soluble dans l'eau et dégage beaucoup de chaleur. La solution est puissamment alcaline (p. 308) et agit rapidement sur la peau ; il dissout les corps gras et résineux et les transforme en savons. La solution de potasse absorbe rapidement l'acide carbonique de l'air et doit donc être conservée dans des flacons bouchés ; les bouchons de verre doivent être essuyés de temps en temps, afin d'éviter qu'ils ne se fixent de manière inamovible par l'action dissolvante de la potasse sur la silice du verre.

La Liqueur Potasse de la Pharmacopée de Londres possède un sp. gr. de 1,063, et contient environ 5 pour cent de potasse réelle. Il est généralement contaminé par *du carbonate* de potasse, ce qui le fait effervescence lors de l'ajout d'acides ; aussi, dans une moindre mesure, avec du sulfate de potasse, du chlorure de potassium, de la silice, etc.

POTASSE, CARBONATE DE.

Symbole KO CO$_2$. Poids atomique, 70.

Le carbonate de potasse impur, appelé *Pearlash*, est obtenu à partir des cendres de bois et de matières végétales, de la même manière que le carbonate de soude est préparé à partir des cendres d'algues. Les sels de Potasse et de Soude paraissent essentiels à la végétation, et sont absorbés et rapprochés par les tissus vivants de la plante. Ils existent dans la structure végétale, combinés avec des acides organiques sous forme de sels, comme l'oxalate, le tartrate, etc., qui, une fois brûlés, se transforment en carbonates.

Propriétés. — Le Pearlash du commerce contient des quantités grandes et variables de chlorure de potassium, de sulfate de potasse, etc. On vend un carbonate plus pur, exempt de sulfates et avec seulement une trace de chlorures. Le carbonate de potasse est un sel fortement alcalin, déliquescent et soluble dans deux fois son poids d'eau froide ; insoluble dans l'alcool, et employé pour le priver d'eau (voir page 196).

ACIDE PYROGALLIQUE.

Symbole, $C_8H_4O_4$ (Stenhouse). Poids atomique, 84.

La chimie de l'acide pyrogallique a été décrite à la page 28.

SEL D'OR. *Voir* OR, HYPOSULFITE DE.

ARGENT.

Symbole, Ag. Poids atomique, 108.

Ce métal, la *Lune* ou *Diane* des alchimistes, se trouve originaire du Pérou et du Mexique ; on le trouve aussi sous forme de sulfure d'argent.

Lorsqu'il est pur, il a un sp. gr. de 10,5, et est très malléable et ductile ; fond à une chaleur rouge vif. L'argent ne s'oxyde pas dans l'air, mais lorsqu'il est exposé à une atmosphère impure contenant des traces d'hydrogène sulfuré, il se ternit lentement à cause de la formation de sulfure d'argent. Il se dissout dans l'acide sulfurique, mais le meilleur solvant est l'acide nitrique.

La pièce standard du royaume est un alliage d'argent et de cuivre, contenant environ un onzième de ce dernier métal.

Pour en préparer du nitrate d'argent pur, dissolvez-le dans de l'acide nitrique et évaporez-le jusqu'à l'obtention de cristaux. Lavez ensuite les cristaux avec un peu d'acide nitrique dilué, redissolvez-les dans l'eau et cristallisez une seconde fois par évaporation. Enfin, faire fondre le produit à feu modéré, afin d'expulser les dernières traces d'acides nitrique et nitreux.

ARGENT, AMMONIO-NITRATE DE.

Le nitrate d'argent cristallisé absorbe rapidement le gaz ammoniacal, avec une production de chaleur suffisante pour faire fondre le composé résultant, qui est blanc et se compose de 100 parties de nitrate + 29,5 d'ammoniac. Cependant le composé que les Photographes emploient sous le nom d'Ammonio-Nitrate d'Argent peut être considéré plus simplement comme une solution de l'Oxyde d'Argent dans l'Ammoniaque, sans référence au Nitrate d'Ammoniaque nécessairement produit dans la réaction.

L'ammoniac très fort, en agissant sur l'oxyde d'argent, le convertit en une poudre noire, appelée *argent fulminant*, qui possède les propriétés explosives les plus dangereuses. Sa composition est incertaine. En préparant l'ammonio-nitrate d'argent par le procédé commun, l'oxyde d'abord précipité laisse occasionnellement derrière lui un peu de poudre noire, lors de la remise en solution ; celui-ci ne paraît cependant pas, d'après les observations de l'Auteur, être de l'Argent Fulminant.

En sensibilisant le papier salé par l' Ammonio -Nitrate d'Argent, il se forme nécessairement *de l'Ammoniaque libre* . Ainsi-

Chlorure d'Ammonium + Oxyde d'argent dans l'ammoniac

= Chlorure d'argent + Ammoniac + Eau.

ARGENT, OXYDE DE.

Symbole, AgO . Poids atomique, 116.

Ce composé a déjà été décrit dans la partie I., page 17 .

ARGENT, CHLORURE DE.

Symbole, AgCl. Poids atomique, 144.

La préparation et les propriétés du chlorure d'argent sont données dans la partie I. page 14 .

ARGENT, BROME DE.

Symbole, AgBr . Poids atomique, 186.

Voir Partie I. page 17 .

ARGENT, CITRATE DE. *Voir* ACIDE CITRIQUE .

ARGENT, IODURE DE.

Symbole, AgI . Poids atomique, 234.

Voir Partie I. page 16 .

ARGENT, FLUORURE DE.

Symbole, AgF . Poids atomique, 127.

Ce composé diffère de ceux décrits en dernier lieu par sa solubilité dans l'eau. Le sel sec fond lorsqu'il est chauffé et est réduit par une température plus élevée ou par une exposition à la lumière.

ARGENT, SULFURE DE.

Symbole, AgS . Poids atomique, 124.

Ce composé se forme par l'action du soufre sur l'argent métallique, ou de l'hydrogène sulfuré ou de l'hydrosulfate d'ammoniaque sur les sels d'argent ; la décomposition de l'hyposulfite d'argent fournit aussi le sulfure noir.

Le sulfure d'argent est insoluble dans l'eau, et à peu près aussi dans les substances qui dissolvent le chlorure, le bromure et l'iodure, telles que l'ammoniaque, les hyposulfites , les cyanures, etc. ; mais il se dissout dans l'acide nitrique, se transformant en sulfate et nitrate d'argent solubles. (Pour un compte rendu plus détaillé des propriétés du sulfure d'argent, voir page 146.)

ARGENT, NITRATE DE.

Symbole, AgO NO$_5$. Poids atomique, 170.

La préparation et les propriétés de ce sel ont été expliquées aux pages 12 et 362.

ARGENT, NITRITE DE.

Symbole, AgO NO$_3$. Poids atomique, 154.

Le nitrite d'argent est un composé d'acide nitreux, ou NO$_3$, et d'oxyde d'argent. Il se forme en chauffant le nitrate d'argent, de manière à chasser une partie de son oxygène, ou plus commodément, en mélangeant le nitrate d'argent et le nitrite de potasse à parts égales, en fondant fortement et en se dissolvant dans une petite quantité d'eau bouillante : en refroidissant, le nitrite cristallise et peut être purifié en le pressant dans du papier buvard. M. Hadow décrit une méthode économique pour préparer du nitrite d'argent en quantité, à savoir. en chauffant 1 partie d'amidon dans 8 d'acide nitrique de densité 1,25, et en conduisant les gaz dégagés dans une solution de carbonate de soude pur jusqu'à ce que l'effervescence ait cessé. Le nitrite de soude ainsi formé est ensuite ajouté au nitrate d'argent de la manière habituelle.

Propriétés. — Le nitrite d'argent est soluble dans 120 parties d'eau froide ; facilement soluble dans l'eau bouillante et cristallise, en refroidissant, en longues aiguilles minces. Il a un certain degré d'affinité pour l'oxygène, et tend à passer à l'état de nitrate d'argent ; mais il est probable que ses propriétés photographiques dépendent davantage d'une décomposition du sel et d'une libération d'acide nitreux.

Propriétés de l'acide nitreux. — Cette substance possède des propriétés acides très faibles, ses sels étant décomposés même par l'acide acétique. C'est un corps instable qui se décompose, au contact de l'eau, en binoxyde d'azote et en acide nitrique. Le peroxyde d'azote NO$_4$ est également décomposé par l'eau et donne les mêmes produits.

ARGENT, ACÉTATE DE.

Symbole, AgO (C$_4$H$_3$O$_3$). Poids atomique, 167.

C'est un sel difficilement soluble, déposé en cristaux lamellaires lorsqu'on ajoute un acétate à une solution forte de nitrate d'argent. Si l'on emploie de l'*acide acétique à la place d'un acétate, l'acétate d'argent ne tombe pas si facilement, puisque l'acide nitrique qui se dégagerait alors empêche la décomposition.* Ses propriétés ont été suffisamment décrites à la page 89.

ARGENT, HYPOSULFITE DE.

Symbole, AgO S $_2$ O $_2$. Poids atomique, 164.

Ce sel est entièrement décrit dans la partie I. page 129 . Pour les propriétés du sel double soluble d' Hyposulfite d'Argent et d'Hyposulfite de Soude, voir page 43 .

SUCRE DE LAIT. *Voir* LAIT.

HYDROGÈNE SULFURÉ. *Voir* ACIDE HYDROSULFURIQUE .

ACIDE SULFURIQUE.

Symbole, SO $_3$. Poids atomique, 40.

sulfurique peut être formé en oxydant le soufre avec de l'acide nitrique bouillant ; mais ce plan serait trop coûteux pour être adopté à grande échelle. Le procédé commercial de fabrication de l'acide sulfurique est extrêmement ingénieux et beau, mais il implique des réactions trop compliquées pour admettre une explication superficielle. Le soufre est d'abord brûlé en acide sulfureux gazeux (SO $_2$), puis, par l'intermédiaire du bioxyde d'azote gazeux, un atome supplémentaire d'oxygène est extrait de l'atmosphère, de manière à convertir le SO $_2$ en SO $_3$, ou acide sulfurique . .

Propriétés. — L'acide sulfurique anhydre est un solide cristallin blanc. L'acide liquide le plus fort contient toujours un atome d'eau, qui lui est étroitement associé et ne peut être chassé par l'application de chaleur.

Ce *mono-hydraté* L'acide sulfurique , représenté par la formule HO SO $_3$, est un fluide dense, ayant une densité d'environ 1,845 ; bout à 620° et distille sans décomposition. Il n'est pas volatil aux températures courantes et ne dégage donc pas *de fumée* de la même manière que l'acide nitrique ou chlorhydrique. L'acide concentré peut même être refroidi jusqu'à zéro sans se solidifier ; mais un composé plus faible, contenant deux fois plus d'eau, et appelé *glaciaire* L'acide sulfurique cristallise à 40° Fahr . L'acide sulfurique est intensément acide et caustique, mais il ne détruit pas la peau et ne dissout pas les métaux aussi facilement que l'acide nitrique. Il a une attraction énergétique pour l'eau, et lorsque les deux sont mélangés, il se produit de la condensation et il se dégage beaucoup de chaleur ; quatre parties d'acide et une d'eau produisent une température égale à celle de l'eau bouillante. Mélangé avec de l'acide nitrique aqueux, il forme le composé connu sous le nom d'acide nitro-sulfurique .

sulfurique possède des pouvoirs chimiques intenses et déplace la plupart des acides ordinaires de leurs sels. Il *carbonise* les substances organiques en éliminant les éléments de l'eau et convertit l'alcool en éther de la même manière. La *concentration* d'un échantillon donné d' acide sulfurique peut être calculée presque à partir de sa densité, et un tableau est donné par le Dr Ure à cet effet. (Voir l'annexe.)

Impuretés du sulfurique commercial Acide. — L'acide liquide vendu sous le nom d'huile de vitriol est de composition assez constante et semble aussi bien adapté à l'usage photographique que l' *acide pur*. L'acide sulfurique, qui est beaucoup plus cher. La densité doit être d'environ 1,836 à 60°. Si une goutte évaporée sur une feuille de platine donne un résidu fixe, il est probable qu'il y ait du bisulfate de potasse. Un caractère laiteux, à la dilution, indique du Sulfate de Plomb (voir page 186).

Test de sulfurique Acide. — Si la présence d' acide sulfurique ou d'un sulfate soluble est suspectée dans un liquide, on la recherche en ajoutant quelques gouttes d'une solution diluée de chlorure de baryum ou de nitrate de baryte. Un précipité blanc, *insoluble dans l'acide nitrique*, indique l'acide sulfurique. Si le liquide à tester est très acide, provenant de l'acide nitrique ou chlorhydrique, il doit être largement dilué avant le test, sinon un précipité cristallin se formera, causé par la solubilité modérée du chlorure de baryum lui-même dans les solutions acides.

ACIDE SULFUREUX.

Symbole, SO_2. Poids atomique, 32.

Il s'agit d'un composé gazeux, formé en brûlant du Soufre dans l'air atmosphérique ou de l'Oxygène gazeux : également en chauffant de l'Huile de Vitriol en contact avec du Cuivre métallique, ou avec du Charbon.

Lorsqu'un acide de quelque nature que ce soit est ajouté à l'hyposulfite de soude, l'acide sulfureux se forme comme produit de la décomposition de l'acide hyposulfureux, mais il disparaît ensuite du liquide par une réaction secondaire, entraînant la production de trithionate et de tétrathionate de soude.

Propriétés. — L'acide sulfureux possède une odeur particulière et suffocante, familière à tous dans les fumées du soufre brûlant. C'est un acide faible, et il s'échappe avec effervescence, comme l'acide carbonique, quand ses sels sont traités avec de l'huile de vitriol. Il est soluble dans l'eau.

ACIDE TÉTRATHIONIQUE.

Symbole, S_4O_5. Poids atomique, 104.

La chimie des acides polythioniques et de leurs sels sera décrite dans la première partie de cet ouvrage, page 157 .

EAU.

Symbole, HO. Poids atomique, 9.

L'eau est un oxyde d'hydrogène contenant des atomes uniques de chacun des gaz.

L'eau distillée est de l'eau qui a été vaporisée puis à nouveau condensée ; on le débarrasse ainsi des impuretés terreuses et salines qui, n'étant pas volatiles, restent dans le corps de la cornue. L'eau distillée *pure* ne laisse aucun résidu à l'évaporation, et doit rester parfaitement claire lors de l'addition de nitrate d'argent, *même exposée à la lumière* ; il doit également être neutre par rapport au papier test.

L'eau condensée des chaudières à vapeur vendue comme eau distillée est susceptible d'être contaminée par des matières huileuses et empyreumatiques qui décolorent le nitrate d'argent et sont donc nocives.

L'eau de pluie, ayant subi un processus naturel de distillation, est exempte de sels inorganiques, mais elle contient généralement une infime partie d'*ammoniac*, ce qui lui donne une réaction alcaline au papier test. Il est très bon à des fins photographiques s'il est collecté dans des récipients propres, mais lorsqu'il est prélevé dans un réservoir d'eau de pluie commun, il doit toujours être examiné, et s'il y a beaucoup de matière organique, la teintant d'une couleur brune et lui conférant une odeur désagréable, elle doit être rejeté.

de source ou *de rivière*, communément appelée « eau dure », contient généralement du sulfate de chaux et du carbonate de chaux dissous dans de l'acide carbonique ; aussi du chlorure de sodium en plus ou moins grande quantité. En faisant bouillir l'eau, il se dégage du gaz acide carbonique et la plus grande partie du carbonate de chaux (s'il y en a) se dépose, formant une incrustation terreuse sur la chaudière.

Lors de l'analyse de l'eau pour les sulfates et les chlorures, acidifiez une partie avec quelques gouttes d'acide nitrique *pur*, sans chlore (si cela n'est pas disponible, utilisez de l'acide acétique pur) ; puis divisez-le en deux parties, et ajoutez à la première une solution *diluée* de chlorure de baryum, et à la seconde du nitrate d'argent ; un laitage indique la présence de sulfates dans le premier cas ou de chlorures dans le second. Le *bain de nitrate photographique* ne peut pas être utilisé comme test, car l'iodure d'argent qu'il contient précipite lors de la dilution, donnant un aspect laiteux qui pourrait être confondu avec du chlorure d'argent.

L'eau dure ordinaire peut souvent être utilisée pour préparer un bain de nitrate lorsqu'il n'y a rien de mieux à portée de main. Les chlorures qu'il contient sont précipités par le nitrate d'argent, laissant en solution *des nitrates solubles* qui ne sont pas nocifs. Le carbonate de chaux, s'il y en a, neutralise l'acide nitrique libre, rendant le bain alcalin de la même manière que le carbonate de soude. (Voir page 89.) Le sulfate de chaux, habituellement présent dans l'eau de puits, est censé exercer une action retardatrice sur les sels d'argent sensibles, mais sur ce point l'auteur est incapable de donner certaines informations.

L'eau dure n'est souvent pas suffisamment pure pour les fluides en développement. Le chlorure de sodium qu'il contient décompose le nitrate d'argent sur la pellicule, et l'image ne peut pas être parfaitement rendue. L'*eau de la New River*, cependant, fournie à de nombreuses parties de Londres, est presque exempte de chlorures et répond très bien. Dans d'autres cas, on peut ajouter quelques gouttes de solution de nitrate d'argent pour séparer le chlore, en prenant soin de ne pas en utiliser un trop grand excès.

ANNEXE.

TESTS QUANTITATIFS DE SOLUTIONS DE NITRATE D'ARGENT.

La quantité de nitrate d'argent contenue dans les solutions de ce sel peut être estimée avec suffisamment de délicatesse pour les opérations photographiques ordinaires, par le procédé simple suivant.

Prenez le chlorure de sodium *pur* cristallisé, et ou séchez-le fortement, ou faites-le fondre à feu modéré, afin de chasser l'eau qui pourrait être retenue entre les interstices des cristaux ; puis dissoudre dans de l'eau distillée, dans la proportion de 8½ grains pour 6 onces liquides.

Il se forme ainsi une solution étalon de sel dont chaque drachme (contenant un peu plus d'un sixième de grain de sel) précipitera exactement un demi-grain de nitrate d'argent.

Pour l'utiliser, mesurez avec précision une drachme de Bain dans une mesure minimale et placez-la dans une fiole bouchée de deux onces, en prenant soin de rincer la mesure avec une drachme d'eau distillée, qui sera ajoutée au ancien; puis versez la solution saline, dans la proportion d'une drachme pour chaque 4 grains de nitrate *connu pour être présent* dans une once du bain qui doit être testé ; agiter vivement le contenu du flacon, jusqu'à ce que le caillé blanc soit parfaitement séparé et que le liquide surnageant soit clair et incolore ; puis ajoutez de nouvelles portions de la solution étalon, par 30 minimes à la fois, en agitant constamment. Lorsque la dernière addition ne donne pas *de lait*, lisez le nombre total de drachmes employées (la dernière demi-drachme étant soustraite), et multipliez ce nombre par 4 pour le poids en grains de nitrate d'argent présent dans une once de bain.

De cette manière, la force du bain est indiquée à deux grains près par once, ou même à un seul grain si les derniers ajouts de solution saline étalon se font par portions de 15, au lieu de 30 minimes.

En supposant que le bain à tester contienne environ 35 grains de nitrate par once, il conviendra de commencer par ajouter au drachme mesuré, 7 *drachmes* de la solution étalon ; ensuite, à mesure que le lait et la précipitation deviennent moins marqués, il faut continuer l'opération avec plus de précaution, et secouer violemment la bouteille pendant plusieurs minutes, afin d'obtenir une solution claire. Quelques gouttes d'acide nitrique ajoutées au nitrate d'argent facilitent le dépôt du chlorure ; mais il faut veiller à ce que l'échantillon d'acide nitrique employé soit pur et exempt de chlore, dont la présence provoquerait une erreur.

RÉCUPÉRATION DE L'ARGENT À PARTIR DES SOLUTIONS DE DÉCHETS,— DU DÉPÔT NOIR DES HYPO-BAINS, ETC.

La manière de séparer l'argent métallique des solutions usagées varie en fonction de la présence ou de l'absence d' hyposulfites et de cyanures alcalins.

un. *Séparation de l'argent métallique des anciens bains de nitrate.* — L'argent contenu dans les solutions de nitrate, d'acétate, etc. peut être facilement précipité en suspendant une bande de cuivre en feuille dans le liquide ; l'action se complète en deux ou trois jours, la totalité de l'acide nitrique et de l'oxygène passant au cuivre, et formant une solution bleue de nitrate de cuivre. Cependant l'argent métallique, séparé de cette manière, contient toujours une portion de cuivre , et donne une solution bleue lorsqu'il est dissous dans l'acide nitrique.

Un meilleur procédé consiste à commencer par précipiter l'argent entièrement sous forme de *chlorure d'argent* , en ajoutant du sel commun jusqu'à ce qu'aucun autre lait ne puisse être produit. Si le liquide est bien agité, le chlorure d'argent coule au fond et peut être lavé en remplissant à plusieurs reprises le récipient avec de l'eau commune et en versant la partie supérieure claire lorsque les caillots se sont de nouveau déposés. Le chlorure d'argent ainsi formé peut ensuite être réduit en argent métallique par un procédé qui sera décrit ci-après (p. 374).

b. *Séparation de l'argent des solutions contenant des hyposulfites alcalins , des cyanures ou des iodures.* — Dans ce cas, l'argent ne peut être précipité en ajoutant du chlorure de sodium, puisque le chlorure d'argent est soluble dans de tels liquides. Il faut donc utiliser l'hydrogène sulfuré, ou hydrosulfate d'ammoniaque, et séparer l'argent sous forme de sulfure.

L'hydrogène gazeux sulfuré est facilement préparé, en installant un bouchon et un tube flexible sur le goulot d'une bouteille d'une pinte, et en y introduisant du sulfure de fer (vendu par les chimistes à cet effet), à peu près autant qu'il en tient dans la paume de la main. , en versant dessus 1½ once liquide d'huile de vitriol diluée avec 10 onces d'eau. Le gaz est généré progressivement sans application de chaleur et doit pouvoir bouillonner à travers le liquide dont l'argent doit être séparé. L'odeur de l'hydrogène sulfuré étant désagréable, et très toxique si on l'inhale sous forme concentrée, l'opération doit être faite à l'air libre, ou dans un endroit où les vapeurs peuvent s'échapper sans causer de dommage.

Lorsque le liquide commence à acquérir une odeur forte et persistante d'hydrogène sulfuré, la précipitation du sulfure est terminée. La masse noire doit ensuite être recueillie sur un filtre et lavée en y versant de l'eau, jusqu'à ce que le liquide qui s'écoule ne donne que peu ou pas de précipité avec une goutte de nitrate d'argent.

On peut aussi séparer l'argent sous forme de sulfure des anciens hypo-bains, en ajoutant de l'huile de vitriol en quantité suffisante pour décomposer l'hyposulfite de soude ; et brûler le soufre libre du dépôt brun.

Conversion du sulfure d'argent en argent métallique. — Le sulfure d'argent noir peut être réduit à l'état de métal par grillage et fusion ultérieure avec du carbonate de soude ; mais il est plus commode, en opérant sur une petite échelle, de procéder de la manière suivante : convertir d'abord le sulfure en nitrate d'argent, en le faisant bouillir avec de l'acide nitrique dilué avec deux parties d'eau ; lorsque tout dégagement de fumées rouges a cessé, le liquide peut être dilué, laissé refroidir et filtré de la partie insoluble, qui consiste principalement en soufre, mais contient également un mélange de chlorure et de sulfure d'argent, à moins que l'acide nitrique employé ne soit sans chlore ; ce précipité peut être chauffé pour volatiliser le soufre, puis digéré avec de l'hyposulfite de soude, ou ajouté à l'hypo-bain.

La solution de nitrate d'argent, obtenue en dissolvant le sulfure d'argent, est toujours fortement acide avec l'acide nitrique, et contient aussi *du sulfate* d'argent. Il peut être cristallisé par évaporation ; mais à moins que la quantité de matière opérée ne soit grande, il vaudra mieux précipiter l'argent sous forme de chlorure, en ajoutant du sel commun, comme déjà recommandé.

RÉDUCTION DU CHLORURE D'ARGENT À L'ÉTAT MÉTALLIQUE.

Le chlorure d'argent doit d'abord être soigneusement lavé, en remplissant plusieurs fois d'eau le récipient qui le contient, et en versant le liquide, ou en l'aspirant avec un siphon. On peut ensuite le sécher à feu doux et le fondre avec deux fois son poids de carbonate de potasse sec, ou mieux encore, avec un mélange de carbonates de potasse et de soude.

Le procédé pour réduire le chlorure d'argent par voie humide, par le zinc métallique et l'acide sulfurique, est plus économique et moins gênant que celui que nous venons d'indiquer ; on la conduit de la manière suivante : Le chlorure, après avoir été bien lavé comme auparavant, est placé dans un grand plat plat, et une barre de zinc métallique est mise en contact avec lui. Une petite quantité d'huile de vitriol, diluée avec quatre parties d'eau, est ensuite ajoutée, jusqu'à ce qu'une légère effervescence de gaz hydrogène se produise. Le récipient est mis de côté pendant deux ou trois jours et ne doit être dérangé ni en remuant ni en remuant la barre. La réduction commence avec le chlorure immédiatement en contact avec le zinc et rayonne dans toutes les directions. Lorsque toute la masse est devenue grise, la barre doit être soigneusement retirée et l'argent adhérent lavé avec un courant d'eau ; le zinc présente ordinairement un aspect alvéolé, avec des irrégularités à la surface, qui cependant ne sont pas de l'argent métallique ; — ils sont constitués uniquement de zinc ou d'oxyde de zinc.

Afin de garantir la pureté de l'Argent, il faudra procéder à un nouvel ajout d' Acide Sulfurique , après avoir retiré la barre de Zinc et poursuivi la digestion pendant plusieurs heures, afin de dissoudre les fragments de Zinc métallique qui auraient pu être involontairement introduits. détaché. La poudre grise doit être lavée à plusieurs reprises, d'abord avec de l'acide sulfurique et de l'eau (cela est nécessaire pour dissoudre une partie d'un sel de zinc insoluble, probablement un oxychlorure) et ensuite avec de l'eau seule, jusqu'à ce que le liquide s'écoule *neutre* et ne donne aucun précipité. avec Carbonate de Soude ; il peut ensuite être fondu en un bouton, pour brûler la matière organique si présente, puis converti en nitrate d'argent par ébullition avec de l'acide nitrique dilué avec deux parties d'eau.

En réducteur de chlorure d'argent précipité dans d'anciens bains de nitrate *contenant de l'iodure d'argent* , la poudre métallique grise est quelquefois contaminée par de l'iodure d'argent non réduit, qui se dissout dans la solution de nitrate d'argent formée en traitant la masse avec de l'acide nitrique. Pour éviter cela, lavez l'argent purifié avec une solution d' hyposulfite de soude, puis à nouveau avec de l'eau.

MODE DE PRISE DE LA GRAVITE SPECIFIQUE DES LIQUIDES.

Des instruments sont vendus, appelés « hydromètres », qui indiquent la densité spécifique selon la mesure dans laquelle une ampoule en verre contenant de l'air et correctement équilibrée s'élève ou s'enfonce dans le liquide ; mais un procédé plus précis et tout aussi simple consiste à utiliser la bouteille à densité spécifique.

Ces bouteilles sont conçues pour contenir exactement 1000 grains d'eau distillée, et chacune est vendue avec *un poids en laiton* , qui le contrebalance lorsqu'il est rempli d'eau pure.

En prenant la densité d'un liquide, on remplit complètement le flacon et on insère le bouchon qui, percé d'un fin tube capillaire, permet à l'excédent de s'échapper. Puis, après avoir essuyé la bouteille bien à sec, placez-la dans la balance, et vérifiez le nombre de grains nécessaires pour produire l'équilibre ; ce nombre ajouté ou soustrait à *l'unité* (la densité spécifique supposée de l'eau) donnera la densité du liquide.

Ainsi, pour prendre des exemples, en supposant que la bouteille remplie d' *éther rectifié* ait besoin de 250 grains pour lui permettre de contrebalancer le poids du laiton, — alors 1 · *moins* · 250, ou · 750, est la densité spécifique ; mais dans le cas de *l'huile de vitriol* , la bouteille, une fois pleine, sera plus lourde que le contrepoids d'environ 836 grains ; donc 1· *plus* ·836, *soit 1·836, est la* densité de l'échantillon examiné.

Parfois, la bouteille est conçue pour contenir seulement 500 grains d'eau distillée, au lieu de 1 000 ; dans ce cas le nombre de grains à ajouter ou soustraire doit être multiplié par 2.

En prenant les densités spécifiques, observez que la température se situe à quelques degrés de 60° Fahrenheit (si elle est supérieure ou inférieure, plongez la bouteille dans de l'eau tiède ou froide) ; et rincez soigneusement la bouteille avec de l'eau après chaque utilisation.

SUR LA FILTRATION ET LE LAVAGE DES PRÉCIPITÉS.

En préparant les filtres, coupez le papier en carrés d'une dimension suffisante, et pliez soigneusement chaque carré sur lui-même, d'abord en demi-carré, puis de nouveau, à angle droit, en quart de carré ; arrondissez les coins avec un paire de ciseaux, et ouvrez le filtre en forme conique, lorsqu'il s'avère qu'il tombe exactement dans l'entonnoir et qu'il est uniformément soutenu partout.

Avant d'y verser le liquide, humidifiez toujours le filtre avec de l'eau distillée, afin de dilater les fibres ; si cette précaution est négligée, les pores risquent de s'étouffer dans les liquides filtrants qui contiennent des matières finement divisées en suspension. La solution à filtrer peut être versée doucement dans une tige de verre, tenue dans la main gauche (*une cuillère en argent* peut être utilisée, en cas de nécessité, pour les bains de nitrate et tous les liquides ne contenant pas d'acide nitrique ou chlorhydrique), et dirigée contre le côté de l'entonnoir, près de la partie supérieure. S'il n'est pas immédiatement clair, il le sera généralement en le remettant dans le filtre et en le laissant passer une seconde fois.

Mode de lavage des précipités. — Recueillir le précipité sur un filtre et égoutter le plus de liqueur mère possible ; puis versez de l'eau distillée par petites portions à la fois, en laissant chacune s'infiltrer à travers le dépôt avant d'en ajouter une nouvelle quantité. Lorsque l'eau passe parfaitement pure, le lavage est terminé ; pour le tester, une seule goutte peut être déposée sur une bande de verre et laissée s'évaporer spontanément dans un endroit chaud, ou les réactifs chimiques appropriés peuvent être appliqués, et le lavage peut être poursuivi jusqu'à ce qu'aucune impureté ne puisse être détectée. Ainsi, par exemple, en lavant le sulfure d'argent précipité d'un hypo-bain au moyen d' hydrosulfate d'ammoniaque, le procédé sera terminé lorsque l'eau qui coule ne fera aucun dépôt avec une goutte de solution de nitrate d'argent.

SUR L'UTILISATION DES PAPIERS DE TEST.

La nature de la matière colorante employée dans la préparation du papier de tournesol a déjà été décrite à la page 353 .

Pour tester les alcalis et les oxydes basiques en général, on peut utiliser du papier de tournesol bleu rougi par un acide, ou, à sa place, du papier *de curcuma* . Le curcuma est une substance végétale jaune qui possède la propriété de devenir brune lorsqu'elle est traitée avec un alcali ; il est cependant moins sensible que le tournesol rougi, et n'est guère affecté par les bases plus faibles, comme l'oxyde d'argent.

En utilisant les papiers-tests, observez les précautions suivantes : ils doivent être conservés dans un endroit sombre et protégés de l'action de l'air, sinon ils deviendront bientôt violets à cause de l'acide carbonique, toujours présent dans l'atmosphère en petite quantité. Par immersion dans de l'eau contenant environ une goutte de liqueur de potasse ou d'ammoniac , ou un grain de carbonate de soude pour quatre onces, la couleur bleue est restaurée. Comme les quantités testées en photographie sont souvent infinitésimales, il est essentiel que le papier de tournesol soit en bon état ; et les papiers tests préparés avec du papier poreux montreront mieux la couleur que ceux préparés avec du papier glacé ou fortement encollé. Le mode d'emploi du papier est le suivant : — Placer une petite bandelette dans le liquide à examiner : si elle devient immédiatement *rouge vif* , c'est qu'il y a un acide fort ; mais s'il se transforme *lentement en une teinte rouge vin* , un acide faible, tel que l'acétique ou le carbonique, est indiqué. Dans le cas du bain de nitrate photographique légèrement acidifié avec de l'acide acétique, on ne peut s'attendre qu'à une couleur violette, et une couleur rouge prononcée suggérerait la présence d'acide nitrique. Dans le Bain Hypo fixateur et tonifiant qui a acquis de l'acidité, le papier de tournesol rougit peut-être au bout de trois ou quatre minutes environ.

Les papiers de tournesol bleus peuvent être remplacés par des papiers rouges utilisés pour les alcalis en les trempant dans de l'eau acidifiée avec de l'acide sulfurique , une goutte pour une demi-pinte ; ou en tenant un instant près de l'embouchure d'une bouteille contenant de l'acide acétique glacial. En examinant l'alcalinité d'un bain de nitrate au moyen du papier de tournesol rougi, il faut prévoir au moins cinq ou dix minutes pour l'action, car le changement de couleur du rouge au bleu se fait très lentement.

ÉLIMINATION DES TACHES D'ARGENT SUR LES MAINS, LE LINGE, ETC.

Les taches noires sur les mains causées par le nitrate d'argent peuvent être facilement éliminées en les humidifiant et en les frottant avec un morceau de cyanure de potassium. Comme ce sel est cependant très toxique, beaucoup préféreront peut-être le plan suivant : Mouillez la tache avec une solution saturée d'iodure de potassium, puis avec de l'acide nitrique (l'acide nitrique fort agit sur la peau et la fait jaunir, elle doit donc être dilué avec deux parties d'eau avant utilisation); puis laver avec une solution d' hyposulfite de soude.

Les taches sur le linge blanc peuvent être facilement enlevées en les brossant avec une solution d'iode dans de l'iodure de potassium, puis en les lavant avec de l'eau et en les trempant dans de l'hyposulfite de soude ou du cyanure de potassium, jusqu'à ce que l'iodure d'argent jaune soit dissous ; le Bichlorure de Mercure (solution neutre) répond également bien dans de nombreux cas, changeant la tache sombre en blanc (p. 151).

UN TABLEAU MONTRANT LA QUANTITÉ D'ACIDE ANHYDRE DANS L'ACIDE SULFURIQUE DILUÉ DE DIFFÉRENTES GRAVITÉS SPÉCIFIQUES. (URE.)

Spécifique La gravité.	Véritable acide en 100 les parties de la Liquide.	Spécifique La gravité.	Véritable acide en 100 les parties de la Liquide.	Spécifique La gravité.	Véritable acide en 100 les parties de la Liquide.
1·8485	81·54	1·8115	73·39	1·7120	65·23
1·8475	80·72	1·8043	72·57	1·6993	64·42
1·8460	79·90	1·7962	71·75	1·6870	63·60
1·8439	79·09	1·7870	70·94	1·6750	62·78
1·8410	78·28	1·7774	70·12	1·6630	61·97
1·8376	77·46	1·7673	69·31	1·6520	61·15
1·8336	76·65	1·7570	68·49	1·6415	60·34
1·8290	75·83	1·7465	67·68	1·6321	59·52
1·8233	75·02	1·7360	66·86	1·6204	58·71
1·8179	74·20	1·7245	66·05	1·6090	57·89

UN TABLEAU MONTRANT LA QUANTITÉ D'ACIDE ANHYDRE DANS L'ACIDE NITRIQUE LIQUIDE DE DIFFÉRENTES GRAVITÉS SPÉCIFIQUES. (URE.)

Spécifique La gravité.	Véritable acide en 100 les parties de la Liquide.	Spécifique La gravité.	Véritable acide en 100 les parties de la Liquide.	Spécifique La gravité.	Véritable acide en 100 les parties de la Liquide.
1·5000	79·700	1·4640	69·339	1·4147	58·978
1·4980	78·903	1·4600	68·542	1·4107	58·181
1·4960	78·106	1·4570	67·745	1·4065	57·384
1·4940	77·309	1·4530	66·948	1·4023	56·587
1·4910	76·512	1·4500	66·155	1·3978	55·790
1·4880	75·715	1·4460	65·354	1·3945	54·993
1·4850	74·918	1·4424	64·557	1·3882	54·196
1·4820	74·121	1·4385	63·760	1·3833	53·399
1·4790	73·324	1·4346	62·963	1·3783	52·602
1·4760	72·527	1·4306	62·166	1·3732	51·805
1·4730	71·730	1·4269	61·369	1·3681	51·068
1·4700	70·933	1·4228	60·572	1·3630	50·211
1·4670	70·136	1·4189	59·775	1·3579	49·414

POIDS ET MESURES.

Troie, ou le poids des apothicaires.

1 livre = 12 onces. 1 once = 8 drachmes. 1 drachme = 3 scrupules. 1 scrupule = 20 grains. (1 once Troy = 480 grains, ou 1 once avoirdupois *plus* 42,5 grains.)

Poids avoirdupois.

1 livre = 16 onces. 1 once = 16 drachmes.
1 drachme = 27·343 grains. (1 once Avoirdupois = 437·5 grains.)(1 livre Avoirdupois = 7 000 grains, ou 1 livre Troy *plus* 2½ onces Troy *plus* 40 grains.)

Mesure Impériale.

1 gallon = 8 pintes. 1 pinte = 20 onces. 1 once = 8 drachmes.
1 drachme = 60 minimes. (Une pinte de vin d'eau mesure 16 onces et *pèse* une livre.)

Un gallon impérial d'eau *pèse* 10 livres avoirdupois, soit 70 000 grains. Une pinte impériale d'eau *pèse* 1¼ livre Avoirdupois. Une once liquide d'eau *pèse* 1 once avoirdupois, soit 437,5 grains. Une drachme d'eau *pèse* 54,7 grains.

Mesures françaises de poids.

1 kilogramme = 1000 grammes = quelque chose de moins de 2¼ livres Avoirdupois.

1 Gramme = 10 Décigrammes —100 Centigrammes = 1000 Milligrammes = 15·433 Grains anglais.

Un Gramme d'eau *mesure* 17 Minims anglais, soit près de 0,000 kg . 1 000 grammes d'eau *mesurent* 35¼ onces liquides anglaises.

Mesures françaises de volume.

1 litre = 13 décilitres = 100 centilitres = 1 000 millilitres = 35¼ onces liquides anglaises.

1 litre = 1 décimètre cube = 1000 centimètres cubes .

1 centimètre cube = 17 minimes anglais.

Un litre d'eau *pèse* un kilogramme , soit quelque chose de moins de 2¼ livres Avoirdupois. Un centimètre cube d'eau *pèse* un gramme.

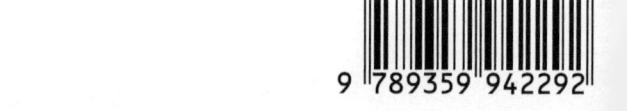

Milton Keynes UK
Ingram Content Group UK Ltd.
UKHW010846010724
444982UK00005B/392